AF571113

EUL
VERLAG

Umgang mit Störungen im Produktionsanlauf

Adaption von Methoden von Einsatzorganisationen auf den Produktionsanlauf

Sebastian Ulrich

Vollständiger Abdruck der von der Fakultät für Wirtschafts- und Organisationswissenschaften der Universität der Bundeswehr München zur Erlangung des akademischen Grades eines

Doktors der Wirtschafts- und Sozialwissenschaften (Dr. rer. pol.)

genehmigten Dissertation.

Gutachter:

1. Univ.-Prof. Dr.-Ing. habil. Dr. mont. Eva-Maria Kern, MBA
2. Univ.-Prof. Dr. Thomas Hartung

Die Dissertation wurde am 05.10.2015 bei der Universität der Bundeswehr München eingereicht und durch die Fakultät für Wirtschafts- und Organisationswissenschaften am 21.10.2015 angenommen. Die mündliche Prüfung fand am 28.01.2016 statt.

Reihe: Wissens-, Qualitäts- und Prozessmanagement · Band 4

Herausgegeben von Univ.-Prof. Dr.-Ing. habil. Dr. mont. Eva-Maria Kern, MBA, München

Dr. Sebastian Ulrich

Umgang mit Störungen im Produktionsanlauf

Adaption ausgewählter Methoden von Einsatzorganisationen auf den Produktionsanlauf

Mit einem Geleitwort von Univ.-Prof. Dr.-Ing. habil. Dr. mont. Eva-Maria Kern, MBA, Universität der Bundeswehr München

Bibliographische Information der Deutschen Bibliothek

Die Deutsche Bibliothek verzeichnet diese Publikation in der Deutschen Nationalbibliothek; detaillierte bibliographische Daten sind im Internet über <http://dnb.ddb.de> abrufbar.

Dissertation, Universität der Bundeswehr München, 2016, u. d. T.: Umgang mit Störungen im Produktionsanlauf – Adaption von Methoden von Einsatzorganisationen auf den Produktionsanlauf

ISBN 978-3-8441-0450-9
1. Auflage März 2016

JOSEF EUL VERLAG GmbH
Brandsberg 6
D-53797 Lohmar
Tel.: +49 (0) 22 05 / 90 10 6-6
Fax: +49 (0) 22 05 / 90 10 6-88
http://www.eul-verlag.de
info@eul-verlag.de

Bei der Herstellung unserer Bücher möchten wir die Umwelt schonen. Dieses Buch ist daher auf säurefreiem, 100% chlorfrei gebleichtem, alterungsbeständigem Papier nach DIN 6738 gedruckt.

Geleitwort

Das Management von Produktionsanläufen stellt für Unternehmen in Zeiten immer kürzer werdender Produktlebenszyklen eine entscheidende Kompetenz zur Sicherung der Wettbewerbsposition dar. Die bisherigen Forschungsanstrengungen zum Thema Produktionsanlauf fokussieren sich bis dato hauptsächlich auf Planungsaspekte und umfassen damit insbesondere auch die gezielte Vermeidung des Auftretens von Störungen. Allerdings ist in der Praxis zu beobachten, dass es nahezu keinen ungestörten Produktionsanlauf gibt, aber dennoch nur wenige Ansätze existieren, die sich mit dem Management bereits aufgetretener Störungen befassen.

An dieser Stelle setzt die Arbeit von Sebastian Ulrich an. Ausgangspunkt für die vorliegende Dissertation ist die Tatsache, dass der Verfasser Defizite bei den derzeit im Produktionsanlauf genutzten Methoden zur Störungsbehebung feststellt. Anstatt übliche Pfade zu betreten, wagt Herr Ulrich einen Blick über den Tellerrand produzierender Unternehmen hinaus und nimmt sich dieses Themas auf eine sehr innovative Art und Weise an. Ausgehend von den Charakteristika des Produktionsanlaufes, den er mit einer Einsatzsituation vergleicht, verfolgt er die Idee, sich mit dem bei Einsatzorganisationen zur Bewältigung von Einsätzen üblichen Instrumentarium zu befassen und dessen Übertragbarkeit auf den Produktionsanlauf zu untersuchen. Basierend auf einer umfassenden Recherche betriebswirtschaftlicher und ingenieurwissenschaftlicher Literatur sowie einer empirischen Erhebung entwickelt er für den gezielten Umgang mit Störungen im Produktionsanlauf ein komplexes Modell und einen Werkzeugkasten, der sowohl etablierte als auch neuartige, von Einsatzorganisationen übernommene und adaptierte Methoden beinhaltet.

Besonders gut gelungen ist Herrn Ulrich die Synthese von Theorie und Praxis; hierbei kommt ihm sein fachlicher Hintergrund als diplomierter „Maschinenbauer" sehr zugute. Das entwickelte Modell sowie der vorgeschlagene Werkzeugkasten sind sowohl theoretisch gut fundiert als auch im Detail so ausgestaltet und formuliert, dass sie in der Praxis unmittelbar umgesetzt werden können. Der Verfasser trägt mit der vorliegenden Dissertationsschrift maßgeblich zu einem verbesserten Verständnis des gezielten Umganges mit Störungen im Produktionsanlauf bei, und liefert damit sowohl für die Wissenschaft als auch für die Praxis wesentliche Erkenntnisse und Impulse.

Ich freue mich sehr, die vorliegende Dissertationsschrift als vierten Band in meine Schriftenreihe „Wissens-, Qualitäts- und Prozessmanagement“ aufnehmen zu können und wünsche diesem Werk einen großen und interessierten Leserkreis!

Neubiberg, im Februar 2016 Univ.-Prof. Dr.-Ing. habil. Dr. mont. Eva-Maria Kern

Vorwort

Die vorliegende Arbeit entstand während meiner Tätigkeit als wissenschaftlicher Mitarbeiter an der Professur für Wissensmanagement und Geschäftsprozessgestaltung der Universität der Bundeswehr München. Sie wurde dort im Oktober 2015 von der Fakultät für Wirtschafts- und Organisationswissenschaften als Dissertation angenommen.

Ich danke allen, die mich bei der Erstellung dieser Arbeit und der zugehörigen Prüfungsvorbereitung unterstützt haben. Ganz besonders bedanke ich mich bei Frau Prof. Dr.-Ing. habil. Dr. mont. Eva-Maria Kern für die Gelegenheit zur Promotion, die hervorragende Betreuung und vielen gewinnbringenden kritischen Gespräche sowie für die großartige Zeit an ihrer Professur, die durch unterschiedlichste Projekte immer spannend, intensiv und stets lehrreich war. Ich danke Herrn Prof. Dr. Thomas Hartung für die Übernahme des Zweitgutachtens und Herrn Prof. Dr. Bernhard Hirsch für die Übernahme des Vorsitzes des Prüfungsausschusses. Bei meinen ehemaligen und aktuellen Kollegen Dr.-Ing. Julia Boppert, Dr. rer. pol. Tomas Hartmann, Dr. rer. pol. Wendelin Schmid, Tobias Röser, Maria Manolia und Johannes Müller bedanke ich mich für die gute, kollegiale und freundschaftliche Zusammenarbeit. Auch den ehemaligen und aktuellen studentischen Hilfskräften der Professur gebührt mein Dank, denn sie waren mir stets eine wertvolle Hilfe. Außerdem möchte ich mich bei den Interviewpartnern bedanken, ohne deren Unterstützung und Fachwissen die Erstellung dieser Arbeit nicht möglich gewesen wäre. Einen tiefen Einblick in die Welt der Einsatzorganisation THW habe ich während eines Forschungsprojekts erfahren dürfen. Für die Zusammenarbeit und Unterstützung während dieser Zeit, sowie für die daraus entstandene Freundschaft, danke ich Dietmar Löffler, Bernd Urban und Achim Popa. Bei Stefanie Ulrich und Dr. rer. pol. Wendelin Schmid bedanke ich mich für die kritische Durchsicht des Manuskripts und die zahlreichen wertvollen Hinweise.

Während meiner Promotionszeit bin ich durch viele Täler gewandert und habe noch mehr Gipfel erklommen. Für die Unterstützung und den Rückhalt während dieser Zeit danke ich von ganzem Herzen meiner Familie und meinen Freunden. Besonders meinen Eltern danke ich dafür, dass sie immer alles möglich gemacht haben, mir dann geholfen haben wenn ich es brauchte und mich immer mit gutem Rat gelenkt haben. Ebenso danke ich meinen Brüdern Walter und Friedrich sowie dessen Frau

Stefanie für ihre Unterstützung. Auch den drei jüngsten Ulrichs Sofia, Kilian und Vinzenz bin ich für ihre vielen wertvollen Lebenshinweise zu Dank verpflichtet.

München, im Februar 2016 Sebastian Ulrich

Inhaltsverzeichnis

Ausgewählte Abbildungen stehen zur besseren Darstellung, unter folgendem Link zum Download bereit: https://www.eul-verlag.de/pdf-wz/9783844104509.zip

Abbildungsverzeichnis

Tabellenverzeichnis

Abkürzungsverzeichnis

5M/7M	Instrument zur Überprüfung der 5 bzw. 7 möglichen Problemquellen: 5M: Mensch/ Maschine/ Material/ Methode/ Mitwelt 7M: Mensch/ Maschine/ Material/ Methode/ Mitwelt/ Management/ Messbarkeit (vgl. Bruns 2010, S. 186)
5W	Instrument zur Identifikation von möglichen Problemquellen: 5 maliges Fragen nach „Warum“ (vgl. Bruns 2010, S. 186)
7W	Instrument zur Identifikation von Problemursachen durch Fragen von: Was ist zu tun?/ Wer macht es?/ Warum macht er es?/ Wie wird es gemacht?/ Wann wird es gemacht?/ Wo soll es getan werden?/ Wieso wird es nicht anders gemacht? (vgl. Bruns 2010, S. 186)
AAO	Allgemeine Aufbauorganisation
BAO	Besondere Aufbauorganisation
BVW	Betriebliches Vorschlagswesen (vgl. Bruns 2010, S. 186)
ERP	Enterprise Resource Planning
GSt	Geschäftsstelle (THW)
LB-Dst	Landesbeauftragten Dienststelle (THW)
LuK-Stab	Lage- und Koordinierungsstab
OV	Ortsverband (THW)
PDCA	Plan, Do, Check, Act (vgl. Bruns 2010, S. 186)
PF	Produktionsfaktor
PPS	Produktionsplanung und -steuerung
ProactAS	Proaktive Anlaufsteuerung von Produktionssystemen entlang der Wertschöpfungskette
PSNV	Psychosoziale Nachversorgung
SBE	Stressbelastende Einsatznachsorge

SOP	Standard Operating Procedure (in Zusammenhang mit Einsatzorganisationen)
SoP	Start of Production (in Zusammenhang mit dem Produktionsanlauf)
THW	Bundesanstalt Technisches Hilfswerk

1 Einleitung

Das Umfeld, in dem Unternehmen agieren, hat sich in den letzten Jahren dramatisch verändert. Neue Technologien und neue Produkte werden in kürzeren Zeitintervallen entwickelt und in globalen Märkten eingeführt. Produkte, die sich am Markt befinden, werden dadurch schneller obsolet und müssen durch Neuentwicklungen ersetzt werden. Deshalb verkürzen sich die Produktlebenszyklen.[1] Das hat eine steigende Anzahl an Produktionsanläufen und komplexere Produktionstechnologien zur Folge.[2] Unternehmen sind also vermehrt mit den Herausforderungen von Produktionsanläufen konfrontiert.[3] Des Weiteren diversifiziert sich die Kundennachfrage, was eine größere Produktvariantenanzahl nach sich zieht.[4] Auch das muss im Produktionsanlauf berücksichtigt werden.[5] Unternehmen sind deshalb gezwungen, ihre Entwicklungszeiten (Time-to-Market) und die Zeit bis zum Erreichen der vollen Produktionskapazität (Time-to-Volume) zu verkürzen, um ihre finanziellen Produktziele zu erreichen (Time-to-Payback).[6]

Das Management und die Durchführung von schnellen Produktionsanläufen ist also eine wichtige Kernkompetenz zur Sicherung der Wettbewerbsposition.[7] Zudem wird dem Produktionsanlauf großes Verbesserungspotential - sowohl von Vertretern der Industrie als auch von der Wissenschaft - attestiert.[8]

1.1 Ausgangssituation

„Kein Operationsplan reicht mit einiger Sicherheit über das erste Zusammentreffen mit der feindlichen Hauptmacht hinaus. Nur der Laie glaubt in dem Verlauf eines Feldzuges die konsequente Durchführung eines im Voraus gefassten, in allen Einzelheiten überlegten und bis ans Ende festgehaltenen, ursprünglichen Gedankens zu erblicken." (Moltke 1810, S. 291–292)

Der Anlauf neuer Anlagen und Systeme hat eine essentielle Bedeutung für die Wettbewerbsfähigkeit produzierender Unternehmen. Es wurde festgestellt, dass der Pro-

---

1 Vgl. Krüger et al. 2010, S. 1.
2 Vgl. Kuhn 2002, S. 12.
3 Vgl. Krüger et al. 2010, S. 1.
4 Vgl. Knüppel et al. 2012, S. 427.
5 Vgl. Krüger et al. 2010, S. 1.
6 Vgl. Fleischer et al. 2006b, S. 695; Terwiesch und Bohn 2001, S. 1.
7 Vgl. Berg 2007, S. 1; Knüppel et al. 2012, S. 427; Krüger et al. 2010, S. 1; Schmitt et al. 2010, S. 317; Zimolong et al. 2006, S. 35.
8 Vgl. Doltsinis et al. 2013, S. 85.

duktionsanlauf trotz dieser großen wirtschaftlichen und strategischen Bedeutung noch nicht zufriedenstellend geplant, organisiert und kontrolliert werden kann und Verzögerungen im Produktionsanlauf sowie auftretende Störungen einen erheblichen Einfluss auf die wirtschaftliche Lage von Unternehmen haben.[9] Die bisherigen Forschungsaktivitäten im Bereich Produktionsanlauf fokussieren sich hauptsächlich auf Planungsaspekte.[10] Allerdings treten in der Praxis Störungen im Produktionsanlauf häufig auf[11] und führen zu Einbußen bei den erfolgsentscheidenden Faktoren Zeit, Qualität und Kosten.[12] In Kombination mit langen Produktionsanläufen bei kürzeren Produktlebenszyklen führt das zu:[13]

- Unterversorgung des Absatzmarktes mit der notwendigen Anzahl an neuen Produkten. Dadurch können Nachahmer mit kürzeren Produktionsanlaufzeiten und demzufolge höherem Potential zur Marktversorgung führende Technologieunternehmen schnell in der Position gefährden.
- Langsamer Realisierung von Erfahrungskurveneffekten aufgrund von geringen kumulierten Produktionsmengen. Das heißt, dass ein im Vergleich zu Wettbewerbern langsamerer Produktionsanlauf zu einer Verschlechterung der Kostenposition im Wettbewerb führt.
- Fehlendem Umsatz bei der Markteinführung von neuen Produkten. Zu Beginn entgangene Deckungsbeiträge aufgrund von geringen Absatzmengen können im weiteren Verlauf des Produktlebenszyklus (bei zunehmender Marktsättigung) kaum mehr aufgeholt werden.

Die Auswirkungen von Störungen auf die Dauer des Produktionsanlaufs wurden empirisch durch eine durchgeführte Umfrage in der Elektronikindustrie bestätigt. Hier lag bei 43% der befragten Unternehmen der Anteil der Störzeiten im Produktionsanlauf bei 10-49% der Gesamtproduktionszeit.[14] Außerdem entscheidet in der Automobilindustrie beispielsweise ein um wenige Monate verschobener Verkaufsstart eines Modells über wirtschaftlichen Erfolg oder Misserfolg des gesamten Projekts.[15]

---

9 Vgl. Konrad 2012, S. 26.
10 Siehe Abschnitt 3.1.2.
11 Vgl. Clark und Fujimoto 1991, S. 196; Elstner et al. 2013, S. 963; Fjällström et al. 2009, S. 179; Fleischer et al. 2005a, S. 261; Gustmann et al. 1989, S. 36; Helmold 2012, S. 34; Klinkner und Risse 2002, S. 39; Möller 2002, S. 455; Schmahls 2001, S. 38; Scholz-Reiter et al. 2007, S. 1631–1632; Scholz-Reiter und König 2010, S. 42; Sihn et al. 2002, S. 22.
12 Vgl. Althaler und Peterseil 2007, S. 59.
13 Vgl. Möller 2002, S. 432–433.
14 Vgl. Scholz-Reiter und Krohne 2010, S. 110.
15 Vgl. Brischwein 2011, S. 147.

Trotz dieser massiven Auswirkungen werden Störungen im Produktionsanlauf nicht systematisch vermieden und häufig erst bei deren Eintritt erkannt und die Maßnahmen zur Behebung beruhen lediglich auf den Erfahrungen der beteiligten Mitarbeiter.[16] Eine durchgängige Systematik mit definierten Abläufen, Quality-Gates und festgelegten Notfallkonzepten ist in Unternehmen häufig nicht etabliert.[17] Zudem ist insbesondere im Störungsfall ein Mangel an speziell auf die Komplexität von Produktionsanlaufprozessen ausgerichteten Konzepten, Methoden und Werkzeugen festzustellen.[18] Allerdings ist die schnelle Reaktion auf Störungen grundlegend für einen erfolgreichen Produktionsanlauf[19] und es besteht die Notwendigkeit, die Effekte von Störungen reaktiv zu kontrollieren.[20] Zudem ist eine systematische Zuordnung von Methoden im Anlaufmanagement erforderlich.[21]

Die Notwendigkeit von Maßnahmen zur Sicherstellung der Reaktionsfähigkeit im Produktionsanlauf ist bereits seit langem bekannt.[22] Dennoch wird die Reaktionsfähigkeit auf unerwartete Störungen als unzureichend bewertet und das Fehlen eines reaktiven und proaktiven Ansatzes im Produktionsanlauf bemängelt.[23] Zum Beispiel werden bei einem Modell für Produktionsanläufe auftretende Störungen, wie etwa das vermehrte Auftreten von Maschinenausfällen, explizit nicht berücksichtigt.[24]

Doch es ist nicht nur ein Mangel an geeigneten Methoden festzustellen, sondern auch der Einsatz von vorhandenen Methoden weist Defizite auf.[25] Denn klassische Methoden für die Produktionskontrolle sind nicht gänzlich für den Produktionsanlauf geeignet[26] und bewährte Organisationsstrukturen, Vorgehensweisen und Regeln sind für die Störungssituation in Produktionsanläufen oft zu ineffektiv und ineffizient.[27]

Betrachtet man die Charakteristika der Situation im Produktionsanlauf, ist diese geprägt von einer hohen Dynamik, interdisziplinärer Zusammenarbeit, begrenzten Res-

16 Vgl. Fleischer et al. 2004, S. 30; Romberg und Haas 2005, S. 19.
17 Vgl. Romberg und Haas 2005, S. 19.
18 Vgl. Almgren 2000, S. 4577; Ball et al. 2011, S. 969; Heins 2010, S. 39 und 130; Schmitt et al. 2010, S. 318; Schulze und Opitz 2007b, S. 4; Voigt und Thiell 2005, S. 27.
19 Vgl. Almgren 2000, S. 4581; Dombrowski und Hanke 2011b, S. 532–534; Knüppel et al. 2013, S. 235; Meyer et al. 2013, S. 49; Tücks 2010, S. 69.
20 Vgl. Almgren 2000, S. 4581; Tücks 2010, S. 69.
21 Vgl. Bruns 2010, S. 44.
22 Vgl. Gustmann et al. 1989, S. 37.
23 Vgl. Krüger et al. 2010, S. 1.
24 Vgl. Dyckhoff et al. 2012, S. 1452.
25 Vgl. Ball et al. 2011, S. 960–961; Bruns 2010, S. 43; Dombrowski und Hanke 2011a, S. 333; Monego et al. 2011, S. 184 und 196.
26 Vgl. Surbier 2010, S. 74.
27 Vgl. Almgren 2000, S. 4580–4581.

sourcen[28] sowie unvorhersehbaren Störungen.[29] Mit einer ähnlichen Situation wie der Störungsbehebung im Produktionsanlauf sind auch Einsatzorganisationen konfrontiert. Die Leistungserstellung von Einsatzorganisationen (Einsätze) weist ähnliche Charakteristika auf. Deren Einsätze sind gekennzeichnet von plötzlichem Schadenseintritt, der Notwendigkeit einer schnellen Einsatzbereitschaft, Erfolgsdruck, Leistungs-, Zeit- und Entscheidungsdruck, einer dynamischen Situation, hoher Unsicherheit, unvorhergesehen Veränderungen, Intransparenz, hohem Risiko, Ressourcenknappheit, Interessenskonflikten, unterschiedlichen Verantwortlichkeiten und hohem Informationsbedarf bei unvollständigen verfügbaren Informationen.[30]

Einsatzorganisationen sind Organisationen, „...die auch in unbekannten Situationen unter Einfluss von Stress, Zeitdruck, Entscheidungsdruck und der Bedingung unvollständiger Informationen in der Lage sind, kurzfristig und zügig situationsgerechte Entscheidungen zu treffen. Dadurch sichern sie ein flexibles und an die jeweilige Umweltsituation angepasstes Verhalten, das gleichzeitig hocheffizient ist.“[31] Beispiele für Einsatzorganisationen sind Feuerwehr, Polizei, Rettungsdienst und die Bundesanstalt Technisches Hilfswerk.

Das systematische Durchführen von Einsätzen stellt die Kernkompetenz von Einsatzorganisationen dar. Die Kernkompetenz von produzierenden Unternehmen ist die Produktion von Produkten für Kunden. Der Umgang mit Störungen im Produktionsanlauf ist zwar notwendig, um diese Produkte erfolgreich zu produzieren, stellt aber nicht die Kernkompetenz von produzierenden Unternehmen dar. Aufgrund der Vergleichbarkeit der Störungssituation im Produktionsanlauf und der Einsatzsituation bietet es sich also für den Umgang mit Störungen im Produktionsanlauf an, von der Kernkompetenz von Einsatzorganisationen durch eine Adaption von Methoden zu lernen. Damit soll ein Betrag geleistet werden, das identifizierte methodische Defizit beim Umgang mit Störungen im Produktionsanlauf zu verringern.

In dieser Arbeit wird daher der innovative Ansatz verfolgt, dass eine Adaption von Vorgehensweisen von Einsatzorganisationen zur Durchführung von Einsätzen auf

28 Vgl. Heins 2010, S. 12.
29 Vgl. Tücks 2010, S. 69.
30 Vgl. Chen et al. 2008, S. 68; Decker 1996, S. 3–4; Hackstein 2009, S. 462; Harvard Business Review 2010, S. 65; Mistele 2007, S. 119–128; Staatliche Feuerwehrschule Würzburg 1999, S. 7.
31 Mistele und Kirpal 2006, S. 2.

den Umgang mit Störungen im Produktionsanlauf einen Beitrag zur besseren Zielerreichung des Produktionsanlaufs leisten kann.

1.2 Zielsetzung und methodisches Vorgehen

Bezug nehmend auf die Ausgangsituation stellt die vorliegende Arbeit den Umgang mit Störungen im Produktionsanlauf bei produzierenden Unternehmen in das Zentrum der Betrachtungen. Dieser Sachverhalt wird als Phänomen verstanden.[32] Grundsätzlich ist ein Phänomen etwas, das in der Umwelt vorhanden und beobachtbar ist.[33] Aus einem Phänomen können ein Forschungsziel und Forschungsfragen sowie eine geeignete Forschungsmethode zur Beantwortung der Forschungsfragen abgeleitet werden.[34] Die Ableitung ist in Abbildung 1 dargestellt.

Das Phänomen ist der Umgang mit Störungen im Produktionsanlauf bei produzierenden Unternehmen. Beim Umgang mit Störungen im Produktionsanlauf treten Schwierigkeiten und unsystematische Vorgehensweisen auf (siehe Abschnitt 1.1). **Ziel der Arbeit ist es deshalb eine methodische Vorgehensweise für den gezielten Umgang mit Störungen im Produktionsanlauf zu entwickeln.**

Diese Arbeit leistet somit einen Beitrag zur Wirtschaftstechnologie.[35] Wirtschaftstechnologie ist die Gestaltung von Ziel-/ Mittelsystemen im Sinne einer Zusammenstellung von Möglichkeiten zur Problemlösung.[36] Die Adaption und Entwicklung von Maßnahmen zur Optimierung des Umgangs mit Störungen im Produktionsanlauf stellt das pragmatische Wissenschaftsziel dar.

Das Forschungsziel der Arbeit lässt sich unter Berücksichtigung der beschriebenen These[37] anhand der folgenden fünf Forschungsfragen konkretisieren:

Forschungsfrage I: Welche Methoden werden im Produktionsanlauf verwendet, um mit Störungen umzugehen?

32 Vgl. Apel 2011, S. 57 ff..
33 Vgl. Brockhaus Enzyklopädie 2006, S. 359; Meyers enzyklopädisches Lexikon 1981, S. 1988.
34 Vgl. Edmondson und McManus 2007, S. 1157.
35 Chmielewicz 1994, S. 8 ff. unterscheidet vier Wissenschaftsziele: Begriffslehre (essentialistisches Wissenschaftsziel), Wissenschaftstheorie (theoretisches Wissenschaftsziel), Wirtschaftstechnologie (pragmatisches Wissenschaftsziel) und Wirtschaftsphilosophie (normatives Wissenschaftsziel).
36 Vgl. Kornmeier 2007, S. 24–25.
37 Adaption von Vorgehensweisen von Einsatzorganisationen zur Bewältigung von Einsätzen auf den Umgang mit Störungen im Produktionsanlauf zur besseren Zielerreichung. Siehe Abschnitt 1.1.

Phänomen:

Umgang mit Störungen im Produktionsanlauf bei produzierenden Unternehmen

Forschungsziel:

Entwicklung einer systematischen Vorgehensweise für den gezielten Umgang mit Störungen im Produktionsanlauf

Forschungsfragen:

I. Welche Methoden werden im Produktionsanlauf verwendet, um mit Störungen umzugehen?

II. Welche Schwachstellen sind im Umgang mit Störungen im Produktionsanlauf zu erkennen?

III. Welche Methoden verwenden Einsatzorganisationen bei der Durchführung von Einsätzen?

IV. Welche Methoden von Einsatzorganisationen sind für eine Adaption auf den Produktionsanlauf geeignet?

V. Wie muss ein Modell für den Umgang mit Störungen gestaltet sein, das die identifizierten Schwachstellen mit Hilfe von Methoden von Einsatzorganisationen behebt?

Forschungsmethode:

Design Research Methodology (DRM)

Abbildung 1: Ableitung von Forschungsziel, -fragen und -methode[38]

Die Antwort auf diese Frage beschreibt den aktuellen Umgang mit Störungen im Produktionsanlauf. Sie erfordert eine systematische Untersuchung der auftretenden Störungen, sowie der zur Reaktion auf Störungen verwendeten Methoden. Darauf aufbauend kann die folgende Forschungsfrage beantwortet werden:

Forschungsfrage II: Welche Schwachstellen sind im Umgang mit Störungen im Produktionsanlauf zu erkennen?

Hierbei wird das Ziel verfolgt, die Probleme und Schwachstellen im Umgang mit Störungen im Produktionsanlauf zu identifizieren. Das stellt die Grundlage für die Ableitung von Verbesserungspotential dar. Um den vorgestellten Ansatz, dass die Adaption von Methoden von Einsatzorganisationen zur Bewältigung von Einsätzen auf

[38] In Anlehnung an Böger 2010, S. 4; Mello und Flint 2009, S. 110; Schmid 2013, S. 3.

den Umgang mit Störungen im Produktionsanlauf einen Beitrag zur besseren Zielerreichung des Produktionsanlaufs leisten kann, zu verfolgen, muss zudem folgende Forschungsfrage beantwortet werden:

Forschungsfrage III: Welche Methoden verwenden Einsatzorganisationen bei der Durchführung von Einsätzen?

Die Beantwortung dieser Frage beschreibt den systematischen Umgang von Einsatzorganisationen mit Einsätzen. Dabei ist zu beachten, dass die Durchführung von Einsätzen die Kernkompetenz von Einsatzorganisationen ist. Für die Adaption der Methoden von Einsatzorganisationen auf den Produktionsanlauf muss folgende Frage geklärt werden:

Forschungsfrage IV: Welche Methoden von Einsatzorganisationen sind für eine Adaption auf den Produktionsanlauf geeignet?

Hierbei wird geprüft inwiefern sich der Umgang von Einsatzorganisationen mit Einsätzen auf den Produktionsanlauf übertragen lässt. Um das Forschungsziel zu erreichen, ist die Beantwortung der letzten Forschungsfrage notwendig:

Forschungsfrage V: Wie muss ein Modell für den Umgang mit Störungen gestaltet sein, das die identifizierten Schwachstellen mit Hilfe von Methoden von Einsatzorganisationen behebt?

Diese Forschungsfrage zielt auf die Nutzbarmachung der Ergebnisse und Erkenntnisse der anderen Forschungsfragen zur Verbesserung des Umgangs mit Störungen im Produktionsanlauf ab.

Die vorliegende Arbeit verfolgt also ein normatives Wissenschaftsziel, das mit Hilfe von empirischen Daten erreicht werden soll.

Das beschriebene Phänomen wurde bisher in verschiedenen Arbeiten beiläufig, jedoch nicht fokussiert, untersucht. Eine gezielte Auseinandersetzung mit dem reaktiven Umgang mit Störungen im Produktionsanlauf ist Bestandteil dieser Arbeit. Bei dieser Aufgabenstellung handelt es sich um einen problemlösungsorientierten Ansatz im Sinne angewandter Wissenschaft. Das Phänomen ist dabei von hoher Dynamik sowie Komplexität und bindet unterschiedliche Beteiligte und Prozesse ein. Außerdem ist es von Wissen, Methoden und Instrumenten im Umfeld von Organisationen geprägt. Für diesen Sachverhalt ist die Forschungsmethode *Design Research*

Methodology (DRM) nach *Blessing und Chakrabarti* geeignet.[39] DRM hat sieben unterschiedliche Ausprägungen. Weil es das Ziel der vorliegenden Arbeit ist, eine methodische Vorgehensweise für den gezielten Umgang mit Störungen im Produktionsanlauf zu entwickeln, wurde DRM Typ 2 ausgewählt. Diese Ausprägung von DRM ist geeignet, um Unterstützungen zur Lösung von Problemen zu entwickeln, wenn das theoretische Verständnis nicht ausreichend ist.[40] Das Forschungsvorgehen nach DRM Typ 2 ist in Abbildung 2 dargestellt.

Demnach gliedert sich das vorliegende Forschungsprojekt in folgende drei Phasen:[41]

- Research Clarification: Basierend auf einer Literaturanalyse wird das Ziel des Forschungsvorhabens formuliert.
- Descriptive Study I: Ziel ist es, das Forschungsobjekt zu beschreiben und das Verständnis über das Forschungsobjekt zu vergrößern, um das formulierte Ziel erreichen zu können. Die Basis dafür ist wiederum die Analyse bestehender Literatur. Ist dies für die Zielerreichung noch nicht ausreichend, müssen zusätzlich empirische Daten erhoben werden. Im Rahmen dieser Arbeit werden empirische Daten in Form von Experteninterviews erhoben. Dies entspricht einer Triangulation in Form von Literaturanalyse und Experteninterviews.[42] Dadurch wird zum einen die verwendete Datenbasis vergrößert, und zum anderen werden die Ergebnisse abgesichert. Die Experteninterviews werden mit Hilfe der qualitativen Inhaltsanalyse ausgewertet.
- Prescriptive Study: Auf Basis der bisher gewonnenen Erkenntnisse wird das ursprünglich beschriebene Problem gelöst. Bei der vorliegenden Arbeit erfolgt das durch die Entwicklung eines Modells für den methodischen Umgang mit Störungen im Produktionsanlauf.

Die Experteninterviews im Rahmen der Descriptive Study I werden Leitfaden gestützt durchgeführt. Ziel der Interviews und der anschließenden Analyse ist es, zusätzliche Daten zur Beantwortung von Forschungsfrage III zu erheben. Es sind also detaillierte Informationen zur Durchführung von Einsätzen notwendig. Experten können Wissen über spezifische Abläufe, Mechanismen und Zusammenhänge in Organisationen,

---

39 Vgl. Blessing und Chakrabarti 2009, S. 12–14.
40 Vgl. Blessing und Chakrabarti 2009, S. 62.
41 Vgl. Blessing und Chakrabarti 2009, S. 15–17.
42 Vgl. Gläser und Laudel 2010, S. 105.

deren Repräsentanten sie sind, bereitstellen.[43] Genau dieses Wissen ist in Bezug auf Einsatzorganisationen zur Beantwortung der Forschungsfrage notwendig. Insbesondere zur Erhebung von genau bestimmbaren Informationen, die zur Rekonstruktion von sozialen Prozessen beitragen sollen, sind Leitfadeninterviews mit Experten geeignet.[44] Im Kontext dieser Arbeit ist der betrachtete soziale Prozess der Umgang mit Störungen durch die Mitarbeiter eines produzierenden Unternehmens. Das begründet die Auswahl der Erhebungsmethode Experteninterviews. Die Herleitung des Interviewleitfadens ist in Abschnitt 5.3.1 beschrieben.

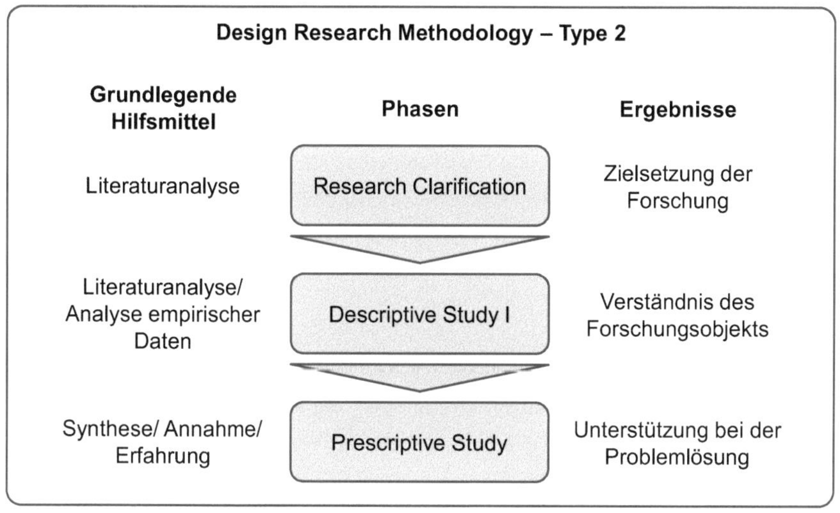

Abbildung 2: Design Research Methodology - Typ 2[45]

Als Analysemethode für die Experteninterviews wird die qualitative Inhaltsanalyse nach *Gläser und Laudel* angewendet.[46] Generell sind qualitative Analysen für Prozessanalysen und die Erarbeitung von Klassifizierungen geeignet.[47] Die qualitative Inhaltsanalyse im Besonderen kann verwendet werden, um Texten - im vorliegenden Fall Transkriptionen der Experteninterviews - Beschreibungen sozialer Sachverhalte im Rahmen von rekonstruierenden Untersuchungen zu entnehmen.[48] Genau das ist notwendig, um mit der Analyse der erhobenen Daten der Experteninterviews For-

43 Vgl. Przyborski und Wohlrab-Sahr 2008, S. 133–134.
44 Vgl. Gläser und Laudel 2010, S. 111.
45 In Anlehnung an Blessing und Chakrabarti 2009, S. 15 und 18.
46 Vgl. Gläser und Laudel 2010, S. 197–260.
47 Vgl. Mayring 2008, S. 20–23.
48 Vgl. Gläser und Laudel 2010, S. 47.

schungsfrage III zu beantworten. Die qualitative Inhaltsanalyse ist eine Methodik zur systematischen Interpretation von Texten, die ein Ergebnis durch Analyseschritte und Analyseregeln systematisch erarbeitet und damit überprüfbar macht.[49] Die qualitative Inhaltsanalyse nach *Gläser und Laudel*[50] setzt auf dem von *Mayring*[51] vorgestellten Verfahren auf. Die qualitative Inhaltsanalyse nach *Gläser und Laudel* ist dabei bei der Definition des Kategoriensystems für die Extraktion offener gestaltet, um während des gesamten Analyseprozesses offen für neue, unvorhergesehene Informationen zu sein.[52] Dieses Kategoriensystem baut auf theoretischen, Literatur basierten Vorüberlegungen auf und kann aufgrund von Informationen, die im zu analysierenden Material enthalten sind, angepasst werden.[53] Damit unterstützt die qualitative Inhaltsanalyse nach *Gläser und Laudel* die Beschreibung von komplexen Zuständen und die adäquate Berücksichtigung von nicht antizipierten Merkmalsausprägungen.[54] Für die Beschreibung des systematischen Umgangs von Einsatzorganisationen mit Einsätzen ist diese Analysemethode deshalb geeignet. Die Durchführung der Analyse ist in Abschnitt 5.3.3 dargestellt.

1.3 Aufbau der Arbeit

Die Arbeit besteht insgesamt aus sieben Abschnitten. Im **ersten Abschnitt** (Einleitung) werden die Ausgangssituation beschrieben, die Zielsetzung und das methodische Vorgehen dargestellt und der Aufbau der Arbeit vorgestellt.

Der **zweite Abschnitt** (Grundlagen des Produktionsanlaufs) ermöglicht dem Leser einen thematischen Einstieg und schafft die Grundlagen in Bezug auf den Produktionsanlauf, die für das Verständnis der Arbeit wichtig sind.

Der **dritte Abschnitt** (Stand der Forschung) widmet sich dem aktuellen Umgang mit Störungen im Produktionsanlauf in der Literatur. Bevor das Ergebnis der Literaturrecherche inkl. der Ableitung der Forschungslücke dargestellt wird, wird das Vorgehen bei der Recherche beschrieben. Darauf aufbauend werden die Methoden klassifiziert, die beim Produktionsanlauf angewandt werden.

---

49 Vgl. Mayring 2008, S. 42.
50 Vgl. Gläser und Laudel 2010, S. 197–260.
51 Vgl. Mayring 2008.
52 Vgl. Gläser und Laudel 2010, S. 199.
53 Vgl. Gläser und Laudel 2010, S. 201.
54 Vgl. Gläser und Laudel 2010, S. 201.

Im **vierten Abschnitt** (Methoden zum Umgang mit Störungen im Produktionsanlauf) werden die in der Literatur identifizierten Methoden zum Umgang mit Störungen im Produktionsanlauf zuerst beschrieben, anschließend Anforderungen an den Umgang mit Störungen hergeleitet und anhand dieser Anforderungen bewertet.

Im **fünften Anschnitt** (Methoden von Einsatzorganisationen bei der Durchführung von Einsätzen) wird zuerst definiert, was Einsatzorganisationen im Kontext dieser Arbeit sind, und weshalb sie prinzipiell für eine Methodenadaption auf den Umgang mit Störungen im Produktionsanlauf geeignet sind. Im Anschluss daran wird die empirische Erhebung der Methoden für den Umgang mit Einsätzen erläutert, um darauf aufbauend die identifizierten Methoden zu beschreiben und zu bewerten. Abschließend wird die Eignung der Methoden für die Adaption auf den Produktionsanlauf geprüft.

Der **sechste Abschnitt** (Modell für den methodischen Umgang mit Störungen im Produktionsanlauf) enthält die Beschreibung des Aufbaus und der Struktur des erarbeiteten Modells für den methodischen Umgang mit Störungen im Produktionsanlauf inkl. der Darstellung der adaptierten Methoden von Einsatzorganisationen. Im Anschluss daran werden Herausforderungen bei der Anwendung des Modells für den methodischen Umgang mit Störungen im Produktionsanlauf erläutert. Der Abschnitt endet mit der Vorstellung des Werkzeugkastens für den Umgang mit Störungen im Produktionsanlauf.

Die Arbeit schließt mit dem **siebten Abschnitt** (Fazit), in dem die erarbeiteten Ergebnisse in Bezuge auf das Forschungsziel und die Forschungsfragen zusammengefasst werden. Zudem wird die vorliegende Arbeit kritisch gewürdigt und weiterer Forschungsbedarf abgeleitet.

Abbildung 3 zeigt den Aufbau und die Vorgehensweise der vorliegenden Arbeit.

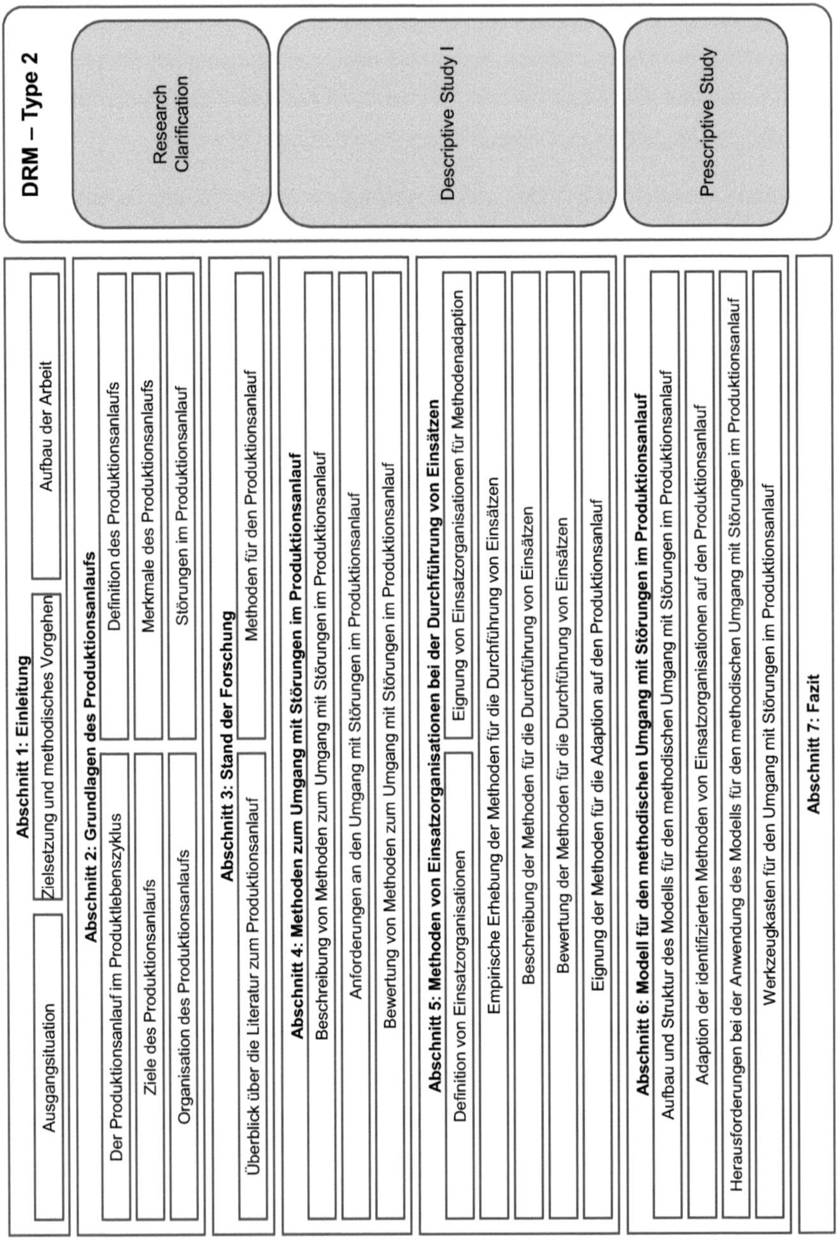

Abschnitt 1: Einleitung
- Ausgangssituation
- Zielsetzung und methodisches Vorgehen
- Aufbau der Arbeit

Abschnitt 2: Grundlagen des Produktionsanlaufs
- Der Produktionsanlauf im Produktlebenszyklus
- Definition des Produktionsanlaufs
- Ziele des Produktionsanlaufs
- Merkmale des Produktionsanlaufs
- Organisation des Produktionsanlaufs
- Störungen im Produktionsanlauf

Abschnitt 3: Stand der Forschung
- Überblick über die Literatur zum Produktionsanlauf
- Methoden für den Produktionsanlauf

Abschnitt 4: Methoden zum Umgang mit Störungen im Produktionsanlauf
- Beschreibung von Methoden zum Umgang mit Störungen im Produktionsanlauf
- Anforderungen an den Umgang mit Störungen im Produktionsanlauf
- Bewertung von Methoden zum Umgang mit Störungen im Produktionsanlauf

Abschnitt 5: Methoden von Einsatzorganisationen bei der Durchführung von Einsätzen
- Definition von Einsatzorganisationen
- Eignung von Einsatzorganisationen für Methodenadaption
- Empirische Erhebung der Methoden für die Durchführung von Einsätzen
- Beschreibung der Methoden für die Durchführung von Einsätzen
- Bewertung der Methoden für die Durchführung von Einsätzen
- Eignung der Methoden für die Adaption auf den Produktionsanlauf

Abschnitt 6: Modell für den methodischen Umgang mit Störungen im Produktionsanlauf
- Aufbau und Struktur des Modells für den methodischen Umgang mit Störungen im Produktionsanlauf
- Adaption der identifizierten Methoden von Einsatzorganisationen auf den Produktionsanlauf
- Herausforderungen bei der Anwendung des Modells für den methodischen Umgang mit Störungen im Produktionsanlauf
- Werkzeugkasten für den Umgang mit Störungen im Produktionsanlauf

Abschnitt 7: Fazit

DRM – Type 2
- Research Clarification
- Descriptive Study I
- Prescriptive Study

Abbildung 3: Aufbau und Vorgehensweise der Arbeit

2 Grundlagen des Produktionsanlaufs

Zunächst werden die notwendigen Grundlagen für das Verständnis der Arbeit geschaffen. Dazu wird die zentrale Position des Produktionsanlaufs im Produktlebenszyklus dargestellt. Anschließend werden der Produktionsanlauf definiert, dessen Ziele und Merkmale erläutert und die Organisation des Produktionsanlaufs beschrieben. Den Abschluss der Grundlagen bildet die Betrachtung von Störungen im Produktionsanlauf.

2.1 Der Produktionsanlauf im Produktlebenszyklus

Der Produktionsanlauf ist Teil des Produktlebenszyklus.[55] Das klassische Produktlebenszyklusmodell kommt ursprünglich aus dem Marketing und betrachtet die Umsatz- und Gewinnentwicklung eines Produkts in der Marktphase (Einführung bis Degeneration).[56] Die Marktphase wird bei integrierten Produktlebenszyklusmodellen um vor- und nachgelagerte Aktivitäten erweitert.[57] Dabei wird von einem bestimmten Kostenverlauf über die einzelnen Phasen hinweg ausgegangen.[58] Abbildung 4 zeigt das Modell eines integrierten Produktlebenszyklus mit Betrachtung der Kosten auf Zahlungsmittelebene (Ein- und Auszahlungen).

In der Vorlaufphase finden alle Aktivitäten statt, die vor der Markteinführung eines Produktes liegen. Diese Aktivitäten werden zusammengefasst auch als Produktentstehungsprozess bezeichnet und reichen von der Produktidee (Suche alternativer Problemlösungsideen/ Alternativenbewertung und –auswahl/ Vorentwicklung) über die Gestaltung der Produktkomponenten (Serienentwicklung/ Konstruktion) bis hin zur Überleitung in den Produktionsanlauf und die Vorbereitung der Markteinführung (Produktions- und Absatzvorbereitung/ Investition in Spezialbetriebsmittel).[59] In dieser Produktlebenszyklusphase werden von Unternehmen ausschließlich Auszahlungen getätigt.

Die Marktphase beginnt mit dem Produktionsanlauf bzw. der Markteinführung. Dies ist der Zeitpunkt, ab dem Produkte am Markt erhältlich sind, und es sind neben produktbezogenen Auszahlungen auch Einzahlungen zu verbuchen. Anschließend er-

55 Vgl. Bruns 2010, S. 5.
56 Vgl. Bruns 2010, S. 5; Herrmann 2010, S. 70; Olbrich 2006, S. 69; Pfeiffer et al. 1997, S. 16.
57 Vgl. Bruns 2010, S. 6; Herrmann 2010, S. 71; Mateika 2005, S. 9.
58 Vgl. Möller 2002, S. 435.
59 Vgl. Risse 2003, S. 24.

höht sich die Marktakzeptanz und die Marktdurchdringung beginnt. Hier werden erstmals Gewinne erzielt. Der darauf folgende Zeitraum der Marktsättigung ist geprägt vom höchsten Umsatz. In der Marktdegeneration sind die Zuwachsraten schließlich negativ. Der Umsatz und die Gewinne sind damit rückläufig.[60]

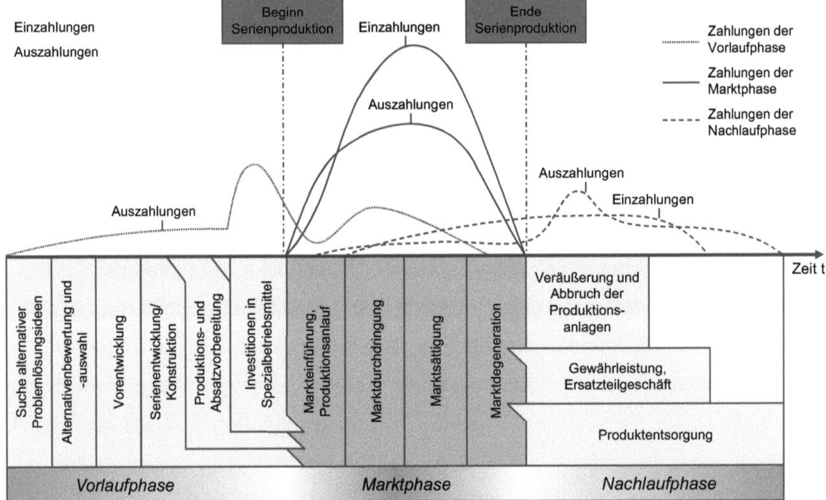

Abbildung 4: Modell des integrierten Produktlebenszyklus[61]

Die Nachlaufphase beinhaltet die Veräußerung und den Abbruch von Produktionsanlagen, Gewährleistung und Ersatzteilgeschäft sowie die Produktentsorgung.

Die Strukturierung des Modells des integrierten Produktlebenszyklus ist zwar sachlich sequentiell zu betrachten, zeitlich können sich die Teilphasen jedoch durchaus überlappen.[62] Beispielsweise ist es möglich, dass Kunden Ersatzteile für ein Produkt kaufen, das die Marktsättigung noch nicht erreicht hat.

Der Produktionsanlauf ist in der Literatur in zeitlichem Bezug nicht eindeutig eingeordnet.[63] Im Kontext des integrierten Produktlebenszyklus ist der Produktionsanlauf sachlich betrachtet der Übergang von der Vorlaufphase in die Marktphase bzw. von der Produktentstehung in die Serienproduktion.

---

60 Vgl. Bruns 2010, S. 6–7.
61 Vgl. Riezler 1996, S. 9. Auch zitiert in: Kasah et al. 2013, S. 63; Möller 2002, S. 435.
62 Vgl. Möller 2002, S. 435.
63 Vgl. Knüppel et al. 2012, S. 428.

2.2 Definition des Produktionsanlaufs

Eine einheitliche Definition des Begriffs Produktionsanlauf existiert in der Literatur nicht. Sowohl in der Wissenschaft als auch in der Praxis werden unterschiedliche Begriffe für die Phase zwischen Produktentstehung und Serienproduktion verwendet.[64]

Die Begriffe Anlaufphase, Serienanlauf, Produkt- oder Produktionsanlauf werden häufig synonym verwendet.[65] In englischsprachiger Literatur werden die Begriffe ramp-up oder production ramp-up verwendet.

Tabelle 1 gibt eine Übersicht über Definitionen, die in der analysierten Literatur zu finden sind.

Tabelle 1: Definitionen Produktionsanlauf (und Synonyme)[66]

Definition	Autor
Ramp-up is “a process, normally within a manufacturing environment, where production moves from low rate and gradually increases to the required production rate as the manufacturing processes are proven.”	Ball et al. 2011, S. 960
"The production ramp-up begins at the start of production (SoP) which is the point in time when an approved product can be produced for commercial purpose in an approved production system. ... Production ramp-up ends when the predetermined targets are fulfilled.”	Berg 2007, S. 1–2
“Ramp-up is the time from the production of the first item to reach steady-state output rate.”	Casamento 1992, S. 12
Ramp-up is “the startup of commercial production, which begins slowly and gradually accelerates to full production.”	Clark und Fujimoto 1991, S. 188

64 Vgl. Heins 2010, S. 12; Hüntelmann 2010, S. 7.

65 Vgl. Hüntelmann 2010, S. 7; Lanza 2005, S. 17–18; Risse 2003, S. 90–91; Schmitt 2012, S. 32; Wangenheim 1998, S. 25; Winkler 2007, S. 9.

66 Die Tabelle ist alphabetisch nach dem Autor sortiert.

Definition	Autor
„Das Ziel des Produktionsanlaufs besteht darin, ein Produkt aus der Phase der Produktentwicklung in die Phase der stabilen Serienproduktion zu überführen ... Kern der Anlaufphase bildet das „Hochfahren" der Produktion bis auf 100% - der so genannten Kammlinie. Der Produktionsanlauf stellt damit das Bindeglied zwischen der Serienentwicklung und der Serienproduktion ..."	Ender 2009, S. 10–11
Ramp-up is the "initial period of commercial production ... it begins at start of production and finishes when initial targets for, e.g. quality, volume, yield and costs are reached"	Fjällström et al. 2009, S. 179
„Der Produktionsanlauf beginnt mit der Aufnahme von Neuerungen in die industrielle Produktion und endet mit dem Erreichen der projektierten technischen, ökonomischen und arbeitswissenschaftlichen Parameter."	Gustmann et al. 1989, S. 16
„Die Zeitspanne des Produktionsanlaufs wird als Anlaufphase definiert."	Gustmann et al. 1989, S. 18
"The term "ramp-up" in this context is understood to be the transition from product development to a mass production process."	Krüger et al. 2010, S. 1
„Der Produktlebenszyklus eines Serienproduktes besteht aus zwei großen Zeitabschnitten: die Serienentwicklung, [...] und die Serienproduktion [...]. In der Schnittstelle zwischen diesen beiden Abschnitten ist der Produktionsanlauf positioniert."	Lanza 2005, S. 9
"...we here consider product launch to incorporate what are actually two different processes: • the start-up of production in normal conditions, generally called ramp-up. • the commercial launch of the product."	Lenfle und Midler 2009, S. 157
„Die Anlaufphase beginnt, wenn die Integration der entwickelten Komponenten in einem Prototypen abgeschlossen ist, und endet, wenn eine abgesicherte Produktion möglich ist."	Pfohl und Gareis 2000, S. 1191

Definition	Autor
„Im Produktionsanlauf werden neue, bisher nicht oder nicht auf diese Weise hergestellte Produkte von der Produktentwicklung bis zum Erreichen der Nennstückzahl begleitet. Er ist aufgrund zahlreicher Schnittstellen, störungsanfälliger Prozesse und Abläufe und des hohen Zeitdrucks einer der komplexesten und kritischsten Unternehmensprozesse überhaupt und stellt für Unternehmen des produzierenden Gewerbes eine entscheidende Größe dar.“	Schuh et al. 2007, S. 71
„Der Serienanlauf beschreibt den Zeitraum zwischen abgeschlossener Produktentwicklung und der vollen Kapazitätserreichung. Er lässt sich als die Phase charakterisieren, in der ein vormals im Designstadium befindlicher Prototyp in die Serienproduktion überführt wird.“	Schuh et al. 2008, S. 1–2
„Der Serienanlauf unterteilt sich in mehrere Bestandteile, wobei er in jeder Hinsicht das Bindeglied zwischen Entwicklung und Serienproduktion mit einem definierten Beginn darstellt und mit dem Erreichen definierter quantitativer und qualitativer Zielgrößen endet.“	Schuster 2012, S. 18
Der Anlauf ist „die Übergangsphase vom Produktentwicklungsprozess zum Serienfertigungsprozess.“	Specht et al. 2005, S. 71
„Ein Produktionsanlauf dient im Rahmen des Innovationsprozesses der Überführung eines neuen, unter „Laborbedingungen“ entstandenen Produkts in ein stabil produzierbares Serienprodukt.“	Stirzel 2008, S. 1
Ramp-up is “the time required from finishing prototyping to full-volume production.”	Sturm et al., S. 111
Ramp-up is “the period when the normal production process makes the transition from zero to full-volume production, at or near the targeted levels of cost and quality.”	Terwiesch et al. 1999, S. 4
Ramp-up is the “period between completion of development and the full capacity utilization.”	Terwiesch und Bohn 2001, S. 1

Definition	Autor
„Der Serienanlauf bezeichnet den Übergang von der Entwicklung in die Serienproduktion und endet mit dem Erreichen einer abgesicherten Produktion.“	Wangenheim 1996, S. 2–3
“In ramp-up, the firm starts commercial production at a relatively low level of volume; as the organization develops confidence in its (and its suppliers’) ability to execute production consistently and in marketing’s ability to sell the product, the volume increases. At the conclusion of the ramp-up phase, the production system has achieved its target levels of volume, cost and quality.”	Wheelwright und Clark 1992, S. 8

In der Vielzahl der aufgeführten Definitionen lassen sich folgende Gemeinsamkeiten erkennen:

- Der Produktionsanlauf ist der Übergang zwischen Produktentwicklung und Serienproduktion.
- Während des Produktionsanlaufs wird die Produktionsstückzahl langsam erhöht.
- Der Produktionsanlauf endet mit dem Erreichen der Anlaufziele.

Die Definition von *Schuster* beinhaltet diese drei Aspekte und wird deshalb im Rahmen dieser Arbeit als Begriffsdefinition des Produktionsanlaufs gewählt:

> *Der Produktionsanlauf „unterteilt sich in mehrere Bestandteile, wobei er in jeder Hinsicht das Bindeglied zwischen Entwicklung und Serienproduktion mit einem definierten Beginn darstellt und mit dem Erreichen definierter quantitativer und qualitativer Zielgrößen endet.“*[67]

Im folgenden Abschnitt werden die Ziele des Produktionsanlaufs erläutert.

2.3 Ziele des Produktionsanlaufs

Im Produktionsanlauf werden neue Produkte mit Hilfe von neuen Prozessen und ggfs. neuen Produktionsanlagen von der Entwicklung in die Serienproduktion überführt.[68]

---

67 Schuster 2012, S. 18.
68 Vgl. Schuh et al. 2007, S. 71.

Die Herausforderungen im Produktionsanlauf sind vielfältig. Es gilt noch nicht erprobte und daher instabile Prozesse zu beherrschen, sowie die notwendige Detaillierung und Feinabstimmung von Kompetenzen und Abläufen durchzuführen. Zudem müssen die Anforderungen an den Reifegrad der Produktionsmaschinen und Bearbeitungsprozesse erreicht werden. Außerdem ist eine signifikante Qualitätssteigerung nachzuweisen und dabei die Produktverfügbarkeit zu erhöhen. Während des Produktionsanlaufs herrscht ferner enormer Zeitdruck bei der Fehlerbeseitigung und es sind häufig neue Technologien sowie neue Mitarbeiter involviert.[69]

Aus diesen Herausforderungen lassen sich Ziele für den Produktionsanlauf ableiten. *Ender*[70] hat das in Abbildung 5 dargestellte Zielsystem des Produktionsanlaufs entwickelt.

Die übergeordnete Zielsetzung des Produktionsanlaufs ist es, die geplante **Time-to-Market**[71] einzuhalten. Es steht also die Lieferung von kundenfähigen Produkten und die Einhaltung von zugesicherten Lieferterminen (Liefertreue) im Vordergrund. Das gilt besonders, wenn das eigene Produkt vor einem Konkurrenzprodukt am Markt erhältlich sein soll.[72]

Das **Leistungsziel** des Produktionsanlaufs ist die Erreichung der geplanten Gesamtanlageneffektivität[73]. Hierzu zählen das beabsichtigte Verfügbarkeitsziel der Produktionsanlagen, das anzustrebende Qualitätsziel des Produkts und das zu erreichende Taktziel der Produktion.[74]

Das **Effizienzziel** des Produktionsanlaufs beschreibt den bestmöglichen Ressourceneinsatz bzw. Kosteneinsatz zur Erreichung des Leistungsziels. Es gilt stets zu

69 Vgl. Fleischer et al. 2006b, S. 695.

70 Vgl. Ender 2009, S. 68.

71 Der Produktentstehungsprozess kann durch zwei Zeitpunkte abgegrenzt werden. Den Produktentwicklungsbeginn und den Markteinführungszeitpunkt. Diese beiden Zeitpunkte definieren den Zeitraum der Produktentstehung, der auch als Time-to-Market bezeichnet wird. Vgl. Banaschek 1995, S. 14; Buchholz 1996, S. 32; Clark und Fujimoto 1989, S. 25; Fischer 2001, S. 31; Geschka 1993, S. 11; Klenter 1995, S. 96; Risse 2003, S. 23; Ungeheuer 1993, S. 140; Wolff 1997, S. 10.

72 Vgl. Ender 2009, S. 67; Renner 2012, S. 56–57; Weinzierl 2006, S. 19; Winkler 2007, S. 8.

73 Eine Kennzahl für die Gesamtanlageneffektivität ist die Overall Equipment Effectiveness (OEE). Diese Kennzahl berechnet sich wie folgt: $OEE = \frac{Netto\text{-}Produktionszeit}{Planbelegungszeit} = \frac{i.O.\text{-}Stückzahl \times technischer\ Taktzeit}{Gesamtverfügbarkeit - geplanter\ Stillstand - geplante\ Instandhaltung}$ Vgl. Ender 2009, S. 68–69.

74 Vgl. Ender 2009, S. 68–69; Gustmann et al. 1989, S. 16; Renner 2012, S. 43–47; Weinzierl 2006, S. 20; Winkler 2007, S. 8.

beachten, dass das Erreichen des Leistungsziels nicht unter der Umsetzung von Maßnahmen zur Erreichung des Effizienzziels leiden darf.[75]

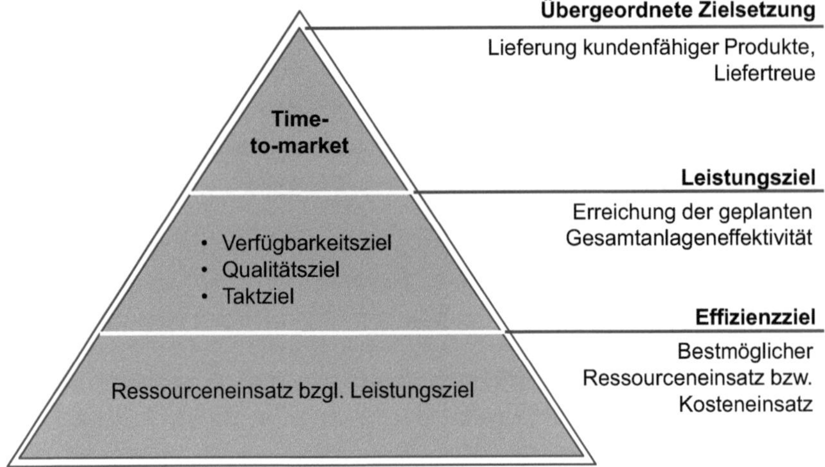

Abbildung 5: Zielsystem für den Produktionsanlauf[76]

Der Produktionsanlauf muss also in der Lage sein, die Erhöhung der Produktionsstückzahl in der kosten- und zeiteffizientesten Art und Weise zu realisieren und dabei die Leistungsziele wie Produktqualität und –kosten zu erfüllen. [77]

Neben dem Zeit-, Qualitäts- und Kostenbezug ist zusätzlich noch die **Beherrschung der Komplexität[78]** ein Ziel des Produktionsanlaufs.[79] Die Komplexität des Produktionsanlaufs setzt sich aus der Produktkomplexität und der Komplexität des Produktionssystems[80] zusammen und ist auch auf die Neuartigkeit des Produkts zurückzuführen.[81]

75 Vgl. Ender 2009, S. 69–70; Gustmann et al. 1989, S. 16; Winkler 2007, S. 9.

76 Vgl. Ender 2009, S. 68.

77 Vgl. Berg 2007, S. 1; Terwiesch et al. 1999, S. 4; Wheelwright und Clark 1992, S. 8.

78 Definition Komplexität: Komplexität setzt sich aus den drei Dimensionen Varietät, Konnektivität und Funktionalität zusammen. Varietät legt die Anzahl der Systemelemente fest. Konnektivität legt die Anzahl der Verknüpfungen zwischen den Elementen fest. Funktionalität beschreibt die Art der Verknüpfungen. Die Komplexität steigt mit zunehmender Varietät, Konnektivität und Funktionalität. Vgl. Milling 1981, S. 91–93.

79 Vgl. Kuhn 2002, S. 4; Schneider 2006, S. 44–46; Vogl 2012, S. 26.

80 Definition Produktionssystem: „Ein Produktionssystem ist ein komplexes sozio-technisches System von Aktivitätseinheiten zur Transformation einzelner Faktoren und Komponenten zu finalen Produkten." Siehe Ullrich et al. 2013, S. 46.

81 Vgl. Denzler 2007, S. 52; Gong 2007, S. 15.

Nachdem die Ziele des Produktionsanlaufs dargestellt wurden, werden dessen Merkmale beschrieben.

2.4 Merkmale des Produktionsanlaufs

Zentrales Merkmal des Produktionsanlaufs ist es, dass er ein instabiles Produktionssystem darstellt. Das resultiert sowohl in einer gewollten Zustandsänderung (z.B. Steigerung der Gesamtanlageneffektivität) als auch in ungewollten Änderungen in der Prozessstruktur (z.B. Produktionsausfälle aufgrund von Störungen). Instabile Produktionssysteme charakterisieren sich durch dynamische Wirkzusammenhänge sowie instabile Qualitätsfähigkeiten und Verfügbarkeitsentwicklungen.[82]

Zudem wird der Produktionsanlauf von verschiedenen Autoren durch unterschiedliche Merkmale charakterisiert.[83] **Komplexität**, **hohe Unsicherheit** und **Auftreten von Störungen** werden von unterschiedlichen Autoren als zentral für den Umgang mit Störungen angesehen und deshalb kurz erläutert.

Die hohe **Komplexität** des Produktionsanlaufs hat drei Ursachen:[84]

- Der Produktionsanlauf weist eine Vielzahl von Schnittstellen auf. Es treffen viele beteiligte Personen, Organisationseinheiten und Unternehmen mit ihren jeweiligen Kompetenzen und Interessen aufeinander.
- Der Produktionsanlauf weist einen hohen Innovationsgrad auf. Es wird ein technisch neuartiges Produkt durch ein neues Team aus verschiedenen Funktionen unter Aufbau neuer Organisationsstrukturen mithilfe neuer Steuerungslogiken und Fertigungstechnologien in eine neue Infrastruktur integriert.[85]
- Der Produktionsanlauf weist eine hohe Dynamik auf. Es werden zahlreiche geplante wie ungeplante Änderungen an Produkten und Prozessen ausgelöst.[86] Mögliche Auslöser sind Qualitätsprobleme, Planungsfehler, Kundenwünsche oder Verbesserungsvorschläge.

Der Produktionsanlauf ist geprägt von einer **hohen Unsicherheit**. Diese wird von der Variabilität und der Schwierigkeit des Anlaufprojekts beeinflusst. Unsicherheit ist da-

[82] Vgl. Schmitt 2012, S. 66–67.
[83] Siehe Anhang 1.
[84] Vgl. Gong 2007, S. 14–16.
[85] Siehe auch Denzler 2007, S. 52.
[86] Siehe auch Renner 2012, S. A-3 45-47.

bei die Differenz aus der Menge an Informationen, die zur Durchführung des Produktionsanlaufs benötigt werden, und der Menge an Informationen, die dem Anlaufteam zu Beginn zur Verfügung stehen.[87]

Selbst unter den besten Bedingungen sind im Produktionsanlauf Nacharbeit, Maschinenausfälle und andere unvorhergesehene **Störungen** festzustellen. Je schneller der Produktionsanlauf durchgeführt werden soll, desto häufiger und schneller treten Störungen auf. Damit gehen Änderungen der Arbeitsbedingungen einher.[88]

Im Produktionsanlauf gilt es also, ein komplexes instabiles Produktionssystem in einen stabilen Zustand zu überführen und dabei die Ziele des Produktionsanlaufs zu erreichen.

Mit den dargestellten Merkmalen Komplexität, hohe Unsicherheit und Auftreten von Störungen sowie ihren unvorhersehbaren Ausprägungen muss bei der Organisation des Produktionsanlaufs umgegangen werden.

2.5 Organisation des Produktionsanlaufs

Die Organisation des Produktionsanlaufs besteht aus der **Ablauforganisation** und der **Aufbauorganisation**. Die Ablauforganisation ist zuständig für die Definition, Strukturierung sowie Koordination der Arbeits- und Informationsprozesse bzw. der zur Zielerreichung erforderlichen Abläufe des Produktionsanlaufs. Die Aufbauorganisation des Produktionsanlaufs beinhaltet die Strukturierung des Unternehmens in für den Produktionsanlauf relevante organisatorische Einheiten. Darunter fällt auch die Festlegung von Rahmenbedingungen und welche Aufgaben von welchen Personen oder Sachmitteln zu bewältigen sind. Ziel des Zusammenwirkens von Ablauf- und Aufbauorganisation ist die bessere Beherrschung der Arbeitsabläufe, die Vereinfachung von Koordination und Administration durch den Abbau von Schnittstellen sowie die klare Zuteilung von Verantwortlichkeiten im Produktionsanlauf.[89]

Im Anschluss an die Erläuterung der Ablauf- und Aufbauorganisation des Produktionsanlaufs wird Anlaufmanagement beschrieben.

---

[87] Vgl. Renner 2012, S. A-3 48.
[88] Vgl. Clark und Fujimoto 1991, S. 198.
[89] Vgl. Romberg und Haas 2005, S. 65–67; Schulze und Opitz 2007b, S. 3.

2.5.1 Ablauforganisation des Produktionsanlaufs

Bei der Entwicklung komplexer Produkte ist es notwendig den Transfer von Produkten in die Serienproduktion in mehreren Stufen durchzuführen.[90] In der Literatur sind mehrere Phasenmodelle zu finden, die einen mehrstufigen Prozess für den Produktionsanlauf beschreiben.[91] Bezeichnungen wie Serienanlauf, Produktionsanlauf, Vorserie, Nullserie etc. werden dabei nicht einheitlich verwendet und auch die Differenzierung zwischen einzelnen Phasen ist in den Modellen unterschiedlich.[92]

Im Rahmen dieser Arbeit wird das in Abbildung 6 dargestellte Phasenmodell des Produktionsanlaufs verwendet, weil es die teils unterschiedlichen Schwerpunkte der Modelle von *Kuhn* (Anlaufmanagement), *Lanza* (Inbetriebnahme und Anpassung des Produktionssystems), *Stirzel* (Anlaufkurve), *Tücks* (Phasen Vorserie, Nullserie, Produktionshochlauf) und *Wangenheim* (Prozess- und Produktentwicklung, Meilensteine) in einer übersichtlichen Darstellung vereint.

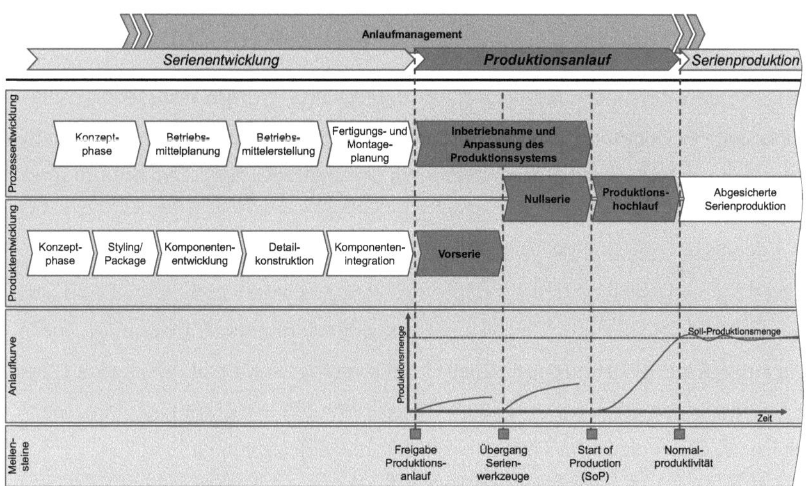

Abbildung 6: Phasenmodell des Produktionsanlaufs[93]

---

90 Vgl. Wangenheim 1998, S. 24.

91 Phasenmodelle für den Produktionsanlauf sind zu finden bei folgenden Autoren: Berg 2007, S. 2; Bischoff 2007, S. 5; Buescher et al. 2012, S. 3; Denzler 2007, S. 39; Doltsinis et al. 2013, S. 86; Ender 2009, S. 10; Fitzek 2005, S. 61; Hab und Wagner 2004, S. 89; Heins 2010, S. 14; Homuth 2008, S. 85; Kuhn 2002, S. 8; Möller 2005, S. 148; Risse 2003, S. 91; Stirzel 2008, S. 2; Tücks 2010, S. 27; Voigt und Thiell 2005, S. 14; Wangenheim 1998, S. 19.

92 Vgl. Wangenheim 1998, S. 25.

93 In Anlehnung an Kuhn 2002, S. 8; Lanza 2005, S. 8; Stirzel 2008, S. 2; Tücks 2010, S. 27; Wangenheim 1998, S. 19.

Das Phasenmodell beginnt mit der **Serienentwicklung**, die im Sinne des Produktlebenszyklus in die Vorlaufphase einzuordnen ist (vgl. Abschnitt 2.1). Es ist zwischen Tätigkeiten der **Prozessentwicklung** und **Produktentwicklung** zu unterscheiden. Allerdings finden diese Tätigkeiten im Rahmen von Simultaneous Engineering fast gleichzeitig statt[94] und sind daher eng abzustimmen. Prozessentwicklung beinhaltet alle Produktions-, Logistik- und Produktionssteuerungsprozesse sowie die Konzipierung und den Test von neuen technischen Verfahren.[95] Produktentwicklung beinhaltet die Entwicklung und den Test eines kundengerechten Produkts. [96] Bereits während der Serienentwicklung hat das **Anlaufmanagement** planende und vorbereitende Aufgaben für den Produktionsanlauf zu erfüllen.[97]

Den Fokus des Phasenmodells ist der **Produktionsanlauf**, der wiederum in **Vorserie**, **Nullserie**, **Produktionshochlauf** und **Inbetriebnahme und Anpassung des Produktionssystems** unterteilt werden kann. Der Produktionsanlauf stellt den Übergang zwischen der Vorlaufphase und der Marktphase des Produktlebenszyklus dar (vgl. Abschnitt 2.1). Bei Vorserie sowie Inbetriebnahme und Anpassung des Produktionssystems kann noch zwischen Produktentwicklung und Prozessentwicklung unterschieden werden. Die Nullserie führt Produkt- und Prozessentwicklung schließlich zusammen. Zudem werden im Produktionsanlauf erstmals Produkte in Produktionsumgebung bzw. in produktionsnaher Umgebung produziert. Die **Anlaufkurve**[98] der einzelnen Phasen zeigt, dass die Produktionsmenge während der Vorserie noch sehr gering ist, während der Nullserie erhöht wird, um schließlich im Produktionshochlauf bis zur geplanten Soll-Produktionsmenge gesteigert zu werden. Die Meilensteine im Produktionsanlauf sind **Freigabe Produktionsanlauf**, **Übergang Serienwerkzeuge**, St**art of Production (SoP)** und **Normalproduktivität**. Sie stellen jeweils den Übergang zwischen den einzelnen Phasen dar. Mit dem Erreichen der Normalproduktivität enden auch die Tätigkeiten des Anlaufmanagements.

Der letzte Abschnitt des Phasenmodells ist die **abgesicherte Serienproduktion**. Sie hat im Gegensatz zu den instabilen Produktionsprozessen des Produktionsanlaufs

---

94 Vgl. Lanza 2005, S. 9.
95 Vgl. Lanza 2005, S. 11; Wangenheim 1998, S. 22–24.
96 Vgl. Lanza 2005, S. 9–10; Wangenheim 1998, S. 20–22.
97 Vgl. Kuhn 2002, S. 8.
98 Eine Anlaufkurve stellt phasenbezogen eine Konkretisierung von Anlaufzielen dar (vgl. Winkler 2007, S. 19). In diesem Fall ein beispielhafter Verlauf der Produktionsmenge über der Zeit.

einen stabilen Zustand.[99] Die Serienproduktion ist im Produktlebenszyklus der Marktphase zuzuordnen (vgl. Abschnitt 2.1).

Die einzelnen Phasen des Produktionsanlaufs werden im Folgenden detaillierter erläutert.

2.5.1.1 Vorserie

Mit der Freigabe des Produktionsanlaufs werden in der Vorserie Prototypen in größeren Stückzahlen unter seriennahen Bedingungen produziert. Im Unterschied zum Prototypenbau werden hier auch die zur Fertigung und Montage notwendigen Prozesse getestet.[100] Es werden allerdings noch nicht alle verarbeiteten Teile mit Serienwerkzeugen produziert. Somit werden teilweise noch Bauteile verwendet, die Sonderanfertigungen sind.[101]

Zudem sollen durch die seriennahen Prozesse Informationen und Kenntnisse über das Verhalten von Materialien, Werkzeugen und Maschinen gewonnen werden.[102] Das ist notwendig, damit mögliche Probleme in der späteren Serienproduktion frühzeitig erkannt werden können.[103] Dies führt zu Einsparpotentialen, indem späte und teure Änderungen an Serienwerkzeugen vermieden werden.[104]

Zu den Aufgaben der Vorserie zählen unter anderem:[105]

- Produktion von Prototypen mit Versuchswerkzeugen
- Erprobung der Anlauftauglichkeit des Produkts
- Feinabstimmung von Komponenten und Teilen
- Sammlung von Informationen über die Gestaltung des Produktionsprozesses
- Gewinnung von Informationen über das Verhalten von Werkzeugen, Material und Maschinen
- Schulung von Mitarbeitern

Die Vorserie endet, wenn sich die Produktion der Prototypen ausreichend an die Bedingungen der Serienproduktion angenähert hat.[106]

[99] Vgl. Dombrowski und Hanke 2009, S. 877.
[100] Vgl. Wangenheim 1998, S. 25.
[101] Vgl. Tücks 2010, S. 27.
[102] Vgl. Lanza 2005, S. 12.
[103] Vgl. Tücks 2010, S. 28; Wangenheim 1998, S. 25.
[104] Vgl. Lanza 2005, S. 12.
[105] Vgl. Lanza 2005, S. 13; Wangenheim 1998, S. 19.

2.5.1.2 Nullserie

Nach der modellhaften Produktion der Vorserie folgt die seriennahe Produktion der Nullserie. In der Nullserie werden alle Teile mit Serienwerkzeugen hergestellt und die zugelieferten Komponenten sollen möglichst aus der bereits laufenden Serienproduktion der Zulieferer stammen. Dadurch wird die Produkt- und Prozessentwicklung endgültig zusammengeführt. Das ist notwendig, um mögliche Qualitätsänderungen der zu fertigenden Teile und des Endprodukts noch vor dem eigentlichen Serienbetrieb zu erkennen.[107] Ziel ist es, den notwendigen Produktreifegrad für den Produktionshochlauf zu erreichen.[108] Zudem werden die in der Nullserie produzierten Produkte für gesetzlich vorgeschriebene Prüfungen verwendet.[109]

Während der Nullserie treten erfahrungsgemäß erhebliche Störungen auf und es kann zu unvorhergesehenen Änderungen kommen.[110] Oft können die notwendigen Änderungen nicht mehr vollständig bis zum Start der Serienproduktion abgeschlossen werden.[111]

Zu den Aufgaben der Nullserie zählen unter anderem:[112]

- Produktion von Produkten mit seriennahen Werkzeugen
- Entdeckung und Beseitigung von Störungen
- Gewinnung von Informationen über das Verhalten von Produkten unter realen Produktionsbedingungen
- Abstimmung von Produkt und Produktionsprozess
- Schulung der Mitarbeiter
- Integration von Zulieferern

Die Phase der Nullserie endet mit der Serienfreigabe.[113]

2.5.1.3 Inbetriebnahme und Anpassung des Produktionssystems

Die Phase Inbetriebnahme und Anpassung des Produktionssystems wird im Produktionsanlauf parallel zur Vorserie und Nullserie durchgeführt.[114]

---

[106] Vgl. Lanza 2005, S. 12–13.
[107] Vgl. Lanza 2005, S. 13; Wangenheim 1998, S. 26.
[108] Vgl. Winkler 2007, S. 15.
[109] Vgl. Lanza 2005, S. 13; Tücks 2010, S. 28.
[110] Vgl. Lanza 2005, S. 13; Li et al. 2014, S. 3005; Tücks 2010, S. 28; Winkler 2007, S. 15.
[111] Vgl. Laick 2003, S. 10.
[112] Vgl. Lanza 2005, S. 14; Wangenheim 1998, S. 19.
[113] Vgl. Lanza 2005, S. 16.

Die Inbetriebnahme und Anpassung des Produktionssystems stellt die Funktionsbereitschaft und das funktionale Zusammenwirken der zuvor montierten Einzelkomponenten des Produktionssystems her. Geprüft wird die Korrektheit der Einzelfunktionen sowie deren funktionales Zusammenwirken. Das Ergebnis der Inbetriebnahme und Anpassung des Produktionssystems ist ein abnahmefertiges, technisch funktionsfähiges, leistungsfähiges und an die Produktionsbedingungen angepasstes Produktionssystem.[115]

Zudem wird während der Inbetriebnahme und Anpassung des Produktionssystems das Bedien- und Instandhaltungspersonal geschult und qualifiziert. Das trägt unter anderem dazu bei, die Reaktion beim Auftreten von Störungen des Produktionssystems zu verbessern.[116]

Zu den Aufgaben der Inbetriebnahme und Anpassung des Produktionssystems zählen unter anderem:[117]

- Vervollständigung der Dokumentation der Produktionsanlagen
- Schulung des Bedien- und Instandhaltungspersonals
- Behebung von Fehlern und Problemen aus vorgelagerten Phasen
- Erstmaliges Einschalten von Steuerungs-, Hard- und Softwarekomponenten
- Anpassung von Betriebsparametern

Die Phase der Inbetriebnahme und Anpassung des Produktionssystems endet mit der Abnahme des Produktionssystems durch den Kunden anhand von Abnahmekriterien, die im Vorfeld festgelegt wurden.[118]

2.5.1.4 Produktionshochlauf

Der Beginn des Produktionshochlaufs ist die Herstellung des ersten kundenfähigen Produkts. Dieser Zeitpunkt wird auch als „Start of Production“ (SoP) oder „Job No. 1“ bezeichnet.[119] Der Produktionshochlauf ist zeitlich vor dem Verkaufsbeginn des neuen Produktes angesiedelt, um die Distributionskanäle zu füllen.[120]

---

114 Vgl. Lanza 2005, S. 14.
115 Vgl. Kuhn 2002, S. 42; Lanza 2005, S. 14; Zeugtrager 1998, S. 27.
116 Vgl. Lanza 2005, S. 15; Zeugtrager 1998, S. 29.
117 Vgl. Lanza 2005, S. 15; Zeugtrager 1998, S. 29.
118 Vgl. Lanza 2005, S. 15.
119 Vgl. Laick 2003, S. 11; Lanza 2005, S. 16; Tücks 2010, S. 28; Wangenheim 1998, S. 28; Winkler 2007, S. 16–17.

Im Produktionshochlauf wird das Produktionssystem unter nominellen, personellen, organisatorischen und technischen Randbedingungen auf eine dauerhafte Nennleistung gebracht. Dazu werden im Rahmen der Optimierung und Stabilisierung des Betriebsverhaltens insbesondere die erst zu diesem Zeitpunkt erkennbaren technischen, personellen und organisatorischen Unzulänglichkeiten behoben.[121] Zudem wird der Produktionshochlauf dadurch erschwert, dass bestehende Produktionsprobleme zu Beginn noch nicht behoben sind[122] oder neue Probleme verursacht werden[123].

Zu den Aufgaben des Produktionshochlaufs zählen unter anderem:[124]

- Verbesserung und Stabilisierung von Prozessen
- Behebung von Störungen und Frühausfällen
- Anpassung und Optimierung der Betriebsstrategie
- Kontinuierliche Erhebung und Analyse von Daten
- Markteinführung des Produkts
- Schulung von weiteren Mitarbeitern

In der Praxis endet der Produktionshochlauf mit der Übergabe des Projekts vom Projektteam an die für die Serienfertigung zuständige Abteilung (z.B.: Produktion, Montage, Qualität, etc.). Der Übergabezeitpunkt des Projekts an die Serienfertigung ist dann, wenn die geplanten Herstellkosten, die erwartete Herstellqualität[125] sowie die Soll-Produktionsmenge und damit die geplante Normalproduktivität erreicht werden.

Auf die eben beschriebene Ablauforganisation muss die Aufbauorganisation abgestimmt werden. Die gängige Gestaltung der Aufbauorganisation im Produktionsanlauf wird im Weiteren beschrieben.

2.5.2 Aufbauorganisation des Produktionsanlaufs

Typisch für die aufbauorganisatorische Gestaltung des Produktionsanlaufs ist eine Matrix-Projektorganisation[126] und die damit verbundene interdisziplinäre Zusam-

120 Vgl. Clark und Fujimoto 1991, S. 175; Laick 2003, S. 11; Wangenheim 1998, S. 28.
121 Vgl. Kuhn 2002, S. 41; Lanza 2005, S. 16; Zeugtrager 1998, S. 30.
122 Vgl. Berg 2007, S. 2.
123 Vgl. Monego et al. 2011, S. 194
124 Vgl. Hüntelmann 2010, S. 11; Lanza 2005, S. 17; Li et al. 2014, S. 3005–3006; Wangenheim 1998, S. 19; Zeugtrager 1998, S. 30.
125 Vgl. Monego et al. 2011, S. 194.
126 Vgl. Fitzek 2005, S. 158.

menarbeit[127]. In ihr werden Anlaufmanager und Anlaufteam zur Koordination und Durchführung des Produktionsanlaufs verankert. Das soll eine enge, funktions- und unternehmensübergreifende Zusammenarbeit mit kurzen Kommunikationswegen und schnellen Entscheidungen in Problemsituationen ermöglichen.[128] Das Ergebnis einer bereits 2004 durchgeführten Befragung von Unternehmen der Automobilzulieferindustrie zeigt, dass 52% der befragten Unternehmen eine temporäre Projektorganisation, 18% spezielle Anlaufteams und 24% die Linienorganisation für die Durchführung von Produktionsanläufen nutzen.[129]

Nach *Wheelwright und Clark*[130] können vier Grundtypen der Aufbauorganisation des Produktionsanlaufs unterschieden werden (siehe Abbildung 7).

- **1a: Anlaufteam mit vollständig flexibler Mitarbeiterzuordnung**
  Alle Mitarbeiter des Anlaufteams üben diese Aufgabe zusätzlich zu ihren Linienaufgaben aus.
- **1b: Anlaufteam mit fester Mitarbeiterzuordnung**
  Alle Mitarbeiter des Anlaufteams sind diesem fest zugeordnet und haben keine Aufgaben in der Linie.
- **2a: Eigenständige Funktionseinheit in der Linie zur Durchführung ausgewählter Kernaufgaben im Produktionsanlauf**
  Mitarbeiter werden zu einer eigenen Funktionseinheit zusammengefasst, um Kernaufgaben des Produktionsanlaufs für alle Anläufe des Unternehmens durchzuführen.
- **2b: Eigenständige Funktionseinheit in der Linie zur methodischen Unterstützung im Produktionsanlauf**
  Mitarbeiter werden zu einer eigenen Funktionseinheit zusammengefasst, um die Anlaufteams in einem Unternehmen mit Methoden zum erfolgreichen Management von Produktionsanläufen zu unterstützen.[131]

Die Auswahl der passenden Aufbauorganisation des Produktionsanlaufs ist abhängig von der Organisationsform und den Unternehmensvoraussetzungen bzw. Unterneh-

[127] Vgl. Heins 2010, S. 12.
[128] Vgl. Fitzek 2005, S. 158.
[129] Vgl. Franzkoch und Gottschalk 2008, S. 57. Aktuellere empirische Daten konnten im Rahmen der durchgeführten Literaturrecherche (siehe hierzu Abschnitt 3.1.1) nicht identifiziert werden.
[130] Siehe Wheelwright und Clark 1995, S. 75–102. Die beschriebenen Grundtypen der Aufbauorganisation werden auch in aktueller Literatur aufgegriffen (siehe Fitzek 2005, S. 158–163; Franzkoch und Gottschalk 2008, S. 58–60).
[131] Vgl. Fitzek 2005, S. 158–163; Franzkoch und Gottschalk 2008, S. 58–60.

mensbedürfnissen. Es gilt dabei, das Dilemma zwischen Anlauffähigkeit und unnötigem Ressourcenverzehr zu lösen.[132]

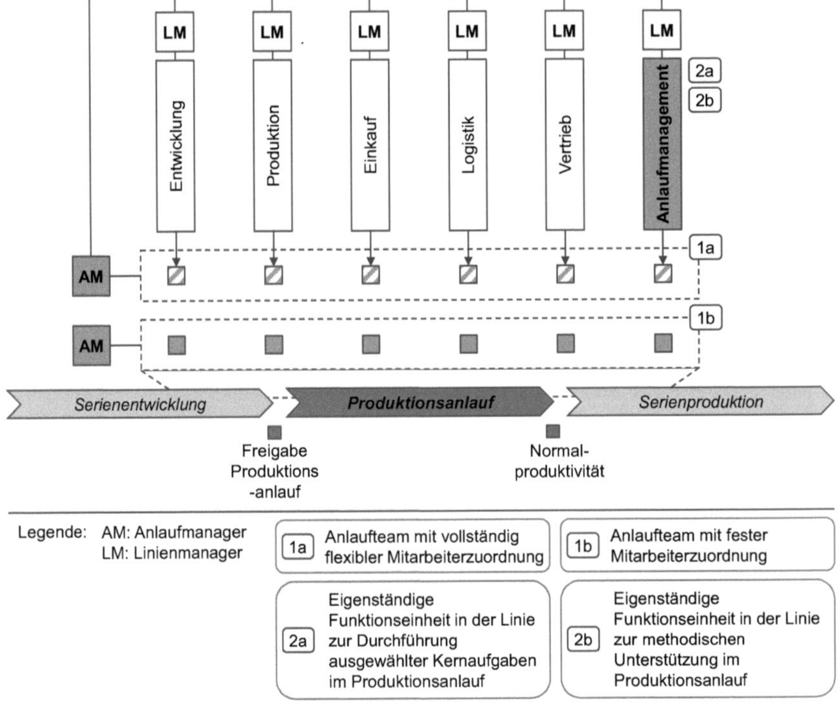

Abbildung 7: Grundtypen der Aufbauorganisation des Produktionsanlaufs[133]

Das Anlaufteam ist der zentrale Bestandteil der Aufbauorganisation des Produktionsanlaufs und koordiniert dessen operative Durchführung. Das interdisziplinäre Team setzt sich aus einem Anlaufmanager und Mitarbeitern aus den unterschiedlichen beteiligten Funktionsbereichen (Stakeholdern) eines Unternehmens zusammen.[134]

Der Anlaufmanager ist für die erfolgreiche Durchführung eines Produktionsanlaufs verantwortlich. Das beinhaltet die Koordination und Durchführung der funktions- und unternehmensübergreifenden Planung, Steuerung und Kontrolle des Produktionsan-

[132] Vgl. Franzkoch und Gottschalk 2008, S. 59–60.
[133] In Anlehnung an Fitzek 2005, S. 159; Franzkoch und Gottschalk 2008, S. 58.
[134] Vgl. Franzkoch und Gottschalk 2008, S. 61.

laufs.[135] Er wird durch ein Anlaufteam unterstützt[136] und fungiert damit als Team- und Projektleiter des Produktionsanlaufs.

Die Stakeholder arbeiten innerhalb des Anlaufteams intensiv zusammen und tauschen viele Informationen untereinander aus, um die Anlaufziele zu erreichen.[137] Typische Stakeholder sind:[138]

- Entwicklung
- Produktion
- Einkauf
- Logistik
- Lieferant des Produktionssystems
- Vertrieb
- Beschaffung
- Qualitätsmanagement
- Fabrikmanagement
- Finanzen bzw. Controlling
- Parts und Service
- Prototypen

Eine wesentliche Schnittstelle im Produktionsanlauf ist zwischen der Entwicklung und der Produktion.[139] In Abhängigkeit vom Anlauforganisationstyp kann das Anlaufteam um weitere Fachteams, zusätzliche Mitarbeiter oder temporär um notwendige Experten ergänzt werden.[140] Die interdisziplinäre Zusammensetzung und die konzentrierte fachliche und methodische Kompetenz versetzt das Anlaufteam in die Lage, auftretende Probleme schnell und effizient zu lösen.[141] Das Anlaufteam muss mit den notwendigen Ressourcen sowie Entscheidungskompetenzen ausgestattet sein, damit es die gestellten Ziele erfolgreich erreichen kann. Wesentliche Verantwortlichkeiten und Kompetenzen des Anlaufteams sind

- die Erstellung des Meilensteinplans,
- die Durchführung der Mengen- und Kapazitätsplanung,
- die Überwachung und Sicherstellung der Produkt- und Prozessqualität,

135 Vgl. Franzkoch und Gottschalk 2008, S. 61.
136 Vgl. Fitzek 2005, S. 156.
137 Vgl. Surbier et al. 2010, S. 247.
138 Vgl. Fitzek 2005, S. 157; Lanza 2005, S. 15; Surbier et al. 2010, S. 248; Tom et al. 2008, S. 75.
139 Vgl. Surbier et al. 2010, S. 248.
140 Vgl. Franzkoch und Gottschalk 2008, S. 61; Tom et al. 2008, S. 74–76.
141 Vgl. Franzkoch und Gottschalk 2008, S. 61.

- die Koordination etwaiger Produkt- und Prozessänderungen,
- das Controlling der Projektkosten sowie
- die Durchführung von Mitarbeitertrainings.[142]

Bei Betrachtung der Phasen des Produktionsanlaufs (siehe Abschnitt 2.5.1) und unter Berücksichtigung der Erkenntnisse von *Laick* und *Lanza* ergeben sich für diese Phasen unterschiedliche Verantwortlichkeiten innerhalb des Anlaufteams. In der Vor- und Nullserie liegt die Hauptverantwortung bei dem Projektteam, das auch mit der Entwicklungsaufgabe des zu produzierenden Produkts betraut ist.[143] Die Verantwortung für die Phase Inbetriebnahme und Anpassung des Produktionssystems liegt beim Lieferanten des Produktionssystems.[144] Durch die zeitliche Parallelität zur Nullserie und Vorserie ist eine enge Abstimmung und Koordination mit dem Projektteam, das mit der Entwicklungsaufgabe betraut ist, und Mitgliedern der Serienproduktionsleitung notwendig. Für die Phase Produktionshochlauf hat meist das mit der Entwicklungsaufgabe betraute Projektteam im Anlaufteam die Verantwortung. Allerdings werden in dieser Phase Mitglieder der Serienproduktionsleitung zusätzlich zum Anlaufteam hinzugezogen.[145]

2.5.3 Anlaufmanagement

„Das Anlaufmanagement eines Serienproduktes umfasst alle Tätigkeiten und Maßnahmen zur Planung, Steuerung und Durchführung des Anlaufs mit den dazugehörigen Produktionssystemen ab der Freigabe der Vorserie bis zum Erreichen einer geplanten Produktionsmenge unter Einbeziehung vorgelagerter und nachgelagerter Prozesse im Sinne einer messbaren Eignung der Produkt- und Prozessreife."[146]

Anlaufmanagement hat damit die drei Dimensionen

- Produkt,
- Anlagen und
- die mit der Leistungserstellung verbundenen Prozesse.[147]

Die Ziele des Anlaufmanagements lassen sich in die Erhöhung der Qualität von Produkten, Anlagen und Prozessen untergliedern. Die Produktqualität, Anlagenqualität

---

142 Vgl. Franzkoch und Gottschalk 2008, S. 61.
143 Vgl. Laick 2003, S. 10–11.
144 Vgl. Lanza 2005, S. 15.
145 Vgl. Laick 2003, S. 13.
146 Vgl. Kuhn 2002, S. 41.
147 Vgl. Böhler 2007, S. 38.

und Prozessqualität beeinflussen sich dabei gegenseitig.[148] Eine hohe Produktqualität kann bspw. durch eine hohe Anlagen- und Prozessqualität sichergestellt werden. Abbildung 8 visualisiert diesen Zusammenhang.

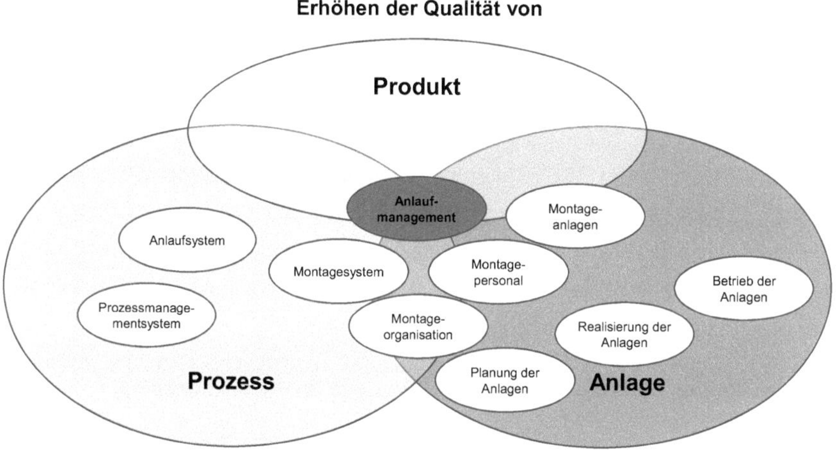

Abbildung 8: Ziele des Anlaufmanagements[149]

Anlaufmanagement hat daher die Aufgabe, robuste Referenzstrukturen abzubilden, die Komplexität des Anlaufsystems zu beherrschen, die Schnittstelle zwischen Entwicklung und Produktion auszugestalten und Logistik- und Lieferantenmanagement zu integrieren. Dies bedarf methodischer Unterstützung und einer konsequenten Anlaufmanagemententwicklung.[150] Die hohe Interdisziplinarität des Anlaufmanagements ergibt sich aus der Beteiligung von typischerweise involvierten Bereichen wie Entwicklung, Produktion, Einkauf, Logistik und Vertrieb.[151]

Der Produktionsanlauf kann aufgrund von zahlreichen Aufgaben, Schnittstellen und Störgrößen nicht von einer Instanz aus zentral geleitet werden. Deshalb erfordert ein erfolgreiches Anlaufmanagement „... die Fähigkeit, Entscheidungen zu dezentralisieren und kurze Entscheidungswege zu realisieren, ohne Abstriche bei der Qualität der

148 Vgl. Näser 2007, S. 60–61.
149 In Anlehnung an Näser 2007, S. 61.
150 Vgl. Bruns 2010, S. 40–45.
151 Vgl. Herrmann et al. 2008, S. 692.

Entscheidung hinnehmen zu müssen."[152] Zudem werden bei der Steuerung des Produktionsanlaufs hauptsächlich Reaktionsentscheidungen getroffen.[153]

Ein wesentlicher Grund hierfür sind Störungen, die üblicherweise, wie bereits in Abschnitt 2.4 erwähnt, bei Produktionsanläufen auftreten. Diese Störungen werden im nächsten Abschnitt beschrieben.

2.6 Störungen im Produktionsanlauf

Nach der Definition und Abgrenzung von Störungen im Produktionsanlauf wird der typische Verlauf einer Störung beschrieben. Im Anschluss daran werden Störungen im Produktionsanlauf hinsichtlich Störungsobjekt, Störungsart, Störungsort und Störungsursache charakterisiert. Das Kapitel schließt mit einer Zusammenfassung der Charakterisierung von Störungen im Produktionsanlauf.

2.6.1 Definition und Abgrenzung von Störungen im Produktionsanlauf

Eine eindeutige Definition des Begriffs Störung im Kontext von Produktion oder Produktionsanlauf ist in der Literatur nicht zu finden.[154] Zudem unterscheiden sich die Definitionen von verschiedenen wissenschaftlichen Disziplinen.[155]

Allgemein können Störungen definiert werden „als zeitlich befristete Zustände der Wertschöpfungskette, in denen durch das Einwirken von Störgrößen auf die Produktionsfaktoren und deren Kombinationsprozesse eine unmittelbar festgestellte Abweichung vom optimalen Prozessverlauf und/oder dessen Ergebnis entsteht."[156] Störungen treten unerwartet auf und können zu Unterbrechungen oder Verzögerungen im Betriebsablauf führen.[157]

Bei Berücksichtigung von unterschiedlichen wissenschaftlichen Disziplinen (Ingenieurswissenschaften, Betriebswissenschaften) und verschiedenen Anwendungsbereichen (Logistik, Instandhaltung, Fertigung und Montage) weist der Störungsbegriff nach *Bockholt* neun Dimensionen auf (siehe Tabelle 2).[158] Durch die hohe Interdisziplinarität des Produktionsanlaufs (siehe Abschnitt 2.5.3) und der Zusammen-

---

152 Schuh et al. 2007, S. 71.
153 Vgl. Schmitt et al. 2010, S. 318.
154 Vgl. Meyer et al. 2013, S. 50.
155 Vgl. Heil 1995, S. 29; Meyer et al. 2013, S. 50.
156 Heil 1995, S. 32.
157 Vgl. Ullrich et al. 2013, S. 46.
158 Vgl. Bockholt 2012, S. 40–43.

arbeit von unterschiedlichen Unternehmensbereichen (siehe Abschnitt 2.5.2) im Produktionsanlauf sind die von *Bockholt* vorgestellten Dimensionen des Störungsbegriffs auch für den Produktionsanlauf anwendbar.

Tabelle 2: Dimensionen des Störungsbegriffs[159]

Dimension	Beschreibung
Feststellbarkeit	Störungen lassen sich feststellen.
Planabweichung	Störungen sind quantitative, qualitative oder terminliche Abweichungen von einem geplanten oder erwarteten Systemzustand.
Prognostizierbarkeit	Störungen lassen sich zeitlich nicht prognostizieren.
Unbeabsichtigtheit	Störungen sind unbeabsichtigt und ungeplant.
Unregelmäßigkeit	Störungen treten unregelmäßig auf.
Unvermeidbarkeit	Störungen treten mit einer sich aus den relevanten Systemparametern ergebenden Wahrscheinlichkeit auf und lassen sich nicht vollständig vermeiden.
Verschlechterung	Störungen haben eine negative Auswirkung auf den Systemzustand.
Vorhersehbarkeit	Störungen lassen sich hinsichtlich ihrer Ursache-Wirkzusammenhänge grundsätzlich vorhersehen.
Zeitraumbezug	Störungen treten während einem befristeten Zeitraum mit Eintritts- und Endzeitpunkt auf.

Bei einer spezifischen Betrachtung des Produktionsanlaufs sind Störungen nach *Nagel* ungeplante Ereignisse, die eine negative Wirkung auf die Prozesse im Produktionsanlauf oder auf die Erreichung der geplanten Ziele des Produktionsanlaufs haben. [160] *Renner* bezeichnet Störungen während des Produktionsanlaufs als zu identifizierende Probleme, Fehler oder Abweichungen von Planwerten, die Änderungen nach sich ziehen können.[161] *Fleischer et al.* sowie *Gartzen* bezeichnen instabile Produktionsanlaufprozesse als Störungen im Produktionsanlauf.[162]

Im Rahmen dieser Arbeit wird der Definition für Störungen von *Nagel* gefolgt, die um weitere Aspekte erweitert wird:

159 In Anlehnung an Bockholt 2012, S. 42.
160 Vgl. Nagel 2011, S. 40.
161 Vgl. Renner 2012, S. A-3 46-47.
162 Der Produktionsanlauf ist durch instabile Prozesse gekennzeichnet, weil sich Menschen, Maschinen, Prozesse und Störgrößen im Produktionsanlauf sehr variabel verhalten. Vgl. Fleischer et al. 2007b, S. 3-4 und 32–33; Gartzen 2012, S. 45.

Störungen sind ungeplante Ereignisse, die eine negative Wirkung auf die Prozesse im Produktionsanlauf oder auf die Erreichung der geplanten Ziele des Produktionsanlaufs haben.[163] *Störungen treten insbesondere bei instabilen Produktionsanlaufprozessen auf*[164] *und weisen die Dimensionen Planabweichung, Feststellbarkeit, Unbeabsichtigtheit, Verschlechterung, Unregelmäßigkeit, Zeitraumbezug, Prognostizierbarkeit und Vorhersehbarkeit auf.*[165]

Der Umgang mit Störungen im Produktionsanlauf ist die Art und Weise wie im Produktionsanlauf auf die Ursachen und Auswirkungen von eingetretenen Störungen eingewirkt wird.

Gemäß der Störungsdimension Planabweichung können Störungen negative quantitative, qualitative oder terminliche Abweichungen vom geplanten oder erwarteten Systemzustand zur Folge haben. Damit wirken sich Störungen auf die Ziele des Produktionsanlaufs aus (siehe Abschnitt 2.3). Abbildung 9 stellt den dynamischen Einfluss von Störungen im Produktionsanlauf dar.

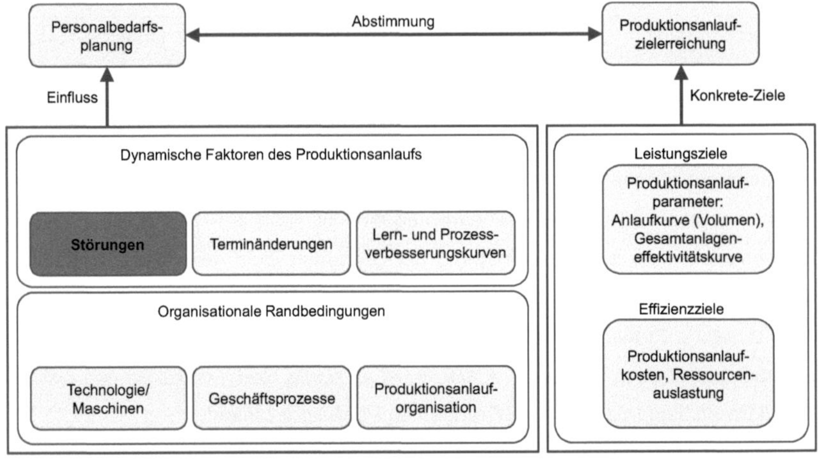

Abbildung 9: Einfluss von Störungen auf die Zielerreichung im Produktionsanlauf[166]

Durch Störungen hervorgerufene

[163] Vgl. Nagel 2011, S. 40.
[164] Vgl. Fleischer et al. 2007b, S. 3-4 und 32–33; Gartzen 2012, S. 45.
[165] Vgl. Bockholt 2012, S. 42.
[166] In Anlehnung an Lanza und Sauer 2012, S. 396.

- Maschinenausfälle und zusätzliche Rüstzeiten bzw. Justierungen (Verfügbarkeitsfaktoren),
- Leerlauf und Geschwindigkeitsverluste (Leistungsfaktoren) und
- fehlerhafte Teile und Ausschuss (Qualitätsfaktoren)

ist ein Verlust der Gesamtanlageneffizienz eines Produktionssystems zu verzeichnen.[167] Es sinkt also die Gesamtperformance des Produktionsanlaufs.[168]

Außerdem können Störungen im Produktionsanlauf schwerwiegende Auswirkungen auf den Gesamtumsatz im Lebenszyklus eines Produkts[169] und zu unersetzlichen Gewinnausfällen bei Zulieferern führen.[170] Des Weiteren ist eine Verschiebung des SoP für das gesamte Produktionsnetzwerk mit hohen Kosten verbunden.[171] Ein schneller Produktionsanlauf mit wenigen Störungen hat also geringe Anlaufkosten zur Folge.[172] Ebenso ermöglicht ein schneller Umgang mit Störungen steilere Anlaufkurven.[173]

2.6.2 Verlauf von Störungen im Produktionsanlauf

Der typische zeitliche Verlauf einer Störung ist in Abbildung 10 dargestellt.

Zwischen dem Auftreten der Störungsursache und dem Beginn der Störungswirkung liegt die **latente Phase**. Die Dauer der latenten Phase ist abhängig von der **Reichweite des Puffers**, der die Störungsursache bzw. -auswirkung kompensieren kann. Die zwischen dem Beginn der Störungswirkung und dem Störungsende liegende Zeitspanne wird als **manifeste Störungsphase** bzw. Störungsdauer bezeichnet. Der Beginn der Störungswirkung ist der Zeitpunkt, an dem eine Soll-/Ist-Abweichung im Produktionsanlaufprozess festgestellt wird. Die manifeste Störungsphase untergliedert sich in die Meldezeit, Koordinations- und Wartezeit, Diagnosezeit und Entstörzeit. Die **Meldezeit** ist der Zeitraum zwischen dem Beginn der Störungswirkung und dem Eingang der Information über die Störung beim jeweiligen Prozessverantwortlichen. Daran schließt sich die **Koordinations- und Wartezeit** an. Diese Zeit braucht der Verantwortliche für die Störungsbehebung, um notwendige Entstörmaßnahmen zu koordinieren. Die **Diagnosezeit** beginnt mit dem Zeitpunkt, an dem die Störung in

167 Vgl. Teufel 2009, S. 685.
168 Vgl. Doltsinis et al. 2013, S. 88.
169 Vgl. Almgren 2000, S. 4578.
170 Vgl. Li et al. 2014, S. 3006.
171 Vgl. Schuh et al. 2007, S. 72.
172 Vgl. Fleischer et al. 2006b, S. 695.
173 Vgl. Straub et al. 2006, S. 125.

Bezug auf deren Ursache untersucht und analysiert wird. Die **Entstörzeit** wird benötigt, um die Ursache der Störung im Prozess abzustellen. Wenn keine Soll-/Ist-Abweichung mehr im Produktionsanlaufprozess vorhanden ist, ist die Störung behoben. Der dargestellte zeitliche Verlauf ist idealtypisch. Es können in der Praxis Störungen auftreten, bei denen die Störungsursache und –wirkung zeitlich zusammenfallen. Die latente Phase existiert in diesem Fall nicht. Ein Beispiel hierfür sind Bedienfehler von Anlagen ohne Puffer sowie katastrophenähnliche Ereignisse wie Blitzschlag oder Explosionen. Auch die Zeitabschnitte der manifesten Phase können je nach Störung unterschiedliche Zeitanteile einnehmen.[174]

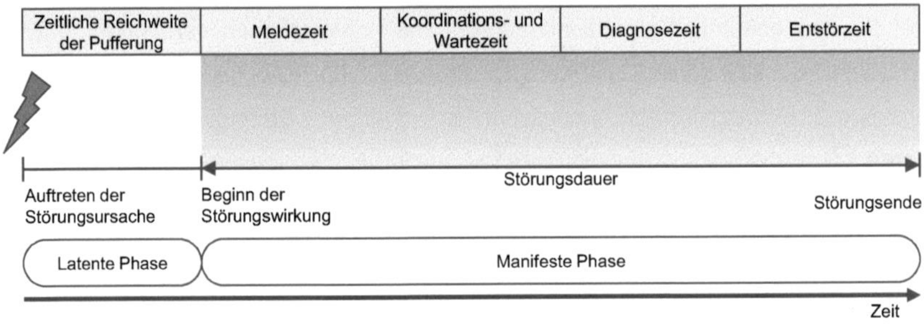

Abbildung 10: Typischer zeitlicher Verlauf einer Störung[175]

Störungen entfalten sich über Wirkungsketten. Es ist also möglich, nach dem Erkennen von Primärstörungen Sekundärstörungen zu prognostizieren.[176] Voraussetzung hierfür ist allerdings, dass die Reaktionszeit auf eine Primärstörung inkl. der Entstörzeit kürzer ist als die Eintrittszeit der Sekundärstörung.[177] Deshalb müssen beim Umgang mit Störungen auch Koordinations- und Wartezeiten verkürzt werden.[178] Dies lässt erkennen, dass Störungen nicht nur auf den Teilprozess wirken, in dem sie auftreten, sondern auch erheblichen Einfluss auf nachfolgende Prozesse haben, und unterstreicht die Störanfälligkeit des Produktionsanlaufs.[179]

Am Beispiel der Flugzeugindustrie wurde nachgewiesen, dass ein Großteil der Störungen in einem Produktentwicklungsprojekt erst im Produktionsanlauf auftritt.[180] Mit

---

174 Vgl. Heil 1995, S. 70–76.
175 In Anlehnung an Heil 1995, S. 72.
176 Vgl. Gössinger und Lehner 2009, S. 111.
177 Störungsdauer der Primärstörung < Zeitliche Reichweite der Pufferung der Sekundärstörung. Siehe hierzu Abschnitt 2.6.2.
178 Vgl. Heil 1995, S. 75.
179 Vgl. Schmitt et al. 2010, S. 317; Schuh et al. 2007, S. 71.
180 Vgl. Elstner et al. 2013, S. 963.

zunehmendem Fortschritt des Produktionsanlaufs und bei positivem Projektverlauf wird die durchschnittliche Störungsdauer kürzer und die Störungshäufigkeit sinkt.[181] Abbildung 11 zeigt diesen Zusammenhang am Beispiel von Bauteiländerungen.

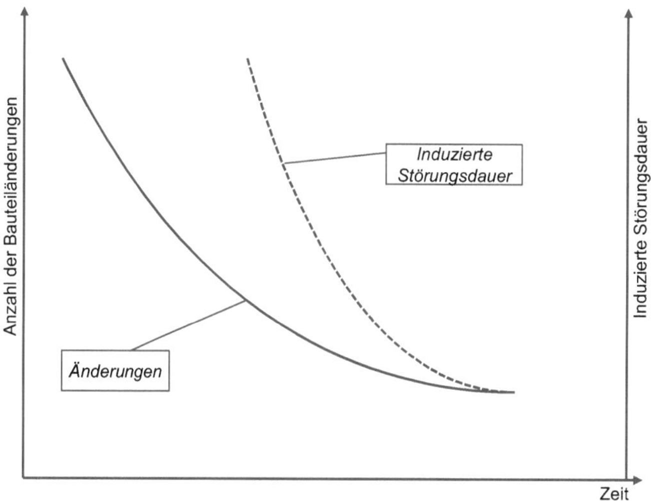

Abbildung 11: Zeitlicher Verlauf von Bauteiländerungen und dadurch induzierte Störungsdauer[182]

Im folgenden Abschnitt wird eine Charakterisierung von Störungen im Produktionsanlauf vorgestellt.

2.6.3 Charakterisierung von Störungen

Die Charakterisierung von Störungen im Produktionsanlauf schafft die Grundlage, um geeignete Maßnahmen zur Störungsbehebung auszuwählen und den Prozess der Störungsbehebung im Produktionsanlauf zu unterstützen.[183]

Im Produktionsanlauf kann ein breites Spektrum an möglichen Störungen auftreten.[184] Anhang 2 gibt einen Überblick über Beispiele von Störungen und Störungsursachen im Produktionsanlauf, die in der Literatur genannt werden. Ansätze zur Charakterisierung von Störungen sind in der Literatur zu finden,[185] allerdings differen-

---

181 Vgl. Gössinger und Lehner 2009, S. 110; Terwiesch et al. 2001, S. 442–444.
182 In Anlehnung an Schmahls 2001, S. 43.
183 Vgl. Bockholt 2012, S. 43.
184 Vgl. Gössinger und Lehner 2009, S. 120.
185 Siehe hierzu: Abele et al. 2003, S. 174; Almgren 2000, S. 4577 und 4581; Ammermann und

zieren die unterschiedlichen Charakterisierungen nicht einheitlich im Sinne von Störungen dieser Arbeit und ziehen teilweise unterschiedliche Merkmale zur Charakterisierung heran. Im Folgenden wird eine Charakterisierung für Störungen im Produktionsanlauf auf Basis der bestehenden Literatur hergeleitet, um im weiteren Verlauf der Arbeit diese Charakterisierung für den methodischen Umgang mit Störungen wieder aufzugreifen (siehe Abschnitt 6.2.2 und 6.4.1.1). Die Erarbeitung der Charakterisierung von Störungen im Produktionsanlauf ist also ein wesentliches Ergebnis dieser Arbeit.

Eine Störung lässt sich anhand von

- Störungsobjekt (Was ist gestört?),
- Störungsart (Wie ist das Störungsobjekt gestört?),
- Störungsort (Wo tritt die Störung auf?) und
- Störungsursache (Warum tritt die Störung auf?) beschreiben.[186]

Im Folgenden werden für Störungsobjekt, -art, -ort und -ursache zugehörige Merkmale und Ausprägungen hergeleitet.

2.6.3.1 Störungsobjekte im Produktionsanlauf

Ein Störungsobjekt beschreibt das Element, das im Produktionsanlauf eine Störung aufweist. In der Literatur sind unterschiedliche Störungsobjekte zu finden (siehe Anhang 3). Bei der Analyse der in der Literatur identifizierten Störungsobjekte ist zu erkennen, dass die unterschiedlichen Autoren unterschiedliche Ordnungssystematiken verwenden. In die von *Held*[187] verwendete Systematik **Technik**, **Organisation** und Mitarbeiter lassen sich die Störungsobjekte der anderen Quellen integrieren. Diese Aufteilung weist eine starke Ähnlichkeit zum TOM-Modell von *Bullinger et al.* (Technik, Organisation, Mensch) auf.[188] Das TOM-Modell ist in Bezug auf den Aspekt

Lohse 2007, S. 6; Berg 2007, S. 3; Bockholt 2012, S. 43–44; Fleischer et al. 2007a, S. 43; Fritsche 1998, S. 17; Gartzen 2012, S. 40 und 166; Gustmann et al. 1989, S. 35; Heil 1995, S. 87 und 91; Heins 2010, S. 23; Held 2009, S. 38; Homuth 2008, S. 59; Johnson und Karlsson 1998, S. 46; Krämer et al. 2007, S. 24 und 32; Lanza 2005, S. 3; Meyer et al. 2013, S. 50–51; Monego et al. 2011, S. 188–189; Nagel 2011, S. 41; Opitz et al. 2006, S. 356; Scholz-Reiter und Krohne 2010, S. 13; Schulze und Opitz 2007a, S. 54 und 71-72; Surbier 2010, S. 65-66 und 70–71; Tücks 2010, S. 56; Unger und Spanner-Ulmer 2007, S. 130; Wangenheim 1998, S. Anhang XXXI-XXXII; Winkler 2007, S. 22 und 27; Witte und Madak 2007, S. 18; Zimolong et al. 2006, S. 36–38.

186 Vgl. Meyer et al. 2013, S. 50–51.

187 Vgl. Held 2009, S. 38.

188 Zum TOM-Modell vgl. Bullinger et al. 1997, S. 10; Bullinger et al. 1998, S. 22–23.

Mensch offener gestaltet. Die Strukturierungen von *Homuth*[189], *Krämer et al.*[190] und *Meyer et al.*[191] weisen ebenfalls Parallelen zum TOM-Modell auf. Es ist möglich, sämtliche der in der Literatur identifizierten Störungsobjekte in die Systematik des TOM-Modells einzuordnen. Deshalb wird zur Charakterisierung der Störungsobjekte im Produktionsanlauf das TOM-Modell verwendet. Tabelle 3 zeigt die Merkmale von Störungsobjekten mit den entsprechenden Ausprägungen in Form eines morphologischen Kastens.

Tabelle 3: Morphologischer Kasten der Störungsobjekte im Produktionsanlauf

<table>
<tr><th>Merkmale von Störungsobjekten</th><th colspan="4">Merkmalsausprägungen</th></tr>
<tr><td>Technik</td><td colspan="2">Produkt</td><td colspan="2">Produktionsprozess</td></tr>
<tr><td>Organisation</td><td>Ablauf-organisation</td><td>Aufbau-organisation</td><td>Methoden-einsatz</td><td>Umwelt</td></tr>
<tr><td>Mensch</td><td colspan="2">Individuum</td><td colspan="2">Team</td></tr>
</table>

Ein Störungsobjekt ist demnach der Klasse Technik zuzuordnen, wenn eine Störung in einer technischen Komponente des Produktionsanlaufs auftritt. Das kann sowohl beim Produkt selbst (z.B. Konzept, Konstruktion) als auch im Produktionsprozess (z.B. Anlagen, Maschinen, Equipment, Material, Betriebsmittel, physische Komponenten, Werkzeuge, Systeme, Software) der Fall sein.

Tritt eine Störung bei der Ablauforganisation (z.B. Information, Kommunikation, Netzwerk, Steuerung, Materialversorgung, Dokumentation), der Aufbauorganisation (z.B. Verantwortung, Aufgabenzuteilung, Befugnisse), beim Methodeneinsatz (z.B. richtige Anwendung, passende Methoden) oder der Umwelt (z.B. Integration von Zulieferern) ein, ist das Störungsobjekt der Klasse Organisation zugehörig.

Wird eine Störung beim Menschen als Individuum (einzelner Mitarbeiter) oder bei Teams (mehrere Mitarbeiter) im Produktionsanlauf sichtbar, ist das Störungsobjekt in der Klasse Mensch zu verorten.

Die Störungsobjekte können auf unterschiedliche Art und Weise gestört sein.

---

189 Vgl. Homuth 2008, S. 59.
190 Vgl. Krämer et al. 2007, S. 24.
191 Vgl. Meyer et al. 2013, S. 51.

2.6.3.2 Störungsarten im Produktionsanlauf

Die Störungsart beschreibt die Art und Weise, in der das Störungsobjekt gestört ist. In der Literatur sind unterschiedliche Auflistungen von Störungsarten zu finden (siehe Anhang 4). Eine Integration aller Störungsarten in eine einzige Ordnungssystematik ist hier nicht möglich. Auf Basis der Literatur können drei Merkmale identifiziert werden. Die Störungsart kann aufgrund der **Beeinflussbarkeit**, der **Leistungsbereitschaft** und der **Zielauswirkung** beschrieben werden.

- Beeinflussbarkeit: Dieses Merkmal leitet sich direkt aus den Störungsarten beinflussbar/ nicht beeinflussbar von *Schulze und Opitz*[192] ab. Es wird damit die Beeinflussbarkeit bzw. nicht Beeinflussbarkeit der Störung abgebildet.
- Verfügbarkeit: Dieses Merkmal leitet sich aus den Störungsarten von *Meyer et al.*[193] ab. Es wird dargestellt, inwiefern die Leistungsbereitschaft des Störungsobjekts durch die Störung betroffen ist.
- Auswirkung: Dieses Merkmal leitet sich aus den Störungsarten von *Almgren*[194], *Gartzen*[195] und *Winkler*[196] ab. Diese Störungsarten haben alle gemeinsam, dass sie Auswirkungen auf die Ziele des Produktionsablaufs beschreiben, allerdings in unterschiedlicher Art und Weise. In Anlehnung an die Ziele des Produktionsanlaufs (Abschnitt 2.3) lassen sich die Störungsarten von *Almgren*, *Gartzen* und *Winkler* mit Hilfe einer Kombination aus Terminüberschreitung (Zeit – übergeordnete Zielsetzung), Ergebnisminderung (Stückzahl - Leistungsziel) und Aufwandssteigerung (Kosten - Effizienzziel) beschreiben.

Tabelle 4 zeigt Merkmale von Störungsarten mit den entsprechenden Ausprägungen in Form eines morphologischen Kastens.

Die Ausprägung „volle Leistungsbereitschaft“ des Merkmals Verfügbarkeit ist hierbei nicht aufgeführt, weil bei voller Leistungsbereitschaft eines Objekts im Produktionsanlauf per Definition (siehe Abschnitt 2.6.1) keine Störung vorliegt und damit auch keine Charakterisierung stattfinden kann.

192 Vgl. Schulze und Opitz 2007a, S. 54.
193 Vgl. Meyer et al. 2013, S. 51.
194 Vgl. Almgren 2000, S. 4581.
195 Vgl. Gartzen 2012, S. 166.
196 Vgl. Winkler 2007, S. 22.

Tabelle 4: Morphologischer Kasten der Störungsarten im Produktionsanlauf

<table>
<tr><th>Merkmale von Störungsarten</th><th colspan="4">Merkmalsausprägungen</th></tr>
<tr><td>Beeinfluss-barkeit</td><td colspan="2">Beeinflussbar</td><td colspan="2">Nicht beeinflussbar</td></tr>
<tr><td>Verfügbarkeit</td><td colspan="2">Eingeschränkte Leistungsbereitschaft</td><td colspan="2">Keine Leistungsbereitschaft</td></tr>
<tr><td>Auswirkung</td><td>Termin-überschreitung (Zeit)</td><td colspan="2">Ergebnisminderung (Stückzahl)</td><td>Aufwandssteigerung (Kosten)</td></tr>
</table>

Im Folgenden sind konkrete Beispiele zu den drei Merkmalen von Störungsarten dargestellt:

- Beeinflussbare Störungsobjekte sind bspw. Anlagenausfälle, logistische Störungen oder mangelnde Mitarbeiterverfügbarkeit. Nicht beeinflussbar sind fehlende Kundenaufträge. [197]
- Eingeschränkte Leistungsbereitschaft liegt vor, wenn in einem Produktionssystem redundante Maschinen vorhanden sind und eine Maschine ausfällt. Keine Leistungsbereitschaft liegt bei einem Maschinenausfall ohne Redundanzen vor.
- Eine Terminüberschreitung liegt vor, wenn ein Lieferant ein Zulieferteil verspätet liefert. Eine Ergebnisminderung ist bspw., wenn zu einem definierten Zeitpunkt die angestrebte Taktzeit einer Maschine hinter der beabsichtigten Taktzeit zurück bleibt. Eine Aufwandssteigerung stellt Nacharbeit an einem Produkt aufgrund von Qualitätsmängeln dar. Es ist zu beachten, dass auch ein gleichzeitiges Auftreten von mehreren Auswirkungen möglich ist.

Nach der Beschreibung der Störungsarten werden die Merkmale von Störungsorten im Produktionsanlauf hergeleitet.

2.6.3.3 Störungsorte im Produktionsanlauf

Der Störungsort beschreibt, wo eine Störung im Produktionsanlauf auftritt. Es sind in der Literatur unterschiedliche Auflistungen von Störungsorten zu finden (siehe Anhang 5). Auch in Bezug auf die Störungsorte ist die Bildung einer einzigen Ordnungssystematik nicht möglich. In der Literatur können zwei Merkmale von Störung-

[197] Vgl. Schulze und Opitz 2007a, S. 54.

sorten identifizierten werden. Störungsorte können aufgrund der **Systemgrenze** (Befindet sich das Störungsobjekt innerhalb oder außerhalb der eigenen Organisation?) und dem zugehörigen **Organisationsbereich** unterschieden werden. Tabelle 5 zeigt diese beiden Merkmale mit den entsprechenden Ausprägungen in Form eines morphologischen Kastens.

Tabelle 5: Morphologischer Kasten der Störungsorte im Produktionsanlauf

Merkmale von Störungsorten	**Merkmalsausprägungen**													
Systemgrenze	Organisationsintern							Organisationsextern						
Organisations-bereich	Disposition	Einkauf	Entwicklung	Fertigung	Konstruktion	Kommissionierung	Kunde	Lager	Lieferant	Logistik	Montage	PPS[198]	Qualitätssicherung	Verkauf

Eine Störung im Produktionsanlauf tritt üblicherweise in einem bestimmten Produktionsanlauf einer bestimmten Organisation auf. Die Klasse Systemgrenze unterscheidet Störungen dahingehend, ob diese innerhalb oder außerhalb der Organisation auftreten.

Die Klasse Organisationsbereich spezifiziert den genauen Störungsort detaillierter. Organisationsinterne Bereiche können bspw. Fertigung, Montage oder Produktionsplanung und -steuerung sein. Lieferant und Kunde wären mögliche organisationsexterne Bereiche.

Nach der Beschreibung der Störungsorte werden die Merkmale von Störungsursachen im Produktionsanlauf hergeleitet.

2.6.3.4 Störungsursachen im Produktionsanlauf

Die Störungsursache beschreibt den Auslöser bzw. den Grund einer Störung. Es sind in der Literatur unterschiedliche Auflistungen von Störungsursachen zu finden (siehe Anhang 6). Ebenso wie bereits in Abschnitt 2.6.3.1 bei den Störungsobjekten im Produktionsanlauf ist auch bei den Störungsursachen im Produktionsanlauf zu

[198] PPS = Produktionsplanung und –steuerung.

erkennen, dass die unterschiedlichen Autoren unterschiedliche Ordnungssystematiken verwenden. Eine Vielzahl der in Anhang 6 genannten Störungsursachen lassen sich in die Ordnungssystematik aus Abschnitt 2.6.3.1 **Störungsursachenobjekt** mit Technik, Organisation und Mensch einordnen.[199] Deshalb macht es Sinn, die Charakterisierungslogik der Störungsobjekte als ein Merkmal für die Charakterisierung von Störungsursachen heranzuziehen. Die von *Bockholt*, *Heil*, *Nagel* sowie *Witte und Madak*[200] vorgenommenen Unterscheidungen von Störungsursachen zeigen jedoch zusätzliche Aspekte auf. *Bockholt* sowie *Witte und Madak* differenzieren die Ursache einer Störung nach dem Merkmal **Störungsursachenart**. Hier gibt es die Ausprägungen primäre bzw. sekundäre Störung und zufällige bzw. systematische Störung. Eine weitere Unterscheidung einer Störungsursache in Anlehnung an *Bockholt*, *Heil* und *Nagel* ist die **Systemgrenze.** Es wird unterschieden in produktionsanlaufintern und produktionsanlaufextern. Tabelle 6 zeigt diese drei Merkmale mit den entsprechenden Ausprägungen in Form eines morphologischen Kastens.

Eine Zuordnung der Störungsursachen aus Tabelle 24 zur Klassifizierung der Störungsursachen ist in Anhang 7 zu finden.

Tabelle 6: Morphologischer Kasten der Störungsursachen im Produktionsanlauf

<table>
<tr><th>Merkmale von Störungs-ursachen</th><th colspan="6">Merkmalsausprägungen</th></tr>
<tr><td>Störungs-ursachen-objekt</td><td colspan="2">Technik</td><td colspan="2">Organisation</td><td colspan="2">Mensch</td></tr>
<tr><td rowspan="2">Störungs-ursachenart</td><td colspan="3">Primäre Störung</td><td colspan="3">Sekundäre Störung</td></tr>
<tr><td colspan="3">Zufällige Störung</td><td colspan="3">Systematische Störung</td></tr>
<tr><td>Systemgrenze</td><td colspan="3">Produktionsanlaufintern</td><td colspan="3">Produktionsanlaufextern</td></tr>
</table>

Im Folgenden werden die drei Merkmale von Störungsursachen näher beschrieben:

- Störungsursachenobjekt:
    - Technik: Eine Störungsursache ist der Ausprägung Technik zuzuordnen, wenn die Störungsursache bei einer technischen Komponente zu finden ist. Es kann hier zwischen Produkt und Produktionsprozess differenziert werden. Beispiele für technische Störungsursachen beim Pro-

[199] In Anlehnung an das TOM-Modell. Vgl. Bullinger et al. 1997, S. 10; Bullinger et al. 1998, S. 22–23.
[200] Vgl. Bockholt 2012, S. 43; Heil 1995, S. 87; Nagel 2011, S. 41; Witte und Madak 2007, S. 18.

dukt sind Änderungen am Produkt oder fehlende Berücksichtigung der Produzierbarkeit. Beispiele für technische Störungsursachen beim Produktionsprozess sind Anlagenausfälle oder Wartungsarbeiten.

- Organisation: Eine Störungsursache ist der Ausprägung Organisation zuzuordnen, wenn die Störung organisatorische Gründe hat. Es kann hier zwischen Prozessgestaltung, Aufbauorganisation, Methodeneinsatz und Umwelt unterschieden werden. Beispiele für Störungsursachen der Prozessgestaltung sind unzureichende Implementierung von standardisierten Prozessabläufen, unzureichend definierte und unkoordinierte Schnittstellen zwischen den Beteiligten und fehlende Unterstützung durch ein geeignetes Projektmanagement. Beispiele für Störungsursachen der Aufbauorganisation sind unklare Zuständigkeiten und fehlende Ressourcen. Mangelnde methodische Unterstützung ist ein Beispiel für eine Störungsursache in Bezug auf Methodeneinsatz. Ein Beispiel für eine Störungsursache im Bereich Umwelt ist Schwankung der Nachfrage.
- Mensch: Eine Störungsursache ist der Ausprägung Mensch zuzuordnen, wenn eine Störung die Ursache beim Menschen hat. Beispiele hierfür sind mangelnde Verfügbarkeit qualifizierter Mitarbeiter, Ausführungsfehler, Unachtsamkeit, fehlende Motivation oder unzureichende Schulung bzw. Qualifikation.

- Störungsursachenart:
  - Primäre Störung: Eine Störungsursache ist der Ausprägung primäre Störung zuzuordnen, wenn die Ursache einer Störung **keine** Störung im Produktionsanlauf ist.[201]
  - Sekundäre Störung: Eine Störungsursache ist der Ausprägung sekundäre Störung zuzuordnen, wenn die Ursache einer Störung **eine** Störung im Produktionsanlauf ist.[202]
  - Zufällige Störung: Eine Störungsursache ist der Ausprägung zufällige Störung zuzuordnen, wenn die Ursache ein zufälliges Ereignis ist. Ein Beispiel hierfür wäre ein Blitzeinschlag in einer Produktionshalle.
  - Systematische Störung: Eine Störungsursache ist der Ausprägung systematische Störung zuzuordnen, wenn die Ursache einen systema-

201 Vgl. Bockholt 2012, S. 43.
202 Vgl. Bockholt 2012, S. 43.

tischen Hintergrund hat. Ein Beispiel hierfür wären Wartungsintervalle von Maschinen, die in der Planung nicht berücksichtigt wurden.

- Systemgrenze:
    - Produktionsanlaufintern: Eine Störungsursache ist der Ausprägung produktionsanlaufintern zuzuordnen, wenn die Ursache einer Störung innerhalb der Systemgrenzen des Produktionsanlaufs liegt. Ein Beispiel hierfür wäre der Ausfall einer Anlage.
    - Produktionsanlaufextern: Eine Störungsursache ist der Ausprägung produktionsanlaufextern zuzuordnen, wenn die Ursache einer Störung außerhalb der Systemgrenzen des Produktionsanlaufs liegt. Ein Beispiel hierfür wäre die Lieferung einer falschen Komponente von einem Lieferanten.

Im Folgenden werden für die vorliegende Arbeit wichtigen Merkmale von Störungen im Produktionsanlauf kurz zusammengefasst.

2.6.4 Zusammenfassung der Charakterisierung von Störungen im Produktionsanlauf

Störungen im Produktionsanlauf können in Bezug auf Störungsobjekte, Störungsarten, Störungsorte und Störungsursachen charakterisiert werden (siehe Abschnitt 2.6.3). Tabelle 7 stellt dies in Form eines morphologischen Kastens dar.

Ein bestimmtes Störungsobjekt kann immer einem bestimmten Störungsort zugeordnet werden. Allerdings kann ein Störungsobjekt unterschiedliche Störungsarten und Störungsursachen aufweisen. Des Weiteren ist es möglich, dass eine bestimmte Störungsart von einem Störungsobjekt verschiedene Störungsursachen hat.

Die Charakterisierung von Störungen hilft bei der Auswahl von Lösungskonzepten, indem die Störung hinsichtlich Störungsobjekt (Technik/ Organisation/ Mensch), Störungsart (Beeinflussbarkeit/ Leistungsbereitschaft des Störungsobjekts/ Auswirkungen auf Ziele), Störungsort (Systemgrenze/ Organisationsbereich) und Störungsursache (Störungsursachenobjekt/ Störungsursachenart/ Systemgrenze) beschrieben wird. Beispielsweise kann eine organisationsinterne technische Störung einer Fräsmaschine der Fertigung, die durch einen Bedienfehler eines Mitarbeiters ausgelöst wurde und wodurch die Fräsmaschine daraufhin eine eingeschränkte Leistungsbereitschaft aufweist sowie Terminüberschreitung, Ergebnisminderung und Aufwandssteigerung des gesamten Produktionsanlaufs drohen, durch schnell durchgeführte interne Schulungsmaßen und ggfs. Nacharbeit, Wartung und Reparatur behoben werden. Es ist zu beachten, dass organisationsexterne Störungen (Störungsort) meist nicht beeinflussbar sind, weil der direkte Handlungsspielraum eingeschränkt ist. Tritt die vorher beschriebene Störung z.B. außerhalb der eigenen Organisation auf, so muss zuerst ein Lösungskonzept mit dem jeweiligen externen Partner erarbeitet werden.

Tabelle 7: Morphologischer Kasten zur Charakterisierung von Störungen im Produktionsanlauf

	Merkmale von Störungen	Merkmalsausprägungen														
Störungsobjekte	Technik	Produkt	Produktionsprozess													
	Organisation	Ablauf-organisation	Aufbau-organisation	Methoden-einsatz	Umwelt											
	Mensch	Individuum	Team													
Störungsarten	Beeinflussbarkeit	Beeinflussbar	Nicht beeinflussbar													
	Leistungsbereitschaft des Störungsobjekts	Eingeschränkte Leistungsbereitschaft	Keine Leistungsbereitschaft													
	Auswirkung auf Ziele	Terminüberschreitung (Zeit)	Ergebnisminderung (Stück)	Aufwandsteigerung (Kosten)												
Störungsorte	Systemgrenze	Organisationsintern	Organisationsextern													
	Organisationsbereich	Disposition	Einkauf	Entwicklung	Fertigung	Konstruktion	Kommissionierung	Kunde	Lager	Lieferant	Logistik	Montage	PPS	Qualitätssicherung	Verkauf	...
Störungsursachen	Störungsursachenobjekt	Technik	Organisation	Mensch												
	Störungsursachenart	Primäre Störung	Sekundäre Störung													
		Zufällige Störung	Systematische Störung													
	Systemgrenze	Produktionsanlaufintern	Produktionsanlaufextern													

Des Weiteren kann die Dringlichkeit der Störungsbehebung aus der Beschreibung der Störungsart abgeleitet werden. Ist ein Störungsobjekt beeinflussbar und weist gleichzeitig eine große Einschränkung der Leistungsbereitschaft sowie drohende Terminüberschreitung, Ergebnisminderung sowie Aufwandssteigerung auf, so herrscht eine hohe Dringlichkeit bei der Störungsbehebung, weil die Zielerreichung des Produktionsanlaufs stark gefährdet ist (siehe Abschnitt 2.6.1).

Es kann festgestellt werden, dass Störungen durch Planung des Produktionsanlaufs zwar auf ein Minimum zu reduzieren sind,[203] aber aufgrund der Unvermeidbarkeit und Unvorhersehbarkeit von Störungen auch reaktiv mit Störungen umgegangen werden muss. Die im letzten Abschnitt erarbeitete Charakterisierung von Störungen im Produktionsanlauf unterstützt bei der Auswahl von Lösungskonzepten indem Störungen systematisch analysiert werden können. Diese Lösungskonzepte sollten dabei die derzeit verwendeten Methoden zum Umgang mit Störungen im Produktionsanlauf berücksichtigen.

Der derzeitige Stand der Forschung im Umgang mit Störungen im Produktionsanlauf ist Inhalt des nächsten Kapitels.

---

[203] Vgl. Fitzek 2005, S. 57–59 und 97-105.

3 Stand der Forschung

Um den Stand der Forschung zum Umgang mit Störungen im Produktionsanlauf zu beschreiben, wird zunächst ein Überblick über die Literatur zum Produktionsanlauf gegeben. Anschließend werden die in der Literatur identifizierten Methoden zum Produktionsanlauf kurz dargestellt und hinsichtlich der Berücksichtigung des Umgangs mit Störungen klassifiziert.

Das Ergebnis dieses Kapitel ist die Beantwortung von Forschungsfrage I: Welche Methoden werden im Produktionsanlauf verwendet, um mit Störungen umzugehen?

3.1 Überblick über die Literatur zum Produktionsanlauf

Die Literaturrecherche wurde in deutsch- und englischsprachiger Literatur durchgeführt. Bevor die Ergebnisse präsentiert werden, wird kurz das Vorgehen der Recherche dargestellt.

3.1.1 Vorgehen bei der Literaturrecherche

Zunächst wurde die allgemeine Literatur zu Produktionsanläufen in Bezug auf den Umgang mit Störungen analysiert. Für die Suche wurden die in Tabelle 8 aufgeführten Suchbegriffe bzw. Kombinationen in den genannten Datenbanken verwendet.

Die Suchtiefe wurde für jede Begriffskombination in jeder Datenbank individuell aufgrund des thematischen Bezugs und der Relevanz der jeweiligen Treffer festgelegt. Die Sichtung der Treffer einer Begriffskombination in einer Datenbank wurde abgebrochen, sobald diese keinen thematischen Bezug oder keine Relevanz mehr aufwiesen.

Insgesamt ergab die Recherche 3.042 Treffer, die einer Grobsichtung unterzogen wurden. 263 der grob gesichteten Treffer wiesen einen Bezug zu Produktionsanläufen auf. Davon wiederum waren 137 Treffer relevant um diese hinsichtlich des Umgangs mit Störungen im Produktionsanlauf zu analysieren. Bei der Analyse sind auch relevante Titel aus Literaturverzeichnissen gesichteter Publikationen berücksichtigt worden.

Zur Absicherung des Rechercheergebnisses wurden zusätzlich noch die Datenbanken Google Books[204], Google Scholar[205] und SpringerLink[206] verwendet. Diese Suche führte allerdings nicht zu neuen Treffern.

Tabelle 8: Suchbegriffe und Datenbanken der Literaturrecherche zu Produktionsanläufen

Verwendete Suchbegriffe	Verwendete Datenbanken
Anlauf AND Management Anlauf AND Phase Anlaufmanagement Produktion AND Anlauf Produktionsanlauf ramp up ramp up AND production Serienanlauf Serienhochlauf start up AND production	Katalog der Deutschen Nationalbibliothek[207] Karlsruher Virtueller Katalog[208] EBSCOhost Research Databases - Business Source Premier[209] Emerald Insight[210] wiso[211] TEMA Technik und Management[212]

Das Ergebnis der Literaturrecherche wird im folgenden Abschnitt vorgestellt.

204 Google Books ist die Buchsuche des Suchmaschinenanbieters Google (vgl. Google Books 2015).

205 Google Scholar ist die Suche nach wissenschaftlicher Literatur des Suchmaschinenanbieters Google (vgl. Google Scholar 2015).

206 SpringerLink ist eine Plattform des Springer Verlags, die Wissenschaftlern einen Zugang zu ca. 9 Mio. wissenschaftlichen Inhalten und Fachinformationen aus Zeitschriften, Büchern, Buchreihen, Laborprotokollen und Nachschlagewerken bietet (vgl. SpringerLink 2015).

207 Der Katalog der Deutschen Nationalbibliothek umfasst die in Deutschland seit 1913 erschienenen Monografien, Zeitschriften, Karten und Atlanten, Musikalien und Tonträger, Dissertationen und Habilitationsschriften in gedruckter oder elektronischer Form, außerdem Übersetzungen aus dem Deutschen in andere Sprachen und fremdsprachige Germanica (seit 1941) (vgl. Deutsche Nationalbibliothek 2015).

208 Der Karlsruher Virtueller Katalog ist eine Meta-Suchmaschine zum Nachweis von mehr als 500 Millionen Büchern, Zeitschriften und anderen Medien in Bibliotheks- und Buchhandelskatalogen weltweit (vgl. Karlsruher Virtueller Katalog 2015).

209 EBSCOhost Research Databases - Business Source Premier ist eine betriebswirtschaftliche Recherchedatenbank mit mehr als 2200 Journals (vgl. EBSCOhost 2015).

210 Emerald Insight weist Volltextartikel aus über 200 Fachzeitschriften des Verlages Emerald vom jeweiligen Erscheinungsbeginn bis einschließlich 2015 nach. Ergänzt wird das Angebot um einige Extras, wie z.B. Fallstudien, Interviews und Reviews. Der größte Teil der Zeitschriften stammt aus dem Bereich der Wirtschaftswissenschaften, daneben sind aber auch Bibliothekswissenschaften und Ingenieurwissenschaften vertreten (vgl. Universität Regensburg 2015).

211 wiso ist eine Online-Datenbank, die Fachinformationen zu Wirtschafts- und Sozialwissenschaften, technischen Studiengängen und zur Psychologie zur Verfügung stellt. Die Inhalte sind speziell auf die Anforderungen in Studium und Wissenschaft zugeschnitten. Das Portfolio enthält 14 Mio. Literaturnachweise, 6 Mio. Volltexte aus rund 400 Fachzeitschriften, 130 Mio. Artikel aus der Tages- und Wochenpresse, 66 Mio. Firmeninformationen, 700.000 Marktdaten und 2.100 elektronische Bücher (vgl. wiso 2015).

212 TEMA Technik und Management ist eine Literaturdatenbank mit Bibliographie, Abstract und Schlagwörtern für Technik und Management. Die Datenbank bündelt Informationen aus der deutschen und internationalen wissenschaftlichen und angewandten Fachliteratur wie Zeitschriften, Konferenzberichte, Forschungsberichte und Dissertationen, sowie anderer schwer zugänglicher Literatur (vgl. WTI-Frankfurt 2015).

3.1.2 Ergebnisse der Literaturrecherche und Identifikation der Forschungslücke

Die Analyse der Literatur zum Produktionsanlauf zeigt, dass sich die darin entwickelten Ansätze hinsichtlich der Planung und der Durchführung des Produktionsanlaufs unterteilen lassen. Ein Großteil der Literatur behandelt dabei den Planungsaspekt. Das Ziel der Planung des Produktionsanlaufs ist dabei Störungen bereits präventiv zu vermeiden bzw. zu minimieren.

Die Durchführung des Produktionsanlaufs selbst ist in der Literatur nicht sehr tief erforscht und es werden unterschiedliche Aspekte der Durchführung fokussiert. Speziell der Umgang mit Störungen im Produktionsanlauf wird häufig nicht berücksichtigt.

Abbildung 13 gibt einen quantitativen Überblick der analysierten Literatur und des Jahres der Veröffentlichung inkl. einer farblichen Zuordnung zu den Gebieten Planung des Produktionsanlaufs (im Diagramm: Säule „P"), Durchführung des Produktionsanlaufs (im Diagramm: Säule „D") und Umgang mit Störungen im Produktionsanlauf (siehe Abbildung 12).

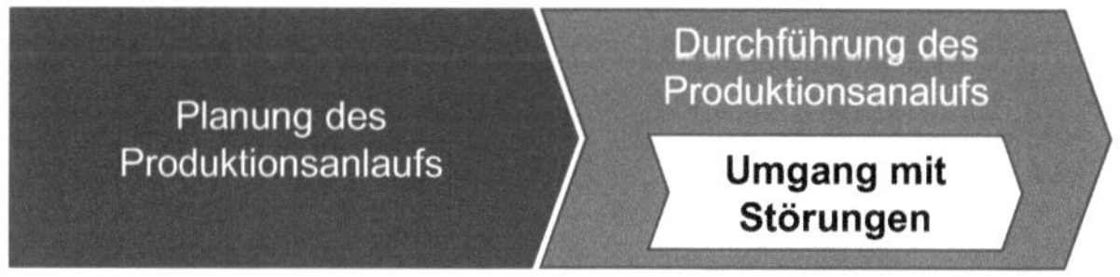

Abbildung 12: Farbliche Zuordnung der Literatur zu Planung des Produktionsanlaufs, Durchführung des Produktionsanlaufs und Umgang mit Störungen

Dabei ist zu beachten, dass eine Publikation alle drei Gebiete abdecken kann. Zudem ist der Umgang mit Störungen Bestandteil der Durchführung des Produktionsanlaufs. Literatur, die den Umgang mit Störungen behandelt, zählt also auch zur Durchführung.

Im Anschluss an den quantitativen Überblick der analysierten Literatur wird eine kurze inhaltliche Befundung durchgeführt.

Die bisherige Forschung im Bereich Produktionsanlauf fokussiert sich auf Verbesserungen in Bezug auf Zusammenarbeit und Prozesse während des Produktionsanlaufs, identifiziert Ursachen für Störungen im Produktionsanlauf und beschreibt Verfahren, die in der Praxis angewandt werden.[213] Dennoch ist es notwendig, die bestehenden Ansätze zu verbessern, weil der Produktionsanlauf trotz seiner großen wirtschaftlichen und strategischen Bedeutung immer noch nicht zufriedenstellend geplant, organisiert und kontrolliert werden kann.[214] Es wird herausgestellt, dass die Ressourcenverfügbarkeit im Produktionsanlauf hauptsächlich von der Qualität zuvor durchgeführter Tätigkeiten beeinflusst wird. Eine geringe Produktionsanlaufzeit wird dagegen maßgeblich durch eine strukturierte Vorgehensweise und den gezielten Einsatz von Methoden zur Vermeidung von Störungen und zur Unterstützung von Produktionsanlaufprozessen erreicht.[215]

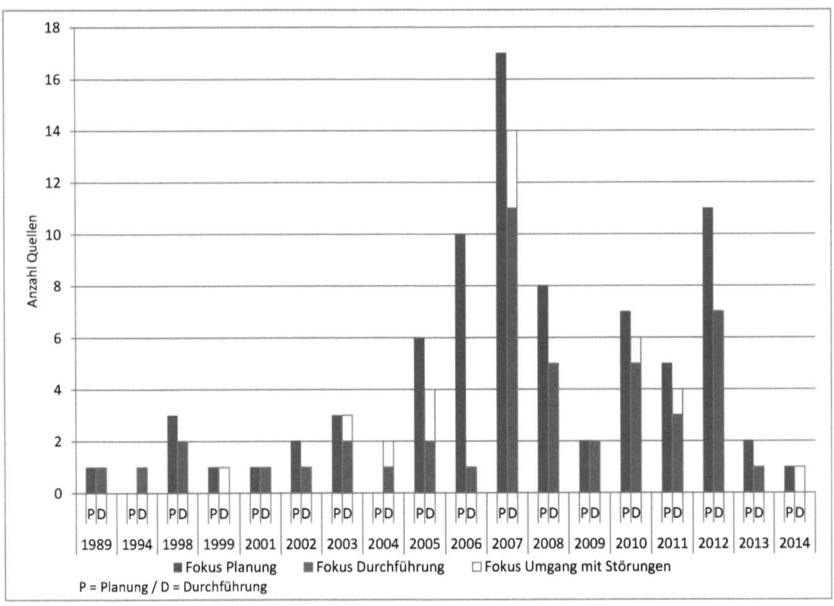

Abbildung 13: Analysierte Literatur zum Produktionsanlauf

Es ist bekannt, dass Unternehmen bei der Durchführung von Produktionsanläufen immer wieder Probleme haben[216] und kritische Störungen im Produktionsanlauf bei Produktionslinien, Equipment, Maschinen und der Supply Chain auftreten und das charakteristisch für Produktionsanläufe ist.[217] In der Literatur wird ein unmittelbarer

213 Vgl. Li et al. 2014, S. 3001.
214 Vgl. Konrad 2012, S. 26.
215 Vgl. Scholz-Reiter und Krohne 2010, S. 13.
216 Vgl. Möller 2002, S. 455; Sihn et al. 2002, S. 22.
217 Vgl. Gartzen 2012, S. 43; Schmitt et al. 2010, S. 317–318.

Zusammenhang zwischen Änderungen, Störungen und damit auch Störzeiten beschrieben:[218] Es können nicht alle Änderungen am Produkt oder dem Produktionssystem während des Produktionsanlaufs komplett vermieden werden.[219] Weil es nicht möglich ist, alle Änderungen während des Produktionsanlaufs zu vermeiden, können auch nicht alle Störungen vermieden werden.[220] Zusätzlich wird darauf hingewiesen, dass auch durch bessere oder vermehrte Planung des Produktionsanlaufs nicht allen Störungen ausgewichen werden kann.[221] Dieser Zusammenhang ist nicht überraschend, weil der Produktionsanlauf die Phase ist, in der ein neues Produkt und ein neues Produktionssystem zum ersten Mal zusammengeführt werden und die neuen Produktionsprozesse stabilisiert werden müssen.[222] Ein hoher Innovationsgrad resultiert also in der Notwendigkeit neue unvorhersehbare Störungen zu beheben.[223]

Daraus kann gefolgert werden, dass es in Produktionsanläufen zu Störungen kommen wird.

Ein von der Literatur identifiziertes Defizit in Bezug auf die Organisation von Anlaufprozessen, ist die Änderung von Produkten und Technologien in späten Phasen des Produktionsanlaufs. Diese Änderungen führen zu teilweise unsystematischen, rein situativ und intuitiv geprägten Vorgehensweisen.[224] Zudem wird beschrieben, dass die Anzahl und Häufigkeit von Störungen im Produktionsanlauf die Organisation überlastet. Organisationale Strukturen, Prozesse und Methoden, die während der normalen Produktion gut funktionieren, sind während Produktionsanläufen -insbesondere im Störungsfall- oft nicht effektiv genug. Des Weiteren wurde sowohl die Notwendigkeit die Ursachen und Auswirkungen von Störungen im Produktionsanlauf zu untersuchen, als auch Vorgehensweisen zur Kontrolle der Auswirkungen zu entwickeln, identifiziert,[225] und es wurden erhebliche Defizite beim Einsatz von Methoden im Produktionsanlauf festgestellt.[226]

---

218 Vgl. Schmahls 2001, S. 42.
219 Vgl. Jürging 2008, S. 184.
220 Dieser Zusammenhang ist allgemein akzeptiert. Vgl. Berg 2007, S. 3; Doltsinis et al. 2013, S. 89; Fjällström et al. 2009, S. 179; Haller et al. 2003, S. 184; Scholz-Reiter et al. 2007, S. 1631–1632; Terwiesch et al. 2001, S. 436, 442.
221 Vgl. Fleischer et al. 2004, S. 30; Winkler 2007, S. 29.
222 Vgl. Stirzel 2008, S. 1.
223 Vgl. Wildemann 2004, S. 457.
224 Vgl. Schulze und Opitz 2007b, S. 4.
225 Vgl. Almgren 2000, S. 4580–4581.
226 Vgl. Bruns 2010, S. 43; Lanza 2005, S. 53; Näser 2007, S. 21; Romberg und Haas 2005, S. 73;

Auch wenn der Bedarf an Notfallplänen[227] und die Relevanz der Problemlösung und Stabilisierung[228] im Produktionsanlauf erkannt ist und ein Methodenbaukasten gefordert wird, um auf Störeinflüsse zu reagieren,[229] existieren derzeit keine Lösungen, um die Auswirkungen von Störungen im Produktionsanlauf einfach zu kontrollieren.[230] Beispielsweise berücksichtigt ein produktionstheoretisches Modell für den Produktionsanlauf auftretende Störungen explizit nicht.[231] Zudem sind die vorhandenen Ansätze für den Produktionsanlauf oft nicht geeignet, um bei auftretenden Störungen den Entscheidungsträger bei der Auswahl von unterschiedlichen Handlungsoptionen zu unterstützen.[232] In der Literatur wird beschrieben,[233] dass es außer der Produktionsanlauf-Task-Force kaum eine spezifische Methode für den Produktionsanlauf gibt.[234] Es ist gängige Praxis, kurzfristige Teams für Produktionsanläufe ins Leben zu rufen. Dabei findet Lernen aus früheren und für folgende Produktionsanläufe häufig nicht statt.[235] Es wird darauf hingewiesen, dass Störungen im Produktionsanlauf häufig erst beim Auftreten erkannt werden und die Maßnahmen zur Behebung lediglich auf den Erfahrungen der beteiligten Mitarbeiter beruhen.[236] Es ist zwar bekannt, dass die Steuerung von Produktionsanlaufprozessen im Wesentlichen durch Reaktionsentscheidungen stattfindet[237] und dass der reaktive Umgang mit Störungen wichtig ist, um die Ziele des Produktionsanlaufs zu erreichen,[238] dennoch wird die Fähigkeit, auf unerwartete Probleme im Produktionsanlauf zu reagieren, von der Literatur als unzureichend bewertet.[239]

Es werden außerdem zwei weitere Zusammenhänge beschrieben:

- Durch eine Verkürzung des Produktionsanlaufs bzw. mit steileren Anlaufkurven, steigen die Anforderungen an das vorhandene Expertenwissen, die Anlauforganisation sowie die verwendeten Methoden und Standards.[240]

Schulze und Opitz 2007b, S. 4.
227 Vgl. Romberg und Haas 2005, S. 19.
228 Vgl. Dombrowski und Hanke 2011b, S. 532–534.
229 Vgl. Straub et al. 2006, S. 126–128.
230 Vgl. Heins 2010, S. 39.
231 Vgl. Dyckhoff et al. 2012, S. 1452.
232 Vgl. Schmitt et al. 2010, S. 318.
233 Vgl. Ball et al. 2011, S. 969.
234 Vgl. Leidig und Schmidt 2007, S. 119.
235 Vgl. Scholz-Reiter et al. 2007, S. 1636.
236 Vgl. Chen et al. 2011, S. 365; Fleischer et al. 2004, S. 30.
237 Vgl. Schmitt et al. 2010, S. 318.
238 Vgl. Almgren 2000, S. 4580; Clark und Fujimoto 1991, S. 188.
239 Vgl. Krüger et al. 2010, S. 1.
240 Vgl. Straub et al. 2006, S. 125.

- Je größer die Störung ist (und damit auch die feststellbare Zielabweichung im Produktionsanlauf), desto schneller muss eingegriffen werden, um die Auswirkung der Störung so gering wie möglich zu halten.[241]

Ferner wird explizit Forschungsbedarf zum reaktiven Umgang mit Störungen im Produktionsanlauf durch die Literatur identifiziert.[242]

Aufbauend auf die Befundung der Literatur lässt sich festhalten,

- dass es in Produktionsanläufen zu Störungen kommen wird,
- dass die für die normale Produktion geeigneten organisationalen Strukturen bei der Störungsbehebung im Produktionsanlauf schnell überlastet sind,
- dass der Methodeneinsatz bei auftretenden Störungen im Produktionsanlauf Defizite aufweist,
- dass durch die Verkürzung von Produktionsanläufen die Anforderungen an die Störungsbehebung steigen und
- dass bei großen Störungen im Produktionsanlauf schnell reagiert werden muss.

Die vorliegende Arbeit adressiert diesen Forschungsbedarf, indem eine methodische Vorgehensweise für den reaktiven Umgang mit Störungen im Produktionsanlauf entwickelt wird.

Dazu werden zunächst die in der Literatur beschriebenen Methoden zum Produktionsanlauf hinsichtlich des jeweiligen Schwerpunkts betrachtet.

3.2 Methoden für den Produktionsanlauf

Aufbauend auf der Analyse der Literatur aus Abschnitt 3.1.1 wurden die darin enthaltenen Methoden identifiziert und klassifiziert.

Im Verständnis dieser Arbeit ist eine Methode eine zielorientierte und systematische Vorgehensweise, um theoretische oder praktische Aufgaben zu bewältigen. Eine

241 Vgl. Elfgen und Hölscher 2002, S. 367.
242 Vgl. Heins 2010, S. 130; Krüger et al. 2010, S. 1; Kuhn 2002, S. 22–23; Tücks 2010, S. 69; Voigt und Thiell 2005, S. 27.

Methode beschreibt also, wie ein Ziel auf eine systematische Art und Weise durch die Abfolge von bestimmten Aktivitäten erreicht werden kann.[243]

Inhaltlich gleiche Methoden, die von mehreren Autoren mit teilweise unterschiedlichen Bezeichnungen beschrieben werden, wurden zusammengefasst. Tabelle 9 gibt einen Überblick über die analysierten Methoden und die entsprechende Klassifizierung hinsichtlich Planung, Durchführung und Umgang mit Störungen im Produktionsanlauf. Die Klassifizierungslogik ist dabei identisch mit der Logik in Abbildung 13. Methoden, die den Umgang mit Störungen berücksichtigen, sind fett hervorgehoben.

Tabelle 9: Analysierte Methoden für den Produktionsanlauf

Methode Methoden, die den Umgang mit Störungen berücksichtigen, sind fett hervorgehoben.	Planung	Durch-führung	Umgang mit Störungen
Agiles Vorgehensmodell zum Management komplexer Produktionsanläufe (Borowski 2011)	x	x	
Analyse von Störungen im Produktionsanlauf (Heil 1995, S. 163; Näser 2007, S. 135)		x	x
Änderungsmanagement im Produktionsanlauf (Bischoff 2007, S. 22–25; Bruns 2010, S. 138–143; Fitzek 2005, S. 181–189; Führer 2008, S. 280–283; Gong 2007, S. 35; Heins et al. 2007b, S. 69; Heins 2010, S. 38; Leidig und Schmidt 2007, S. 112–113; Matthes und Voggenreiter 1998, S. 111; Rösch et al. 2008, S. 217; Schneider 2006, S. 54; Schuster 2012, S. 136–151; Stirzel 2008, S. 15; Stirzel und Hüntelmann 2006, S. 24; Terwiesch et al. 2001, S. 442; Wildemann 2008, S. 135)		x	x
Anlauffähigkeit im Produktionsanlauf (Knüppel et al. 2013; Krüger et al. 2010)	x		
Anlauffähigkeit von Montagesystemen (Heins 2010)	x	x	
Anlaufkosten in der Lebenszyklusrechnung (Möller 2002)	x		
Anlaufmanagement (Bischoff 2007; Denzler 2007; Fitzek 2005; Fleischer et al. 2007b; Führer 2008; Gartzen 2012; Gustmann et al. 1989; Heins et al. 2007a; Homuth 2008; Kuhn 2002; Laick 2003; Meier und Zimolong 2007; Müller 2007; Nagel 2011; Oesterle und Leidig 2007; Romberg und Haas 2005; Tücks 2010; Wangenheim 1998; Wildemann 2008; Witt 2006; Zeugtrager 1998; Zimolong et al. 2006)	x	x	

[243] Vgl. Zellner 2011, S. 204–206.

Methode Methoden, die den Umgang mit Störungen berücksichtigen, sind fett hervorgehoben.	Planung	Durch-führung	Umgang mit Störungen
Anlauforientierte Technologieplanung zur Auswahl von Fertigungstechnologien (Nau 2012)	x	x	
Aufbau- und Ablauforganisation im Produktionsanlauf (Bruns 2010; Schuh et al. 2007; Stirzel 2008)	x	x	
Claim Management im Produktionsanlauf (Helmold 2012)	x	x	
Controlling im Produktionsanlauf (Buescher et al. 2012; Fleischer et al. 2005a; Gentner 1994; Schuster 2012)	x	x	
Dienstleistungsintegration in existierende Unternehmen während des Produktionsanlaufs (Fleischer et al. 2006b)	x		
Entscheidungsunterstützung im Produktionsanlauf (Chen et al. 2011, S. 368)		x	x
Erhöhung der Flexibilität im Umgang mit späten Änderungen im Produktionsanlauf durch Modularisierung im Produktaufbau (Elstner et al. 2013)	x		
Externe Unterstützungsteams für den Produktionsanlauf (Schulze und Opitz 2007a, S. 49–52)		x	x
Kontinuierliche Fehlerdiagnose im Produktionsanlauf (Mannar und Ceglarek 2004)		x	x
Kontinuierliche Prozessverbesserung im Produktionsanlauf (Näser 2007)	x	x	
Krisenmanagement im Produktionsanlauf (Dill 2003, S. 22–25; Vogl 2012, S. 128–131)		x	x
Kundenintegration im Produktionsanlauf (Gössinger und Lehner 2009)	x	x	
Lieferantenmanagement im Produktionsanlauf (Gong 2007)	x	x	
Modellierung des Produktionsanlaufs (Ball et al. 2011; Jürging 2008; Kapici 2005; Nugroho 2011; Winkler 2007)	x	x	
Optimale Verwendung von Ressourcen im Produktionsanlauf (Stich 2007)	x		
Optimierung der Produktentwicklungsdauer und der Dauer des Produktionsanlaufs (Akamphon 2008; Fritsche 1998; Labriola 2006; Risse 2003)	x		
Performance measurement während des Produktionsanlaufs (Doltsinis et al. 2013)		x	

Methode Methoden, die den Umgang mit Störungen berücksichtigen, sind fett hervorgehoben.	Planung	Durch-führung	Umgang mit Störungen
Performancemanagement im Produktionsanlauf (Renner 2012)	x		
Performancemessung im Produktionsanlauf (Doltsinis et al. 2013)		x	x
Personalbedarf im Produktionsanlauf (Ender 2009)	x	x	
Problem- und Schnittstellencharakterisierung im Produktionsanlauf (Surbier et al. 2010; Surbier 2010)		x	x
Problemlösung und Stabilisierung im Produktionsanlauf (Bruns 2010, S. 186)		x	x
Projektmanagement für den Produktionsanlauf (Kontio und Haapasalo 2005)	x	x	
Qualitätsmanagement im Produktionsanlauf (Akkermans 2007; Fleischer et al. 2005b; Schmitt 2012)	x	x	
Quality Gates im Produktionsanlauf (Fauth et al. 1999, S. 756–758)	x	x	x
Reaktionssystem in ProactAS (Heins et al. 2007b, S. 39–40; Nyhuis et al. 2007)		x	x
Reifegrad im Produktionsanlauf (Vogl 2012; Weinzierl 2006)	x	x	
Risikomanagement für den Produktionsanlauf (Lührig 2006)	x		
Simulation des Produktionsanlaufs (Lanza 2005; Lanza und Sauer 2012; Nyhuis et al. 2006; Shukla et al. 2007)	x	x	
Standortspezifische Faktoren im Produktionsanlauf (Rüstig 2007)	x		
Statistische Prozesskontrolle während des Produktionsanlaufs (Benz 2004)		x	
Störungsmanagement (Bockholt 2012, S. 49ff.; Heins 2010, S. 40; Kampker und Tücks 2008, S. 209; Schuh et al. 2007, S. 71; Tücks 2010, S. 55–62; Ullrich et al. 2013, S. 46)		x	x
Strategiefestlegung im Produktionsanlauf (Schneider 2006)	x		
Systematischer Produktionsanlaufprozess (Li et al. 2014, S. 3008–30011)	x	x	x
Task-force für den Produktionsanlauf (Dill 2003, S. 63; Leidig und Schmidt 2007, S. 112; Lincke 1995, S. 200; Schmahls 2001, S. 31–32)		x	x
Terminplanung und -überwachung von Produktionsanläufen (Hüntelmann 2010)	x	x	

Methode Methoden, die den Umgang mit Störungen berücksichtigen, sind fett hervorgehoben.	Planung	Durch-führung	Umgang mit Störungen
Turbulenzreaktion im Produktionsanlauf (Dill 2003, S. 63–92)		x	x
Viable System Model im Anlaufmanagement (Herrmann et al. 2008)	x		
Virtueller Produktionsanlauf (Denkena und Brecher 2007)	x	x	
Visualisierung von Informationen im Produktionsanlauf (Schmahls 2001)	x	x	
Wissensmanagement im Produktionsanlauf (Fleischer et al. 2006a; Konrad 2012; Schenk und Blümel 2007; Thiebus 2008)	x	x	

Den expliziten Umgang mit Störungen berücksichtigen also folgende Methoden:

- Analyse von Störungen im Produktionsanlauf
- Änderungsmanagement im Produktionsanlauf
- Entscheidungsunterstützung im Produktionsanlauf
- Externe Unterstützungsteams für den Produktionsanlauf
- Kontinuierliche Fehlerdiagnose im Produktionsanlauf
- Krisenmanagement im Produktionsanlauf
- Performancemessung im Produktionsanlauf
- Problem- und Schnittstellencharakterisierung im Produktionsanlauf
- Problemlösung und Stabilisierung im Produktionsanlauf
- Quality Gates im Produktionsanlauf
- Reaktionssystem in ProactAS
- Störungsmanagement
- Systematischer Produktionsanlaufprozess
- Task-force für den Produktionsanlauf
- Turbulenzreaktion im Produktionsanlauf

Nachdem die bestehenden Methoden für den Umgang mit Störungen identifiziert wurden, werden diese im nächsten Kapitel beschrieben.

4 Methoden zum Umgang mit Störungen im Produktionsanlauf

In diesem Kapitel wird geklärt, inwiefern die Methoden, die den Umgang mit Störungen im Produktionsanlauf berücksichtigen (siehe Abschnitt 3.2), die spezifischen Eigenschaften von Störungen im Produktionsanlauf berücksichtigen. Dazu werden die identifizierten Methoden zunächst beschrieben. Im Anschluss daran werden die Anforderungen erarbeitet, die die Störungssituation an den methodischen Umgang mit Störungen stellen. Anhand dieser Anforderungen werden die vorher beschriebenen Methoden bewertet, um die Schwachstellen im Umgang mit Störungen zu identifizieren.

Damit wird Forschungsfrage II beantwortet: Welche Schwachstellen sind im Umgang mit Störungen im Produktionsanlauf zu erkennen?

4.1 Beschreibung von Methoden zum Umgang mit Störungen im Produktionsanlauf

Die Methoden, die den Umgang mit Störungen im Produktionsanlauf berücksichtigen, werden jeweils anhand der Zielsetzung inhaltlich kurz beschrieben. Setzen unterschiedliche Autoren bei einer Methode verschiedene Schwerpunkte, wird dies in der Beschreibung dargestellt. Abschließend wird bei jeder Beschreibung die jeweilige Berücksichtigung von Störungen im Produktionsanlauf dargestellt.

4.1.1 Analyse von Störungen im Produktionsanlauf

Das Ziel der Analyse von Störungen im Produktionsanlauf ist, eingetretene Störungen bezüglich ihrer Ursache zu analysieren, um daraufhin Maßnahmen zur Beseitigung zu ergreifen.[244]

Heil schlägt zur Analyse von Störungsursachen das Ishikawa- und das Relationen-Diagramm vor und erläutert deren Anwendung.[245] *Näser* beschreibt die Verwendung der Kennzahlen Störungsanzahl und Störungsdauer für bestimmte Störungsarten, um eine standardisierte Auswertung von Störungen bei Anlagen zu ermöglichen.[246]

---

244 Vgl. Heil 1995, S. 162–163; Näser 2007, S. 134.
245 Vgl. Heil 1995, S. 163–170.
246 Vgl. Näser 2007, S. 134–135.

Der Umgang mit Störungen wird hier insofern berücksichtigt, dass Störungen analysiert werden. Das konkrete Vorgehen beim Umgang mit den analysierten Störungen wird allerdings nicht beschrieben.

4.1.2 Änderungsmanagement im Produktionsanlauf

Änderungsmanagement im Produktionsanlauf wird in der Literatur oft behandelt und diskutiert.[247] Änderungen sind Veränderungen oder Anpassungen, die nach erteilter Freigabe an bereits verbindlichen Arbeitsergebnissen durchgeführt werden.[248] Sie betreffen die technische Dokumentation und die zugehörigen Produkte und Prozesse,[249] treten vermehrt im Produktionsanlauf auf, haben lange Durchlaufzeiten, binden Kapazitäten und gefährden häufig Markttermine.[250]

Die Aufgabe des Änderungsmanagements besteht aus der Erfassung, Bewertung, Planung und Umsetzung von Änderungen inkl. Dokumentation und Kontrolle der Änderungsumsetzung im Rahmen eines definierten, systematischen Prozesses.[251] Abbildung 14 stellt einen Standardänderungsprozess dar, der als Grundlage des Änderungsmanagements angesehen werden kann.[252]

Bei einer Änderungsidee wird zunächst der Änderungsprozess ausgelöst und die Realisierbarkeit der Änderung vorab geklärt. Anschließend wird die Änderung detailliert und hinsichtlich Qualität, Kosten und Zeit abgestimmt. Die konstruktive Umsetzung, die Dokumentation der Änderung und schlussendliche Umsetzung sowie die Kontrolle der Änderung schließen den Änderungsprozess ab. Innerhalb des Änderungsprozesses gibt es zudem die Möglichkeit, Änderungen zu verwerfen oder zu überarbeiten.

---

[247] Zum Änderungsmanagement im Produktionsanlauf siehe: Bischoff 2007, S. 22–25; Bruns 2010, S. 138–143; Fitzek 2005, S. 181–189; Führer 2008, S. 280–282; Gong 2007, S. 35; Heins et al. 2007b, S. 69; Heins 2010, S. 38; Leidig und Schmidt 2007, S. 112–113; Matthes und Voggenreiter 1998, S. 111; Rösch et al. 2008, S. 217; Schneider 2006, S. 54; Schuster 2012, S. 136–151; Stirzel 2008, S. 15; Stirzel und Hüntelmann 2006, S. 24; Terwiesch et al. 2001, S. 442; Wildemann 2008, S. 130–141.
Beachte: Leidig und Schmidt 2007, S. 112–113 sprechen von Störungsmanagement und gehen dabei auf Aspekte des Änderungsmanagements ein.

[248] Vgl. Zanner et al. 2002, S. 41. Bruns 2010 und Schuster 2012 folgen ebenfalls dieser Definition.

[249] Vgl. Bruns 2010, S. 142.

[250] Vgl. Wildemann 2008, S. 131.

[251] Vgl. Führer 2008, S. 280.

[252] Vgl. Bischoff 2007, S. 24.

Gut durchgeführtes Änderungsmanagement führt zu einer Reduzierung der Produktionsanlaufdauer und erhöht die Liefertreue und Prozessstabilität im Produktionsanlauf.[253]

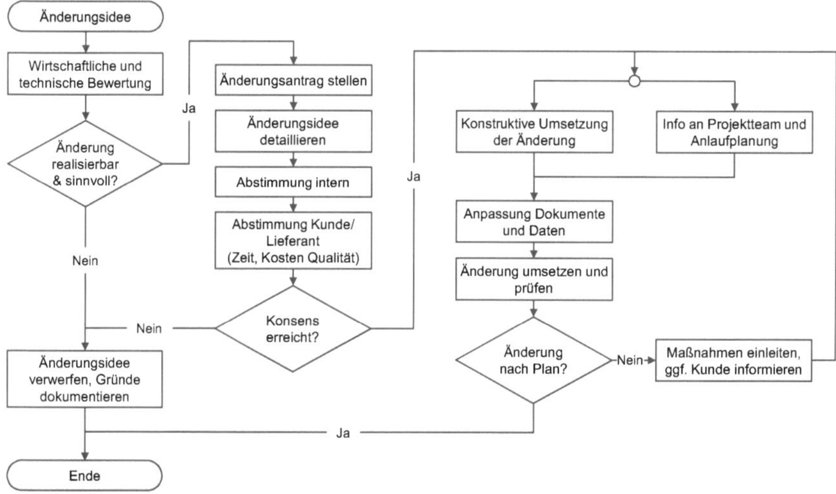

Abbildung 14: Standardänderungsprozess[254]

Aus Störungen können Änderungen an der technischen Dokumentation und den zugehörigen Produkten und Prozessen resultieren.[255] Deshalb ist Änderungsmanagement ein wichtiger Bestandteil des reaktiven Umgangs mit Störungen im Produktionsanlauf.

4.1.3 Entscheidungsunterstützung im Produktionsanlauf

Chen et al. stellen eine zweistufige Entscheidungsunterstützung für den Produktionsanlauf vor.[256]

Ziel der zweistufigen Entscheidungsunterstützung ist es, Entscheidungen bei kritischen Produktionsanlaufprozessen zu unterstützen, indem sowohl menschliche Expertise als auch eine computergestützte multikriterielle Optimierung verwendet werden. Die Entscheidungsvariablen werden dabei auf Basis der zwei exogenen Vari-

253 Vgl. Wildemann 2008, S. 141.
254 Bischoff 2007, S. 25.
255 Vgl. Renner 2012, S. A-3 46-47.
256 Vgl. Chen et al. 2011. Quelle gilt für die gesamte Beschreibung des Ansatzes.

ablen „Target yield rate“ (Ziel des Anteils der fehlerfreien Produkte) und „Target production rate“ (Ziel der Produktionsgeschwindigkeit) definiert.

Im ersten Schritt der Entscheidungsunterstützung werden Ziele für Entscheidungsvariablen festgelegt, das Optimierungsmodell konstruiert (Zusammenhänge zwischen den Entscheidungsvariablen; Verknüpfung von Systemdynamik und analytischem Netzwerkprozess) und die Entscheidungsvariablen gewichtet. Zur Kontrolle des Modells wird zudem eine Sensitivitätsanalyse durchgeführt.

Im zweiten Schritt wird zusätzlich noch der analytische Hierarchieprozess in das Modell integriert. Das ist die Grundlage, um durch eine computergestützte multikriterielle Optimierung das Pareto-Optimum zu berechnen. Das Pareto-Optimum wird dann durch menschliche Expertise angereichert, um schlussendlich eine Rangfolge von unterschiedlichen Entscheidungsalternativen zu erhalten.

Der Umgang mit Störungen wird berücksichtigt, indem darauf hingewiesen wird, dass es aufgrund von vielen unvorhersehbaren Produktionsstörungen im Produktionsanlauf nicht möglich ist, optimale Entscheidungen ohne menschliche Expertise zu treffen. Zudem sind Änderungen während des Produktionsanlaufs in ihrem Modell implementiert.

4.1.4 Externe Unterstützungsteams für den Produktionsanlauf

Schulze und Opitz beschreiben externe Unterstützungsteams im Rahmen des Abnahmemanagements bei der Inbetriebnahme von Produktionsanlagen.[257] Das Abnahmemanagement umfasst dabei die Aktivitäten der Vorbereitung, Durchführung sowie der Dokumentation. Externe Unterstützungsteams werden dabei als innovative Organisationsform betrachtet und untersucht.

Das Ziel von externen Unterstützungsteams ist es dabei, die identifizierten Defizite unklare Abläufe, ungenaue Kompetenzzuweisung und mangelnde Koordination und Kontrolle zu beheben. In diesem Kontext werden die Anforderungen, Aufgaben, Werkzeuge und die durch externe Unterstützungsteams erzielbaren Effekte beschrieben. Eine wesentliche Anforderung ist Flexibilität. Die Strukturen innerhalb des Teams sollten so gestaltet sein, dass Ressourcen hinzu gezogen bzw. frei gegeben werden können, ohne dass Wissen im Team verloren geht. Das externe Unterstüt-

[257] Vgl. Schulze und Opitz 2007a, S. 49–52. Quelle gilt für die gesamte Beschreibung des Ansatzes.

zungsteam hat also die Aufgabe, das Abnahmemanagement flexibel zu unterstützen oder Aufgaben ganz zu übernehmen. *Schulze und Opitz* beschreiben als zentrales Werkzeug eine Datenbank, in der die einzelnen Mängel bzw. Störungen der Anlage dokumentiert werden. Zudem sollen relevante Informationen in Form von Formblättern, Checklisten, Abnahmeprotokollen, Fortschrittsberichten oder Mängellisten gesammelt und ebenfalls über die Datenbank verwaltet werden. Der wesentliche Effekt, den externe Unterstützungsteams erzielen, ist, dass die Fachabteilungen in hohem Maße von organisatorischen Verpflichtungen entlastet werden und Kernkompetenzen dadurch besser genutzt werden. Zudem wird durch die Nutzung besagter Datenbank der Zugriff auf relevante Informationen vereinfacht und es sind permanent Ansprechpartner für organisatorische Probleme oder Fragen vorhanden.

Der Umgang mit Störungen wird durch die flexible und situationsadäquate Besetzung der Unterstützungsteams sowie durch die Dokumentation von Störungen in einer Datenbank berücksichtigt. Allerdings wird der konkrete Umgang mit auftretenden Störungen nicht dargestellt.

4.1.5 Kontinuierliche Fehlerdiagnose im Produktionsanlauf

Mannar und Ceglarek haben eine Methode für die kontinuierliche Fehlerdiagnose bei Montagesystemen unter Verwendung des Rough Set Approaches entwickelt.[258]

Ziel der vorgestellten Methodik ist es, die schnelle Diagnose von Qualitätsproblemen oder Abweichungen der Maßhaltigkeit bei Montagestationen während des Produktionsanlaufs zu ermöglichen. Die Methodik unterscheidet zwischen Fehlern bei der Positionierung, Fehlern bei Einzelteilen oder dem Produkt und Fehlern bei Werkzeugen. Durch die kontinuierliche Messung von Prozessvariablen sollen die Fehlerursachen identifiziert werden. Die Identifikation der Fehlerursachen verwendet den Rough Set Approach. Er ermöglicht es, ungenaue Daten zu analysieren und zu klassifizieren.

Der beschriebene Ansatz fokussiert die Identifikation von Störungen im Produktionsanlauf in Bezug auf Fehler bei der Positionierung, bei Einzelteilen oder dem Produkt und bei Werkzeugen. Es wird somit eine Diagnosemethode vorgestellt. Der konkrete Umgang mit den identifizierten Störungen wird allerdings nicht beschrieben.

[258] Vgl. Mannar und Ceglarek 2004. Quelle gilt für die gesamte Beschreibung des Ansatzes.

4.1.6 Krisenmanagement im Produktionsanlauf

Krisen in Unternehmen sind Entwicklungen, die großen wirtschaftlichen Schaden und Reputationsverlust verursachen können. Sie sind determinierte oder undeterminierte Ereignisse, die die regulären Geschäftstätigkeiten zeitweise, punktuell, phasenförmig oder latent-strukturell beeinträchtigen.[259] Der Begriff Krisenmanagement wird in der Literatur zum Produktionsanlauf nicht einheitlich verwendet.

Vogl verwendet den Begriff Krisenmanagement im Zusammenhang mit Krisen im Multiprojektmanagement von Produktionsanlaufprojekten. Dabei wird zwischen Krisenprävention, Krisenvorsorge und Krisenbewältigung unterschieden. Krisenprävention ist die Verankerung von vorbeugenden Maßnahmen im Anlaufmanagement, so dass möglichst keine Krisen auftreten. Krisenvorsorge bedeutet, ein Frühwarnsystem zum rechtzeitigen Erkennen von Krisen zu etablieren und Notfallkonzepte für auftretende Krisen bereitzustellen. Krisenbewältigung ist die Wiederherstellung der Handlungsfähigkeit im Anlaufmanagement, wenn eine Krise eintritt.[260]

Im Gegensatz dazu definiert *Dill* Krisenmanagement als die Diagnose latenter Krisen und das Management manifester Krisen. Eine manifeste Krise liegt dann vor, wenn ein Unternehmen überschuldet oder zahlungsunfähig ist. Eine latente Krise liegt schon früher vor, lässt sich aber oft schwer im Vorfeld erkennen. Kennzeichen können ein starker Rückgang des Betriebserfolgs, eine starke Zunahme der Verschuldung, ein starkes Wachstum des Umlaufvermögens und eine relative Abnahme der Umschichtung des Anlagevermögens sein.[261] *Dill* stellt zudem klar, dass dieses Verständnis von Krisenmanagement nicht auf die spezifische Situation im Produktionsanlauf eingeht.[262]

Die Elemente Krisenbewältigung nach *Vogl* und das Management latenter Krisen nach *Dill* können prinzipiell für den Umgang mit Störungen im Produktionsanlauf angewendet werden. Ein genaues Vorgehen wird allerdings nicht beschrieben.

[259] Vgl. Garth 2008, S. 12.
[260] Vgl. Vogl 2012, S. 128–131.
[261] Vgl. Dill 2003, S. 22–25.
[262] Vgl. Dill 2003, S. 25.

4.1.7 Performancemessung im Produktionsanlauf

Doltsinis et al. stellen ein Framework zur Performancemessung während des Produktionsanlaufs von Montagestationen vor.[263]

Ziel des Frameworks ist es, die Entscheidungsfindung im Produktionsanlauf zu unterstützen, indem Kennzahlen auf Basis von messbaren und beobachtbaren Zuständen von technischen Systemen zur Verfügung gestellt werden. Das Framework umfasst die Aspekte der Vorbereitung der notwendigen Daten sowie der Formalisierung des Produktionsanlaufs und die eigentliche Performance-Messung. Zur Formalisierung des Produktionsanlaufs wird ein Modell entwickelt, um den Systemzustand des Produktionsanlaufs zu beschreiben. Auf dieser Grundlage werden Kennzahlen zur Bestimmung der Funktionalität, Qualität und Performance des Produktionsanlaufs identifiziert. Diese Kennzahlen sollen die menschliche Entscheidungsfindung leiten und unterstützen.

Doltsinis et al. gehen bewusst auf Störungen im Produktionsanlauf ein, indem sie darauf hinweisen, dass es während des Produktionsanlaufs sehr wahrscheinlich zu Störungen kommen wird und deshalb der entwickelte Optimierungszyklus mehrfach durchlaufen werden kann. Konkrete methodische Hinweise zum Umgang mit Störungen im Produktionsanlauf, die darüber hinausgehen, werden nicht gegeben.

4.1.8 Problem- und Schnittstellencharakterisierung im Produktionsanlauf

Surbier und Surbier et al. untersuchen zum einen auftretende Störungen im Produktionsanlauf und zum anderen Schnittstellen im Produktionsanlauf.[264]

Ziel der Betrachtung von Störungen ist es herauszufinden, ob es typische Störungen bei Produktionsanläufen mit kleinen Stückzahlen gibt.

Anhand einer Casestudy bei Siemens werden zwei unterschiedliche Klassifikationen für Störungen im Produktionsanlauf erarbeitet.

Die Ressourcen basierte Klassifikation wurde in Anlehnung an *Harper und Rainer*[265] entwickelt und unterscheidet zwischen

---

263 Vgl. Doltsinis et al. 2013. Quelle gilt für die gesamte Beschreibung des Ansatzes.
264 Vgl. Surbier et al. 2010; Surbier 2010. Quelle gilt für die gesamte Beschreibung des Ansatzes.
265 Vgl. Harper und Rainer 2000.

- physischen Komponenten (Bsp.: Betriebsmittel, Spanneinrichtungen, fehlende Teile, etc.),
- Mensch (Bsp.: Fabrikmitarbeiter, Produktionsanlaufteam, etc.),
- Hilfsmittel und Dokumentation (Bsp.: ERP-System[266], Werkzeuge, Werkstattdokumentation).

Diese Klassifikation entstand durch Zusammenfassung von Störungsbeschreibungen zu Kategorien.

Die Ursachen basierte Klassifikation fasst Störungen nach identischem Ursprung zusammen und unterscheidet zwischen

- Kooperation (Bsp.: Kommunikation, Vertrauen, etc.),
- Information und Wissen (Bsp.: Lernen, fehlende Informationen, fehlendes Wissen, etc.),
- Management (Bsp.: Arbeitsbelastung, Motivation) und
- anderen Gründen.

Neben der Charakterisierung von Störungen im Produktionsanlauf werden konkrete Verbesserungsvorschläge zum Umgang mit den Störungen für den untersuchten Produktionsanlauf gegeben. Diese beinhalten die Verbesserung der Koordination der Supply Chain, der Zusammenarbeit mit dem Zulieferer, der Spanneinrichtungen sowie einen besseren Umgang mit dem ERP-System und die Einführung eines speziellen Produktionsanlaufteams.

4.1.9 Problemlösung und Stabilisierung im Produktionsanlauf

Bruns geht im Rahmen der kontinuierlichen Anlaufprozessanalyse und –optimierung auf die Lösung von Problemen und die Stabilisierung von Prozessen im Produktionsanlauf ein.[267]

Ziel der Methodik ist es im Rahmen einer kontinuierlichen Anlaufmanagemententwicklung Verschwendung zu vermeiden und die Effizienz zu steigern. Hierzu werden Einzelschritte zur Prozessanalyse und –optimierung im Produktionsanlauf vorgestellt und sechs ausgewählte Verbesserungsmethoden tabellarisch beschrieben.

---

266 ERP-System = Enterprise Resource Planning System.
267 Vgl. Bruns 2010, S. 185–188. Quelle gilt für die gesamte Beschreibung des Ansatzes.

Es wird Bezug auf Probleme bzw. Störungen im Produktionsanlauf im Rahmen der Methodenbeschreibungen genommen. Allerdings wird nicht auf die Besonderheiten von Störungen im Produktionsanlauf und die Adaption der Methoden eingegangen.

4.1.10 Quality Gates im Produktionsanlauf

Fauth et al. stellen die Verwendung von Quality Gates im Produktionsanlauf bei der Automobilindustrie dar.[268]

Ziel der Anwendung von Quality Gates im Produktionsanlauf ist es, eine Qualitätssteigerung im Produktionsanlauf zu erreichen. Quality Gates ist eine Methode, die aus der Phase der Produktentwicklung bekannt ist. Mit der Systematik der Quality Gates wird im Produktionsanlauf zum einen die Präventions- und zum anderen die Reaktionsstrategie verfolgt. An einem Quality Gate wird ein Prozess bezüglich der Leistungserwartungen und der Leistungsfähigkeit überprüft. Das schützt nachfolgende Prozesse vor Fehlleistungen und ermöglicht es, Sofortmaßnahmen zur Reaktion auf Abweichungen einzuleiten. Zudem werden Korrekturmaßnahmen in Form von Reaktionsplänen bereits im Vorfeld entwickelt. Ein Reaktionsplan soll dabei helfen Wissen um Schwachstellen im Prozess zu bündeln und schnelle Lernschleifen zu ermöglichen. Außerdem ist ein Eskalationsprozess bei Quality Gates vorgesehen, der definierte Toleranzgrenzen und Eskalationsstufen aufweist. Dabei sollen schnelle Regelschleifen etabliert und Folgefehler vermieden werden. Werden an einem Quality Gate die notwendigen Anforderungen nicht erfüllt, so kann mit den darauf folgenden Schritten nicht weiter gemacht werden. Nur wenn die Anforderungen erfüllt sind, kann das jeweilige Quality Gate passiert werden, und die nächsten Prozessschritte können beginnen.

Störungen im Produktionsanlauf werden berücksichtigt, indem an Quality Gates gezielt Sofortmaßnahmen zur Reaktion auf Abweichungen eingeleitet werden.

4.1.11 Reaktionssystem in ProactAS

Im Rahmen des vom Bundesministerium für Bildung und Forschung geförderten Forschungsprojekts ProactAS (Proaktive Anlaufsteuerung von Produktionssystemen entlang der Wertschöpfungskette) wurde unter anderem ein Reaktionssystem entwi-

[268] Vgl. Fauth et al. 1999, S. 756–760. Quelle gilt für die gesamte Beschreibung des Ansatzes.

ckelt. Das Reaktionssystem ist dabei eingebettet in einen Regelkreis zur proaktiven Anlaufsteuerung (siehe Abbildung 15).[269]

Ziel des Reaktionssystems ist es, den Produktionsanlauf durch den Vorschlag von Reaktionsmaßnahmen bei auftretenden Störungen zu unterstützen.

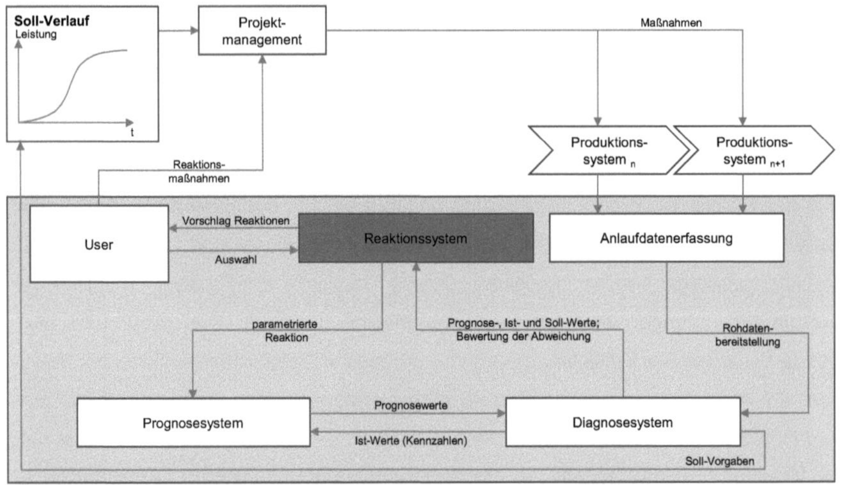

Abbildung 15: Reaktionssystem in ProactAS[270]

Durch die Anwendung des beschriebenen Reaktionssystems ist ein direkter Zugriff auf ein semantisches Wissensnetz möglich. Darin ist anlaufspezifisches Wissen hinterlegt und die Suche nach Lösungen für Störungen in Prozessabläufen wird unterstützt. Das Reaktionssystem ist als Softwarelösung realisiert. Allerdings soll die Nutzung des semantischen Wissensnetzes auch ohne dieses Tool möglich sein. Neben der Beschreibung von Maßnahmen sind zusätzlich noch Attribute wie benötigte personelle bzw. materielle Ressourcen oder das Veränderungspotential von einzelnen Maßnahmen hinterlegt.

Den Umgang mit Störungen berücksichtigt das Reaktionssystem, weil es immer dann zum Einsatz kommt, wenn eine Soll-/Ist-Abweichung auftritt bzw. Störungen im Produktionsanlauf. Die konkreten Maßnahmen werden allerdings nicht beschrieben.

---

[269] Vgl. Heins et al. 2007b, S. 39–42 und 58-62; Nyhuis et al. 2007. Quelle gilt für die gesamte Beschreibung des Ansatzes.

[270] Vgl. Nyhuis et al. 2007, S. 40.

4.1.12 Störungsmanagement

Störungsmanagement ist in der Literatur nicht eindeutig definiert.[271] Je nach Autor umfasst Störungsmanagement nur die Reaktion auf Störungen[272] oder es umfasst zusätzlich auch die Störungsprävention[273]. Außerdem wird Störungsmanagement im Kontext Produktionsanlauf teilweise nur am Rand betrachtet.[274]

Einen guten Überblick über Störungsmanagement gibt *Bockholt*. Demnach umfasst Störungsmanagement die Störungsvermeidung (präventiv), Störungsidentifizierung und Störungsbehandlung (reaktiv). Bei der Störungsvermeidung sollen Störungen vor ihrem Eintrittszeitpunkt fokussiert werden, um dadurch einen großen Teil an Störungen mit verhältnismäßig geringem Aufwand zu vermeiden. Es können jedoch nicht alle Störungen vermieden werden. Deshalb sollen Störungen im Rahmen der Störungsidentifizierung möglichst früh erkannt und bewertet werden. Alle Strategien und Maßnahmen, die als Reaktion auf Störungen angewandt werden, sind Bestandteil der Störungsbehandlung.[275] Die Bestandteile des Störungsmanagements sind in Abbildung 16 dargestellt. Insbesondere die Bausteine Störungsidentifizierung und Störungsbehandlung sind in Bezug auf den Umgang mit Störungen im Sinne dieser Arbeit (siehe Abschnitt 2.6.1) von Bedeutung.

Die Störungsidentifizierung hat die Bestandteile Prozessüberwachung, Prozessabweichungen analysieren, Prozessabweichungen bewerten sowie externe oder interne Störung melden. Die Prozessüberwachung stellt Abweichungen im Prozess gegenüber getroffenen Planungen fest. Die Analyse der Prozessabweichungen klärt die Signifikanz der Abweichung. Anschließend wird bei der Bewertung beurteilt, ob eine vernachlässigbare Abweichung vorliegt oder ob gehandelt werden muss. Wenn Handlungsbedarf besteht wird die externe bzw. interne Störung gemeldet.[276]

Der Prozess der Störungsbehandlung umfasst die Störungsanalyse, den Störungsvergleich sowie die ursachenbezogene Maßnahmenbestimmung und Behebung der

271 Vgl. Bockholt 2012, S. 49; Heins 2010, S. 38–39.
272 Vgl. z.B. Ullrich et al. 2013, S. 46.
273 Vgl. z.B. Tücks 2010, S. 57–59.
274 Vgl. Heins 2010, S. 38–40; Kampker und Tücks 2008, S. 209; Schuh et al. 2007, S. 71; Tücks 2010, S. 55–63.
275 Vgl. Bockholt 2012, S. 49-50 und 90-101. Die Betrachtung geschieht hier aus Sicht von Supply Chain Management. Die Bestandteile von Störungsmanagement sind jedoch allgemein gehalten und deshalb auch für den Anwendungsfall Produktionsanlauf gültig.
276 Vgl. Bockholt 2012, S. 97.

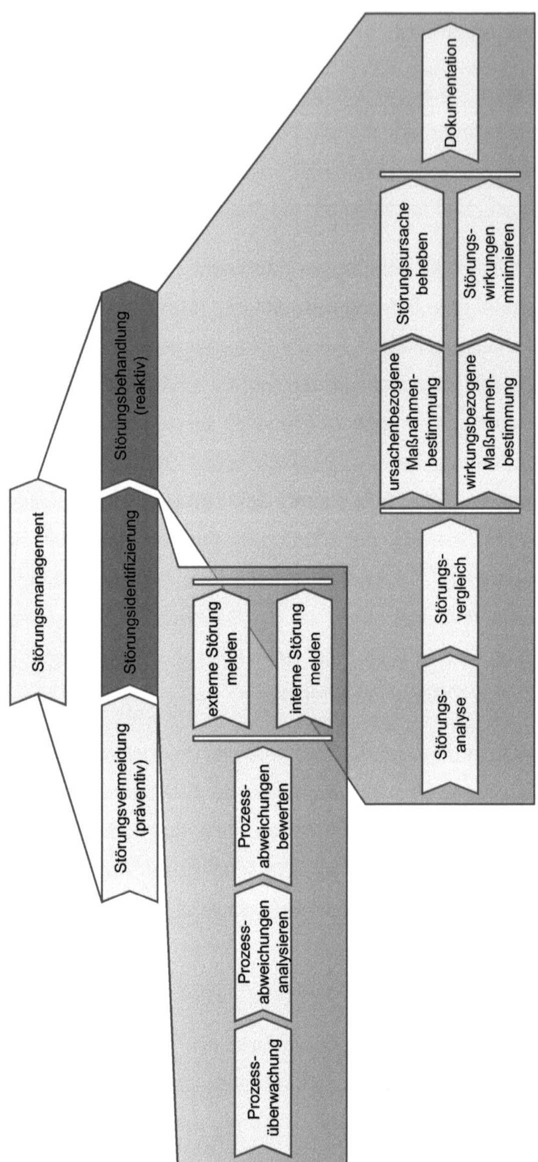

Abbildung 16: Bestandteile der Störungsidentifizierung und Störungsbehandlung[277]

Ursache bzw. die wirkungsbezogene Maßnahmenbestimmung und Minimierung der Wirkung. Abschließend findet die Dokumentation statt. Bei der Analyse der Störung

277 In Anlehnung an Bockholt 2012, S. 97 und 100.

wird zunächst eine Klassifizierung vorgenommen. Anschließend erfolgt ein Vergleich der aktuell vorliegenden Störung mit bereits dokumentierten Störungen aus der Vergangenheit auf Basis der Störungscharakteristika. Daraufhin können ursachenbezogene und wirkungsbezogene Maßnahmen bestimmt und umgesetzt werden. Beides kann parallel oder nacheinander erfolgen. Der Störungsverlauf wird zur zukünftigen Verbesserung der Störungsvermeidung und -behandlung dokumentiert.[278]

Der reaktive Teil von Störungsmanagement beschreibt und berücksichtigt den Umgang mit Störungen. Die spezifische Ausgestaltung für den Produktionsanlauf kann allerdings noch verbessert werden.

4.1.13 Systematischer Produktionsanlaufprozess

Li et al. entwickeln einen systematischen Produktionsanlaufprozess für Wertschöpfungsnetzwerke.[279]

Ziel des systematischen Produktionsanlaufprozesses ist es, zum einen eine vorhersagbare erste Produktionsmenge zu erreichen, und zum anderen einen schnellen Produktionsanlauf zu ermöglichen. Auf Basis von drei Casestudies wird ein Framework für Wertschöpfungsnetzwerke im Produktionsanlauf vorgeschlagen. Darauf aufbauend wird ein systematischer Produktionsanlaufprozess entwickelt.

Durch den systematischen Produktionsanlaufprozess soll verhindert werden, dass bei Störungssituationen nur schnelle Lösungen angewendet werden, ohne die eigentliche Ursache zu beheben. Außerdem werden wichtige Aktivitäten hervorgehoben, um potentielle Störungen zu identifizieren und zu beheben. Der tatsächliche Umgang mit Störungen im Produktionsanlauf, nachdem diese eingetreten sind, wird nicht explizit beleuchtet.

4.1.14 Task-force für den Produktionsanlauf

Task-forces für den Umgang mit Störungen im Produktionsanlauf werden in der Literatur von mehreren Autoren erwähnt.[280] Die Tiefe und Breite der jeweiligen Beschreibungen sind allerdings sehr unterschiedlich.

---

278 Vgl. Bockholt 2012, S. 100.
279 Vgl. Li et al. 2014. Quelle gilt für die gesamte Beschreibung des Ansatzes.
280 Siehe hierzu Dill 2003, S. 48–63; Leidig und Schmidt 2007, S. 112; Lincke 1995, S. 200; Schmahls 2001, S. 31–32.

Nach *Linke* hat eine Task-force das Ziel ein aktuelles Problem zu lösen und die Mitglieder kommen ausschließlich aus der Fachebene. Dabei besteht eine Task-force nur kurz (bis zu drei Monate) und hat während dieser Zeit häufig bzw. permanent Meetings.[281]

Leidig und Schmidt erwähnen Task-force als Tool während des Produktentwicklungsprozesses für die Zeit des Produktionsanlaufs.[282] Eine genauere Beschreibung wird jedoch nicht gegeben.

Dill nennt den Einsatz einer Task-force als zentrale Methode, um auf Störungen[283] schnell und in richtiger Art und Weise zu reagieren. Eine Task-force soll dabei entsprechende Reaktionen einleiten, sich aktiv um die Problemlösung kümmern und somit als „Lösungsfeuerwehr" agieren. Zudem werden einer Task-Force je nach Störungstyp unterschiedliche Team-Mitglieder und Verantwortungen zugewiesen.[284] Die konkrete Ausgestaltung und Beschreibung einer Task-force findet jedoch nicht statt.

Task-forces werden im Produktionsanlauf als Methode zum Umgang mit Störungen verwendet. Eine genaue Beschreibung oder Ausgestaltung fehlt allerdings.

4.1.15 Turbulenzreaktion im Produktionsanlauf

Dill stellt zum Management von Turbulenzen[285] im Produktionshochlauf frei konfigurierbare Reaktionsbausteine vor.[286]

Ziel der Turbulenzreaktion im Produktionsanlauf ist es, eine nachhaltige Problemlösung sicher zu stellen.

Dabei gliedert sich die Turbulenzreaktion in generische Prozess-, Ressourcen- und Steuerungsbausteine. Die Bausteine können je nach Situation ausgewählt und angepasst werden. Die Prozessbausteine beinhalten Vorgehensweisen zur Lösung

281 Vgl. Lincke 1995, S. 200.

282 Vgl. Leidig und Schmidt 2007, S. 112.

283 *Dill* benutzt den Begriff „Turbulenzen". *Dill* definiert Turbulenzen als Veränderungen im unternehmerischen Sinn, „die unerwartet bzw. entgegen der Erwartung eines Unternehmens eintreten." (Dill 2003, S. 8). Im Sinne der Störungsdefinition dieser Arbeit (siehe Abschnitt 2.6.1), können Turbulenzen als Störungen verstanden werden.

284 Vgl. Dill 2003, S. 48–63.

285 *Dill* definiert Turbulenzen als Veränderungen im unternehmerischen Sinn, „die unerwartet bzw. entgegen der Erwartung eines Unternehmens eintreten." (Dill 2003, S. 8). Im Sinne der Störungsdefinition dieser Arbeit (siehe Abschnitt 2.6.1), können Turbulenzen als Störungen verstanden werden.

286 Vgl. Dill 2003, S. 64–85. Quelle gilt für die gesamte Beschreibung des Ansatzes.

häufig vorkommender Turbulenzen im Produktionsanlauf und gliedern sich thematisch in Reaktionsprozess, Versuchsplanung, Qualifizierung und Qualitätsmanagement. In den Ressourcenbausteinen werden die notwendigen Ressourcen für die entsprechende Turbulenzreaktion behandelt und sie gliedern sich in Wissen und Mitarbeiter. In den Steuerungsbausteinen werden die Ziele der Turbulenzreaktion festgelegt und koordiniert. Sie sind in operative, strategische und normative Steuerung gegliedert.

Über die Prozessbausteine Reaktionsprozess und Qualitätsmanagement wird auf den Umgang mit Störungen im Produktionsanlauf eingegangen.

Nachdem die Methoden zum Umgang mit Störungen kurz beschrieben wurden, werden im Folgenden die Anforderungen an den Umgang mit Störungen im Produktionsanlauf erarbeitet.

4.2 Anforderungen an den Umgang mit Störungen im Produktionsanlauf

Aus den Dimensionen von Störungen (Abschnitt 2.6.1) lassen sich Eigenschaften von Störungssituationen und aus diesen wiederum Anforderungen an den Umgang mit Störungen ableiten (siehe Abbildung 17).

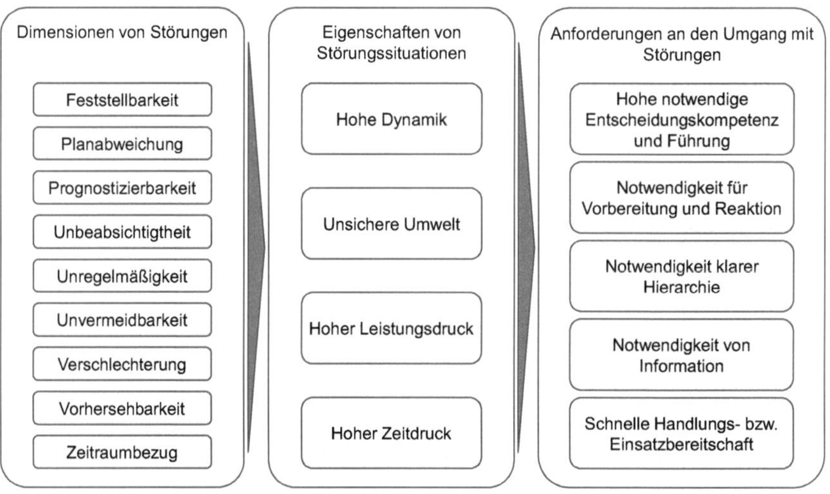

Abbildung 17: Anforderungen an den Umgang mit Störungen im Produktionsanlauf

Die **Dimensionen einer Störung** im Produktionsanlauf beschreiben eine Störung als eine feststellbare, zeitlich begrenzte Verschlechterung des geplanten Systemzustands in Form von quantitativen, qualitativen oder terminlichen Abweichungen. Eine Störung ist zeitlich nicht prognostizierbar, unbeabsichtigt, ungeplant und tritt unregelmäßig, aber mit einer bestimmten Wahrscheinlichkeit auf und lässt sich deshalb nicht vollständig vermeiden. Allerdings lassen sich Störungen hinsichtlich ihrer Ursache-Wirkzusammenhänge grundsätzlich vorhersehen. Es werden also Störungen im Produktionsanlauf auftreten,[287] jedoch kann nicht vorhergesagt werden, was genau wann eintreten wird.[288]

Bei einer Störungssituation liegt eine Störung im Produktionsanlauf vor. Das heißt, dass eine Zielabweichung des Produktionsanlaufs bereits festgestellt wurde. Die Störungssituation ist also geprägt von der ohnehin schon komplexen[289] und unsicheren Situation[290] des Produktionsanlaufs im Nicht-Störungsfall (siehe Abschnitt 2.4) und den Dimensionen von Störungen. Der Produktionsanlauf weist eine **hohe Dynamik** und eine Vielzahl von Schnittstellen zwischen beteiligten Personen, Organisationseinheiten und Unternehmen auf. Durch plötzlich auftretende Störungen wird die Dynamik erhöht,[291] weil sich die Situation innerhalb kurzer Zeit stark verändern kann und unter Umständen zusätzliche Beteiligte zur Behebung von Störungen notwendig sind. Zur Behebung von Störungen werden Informationen benötigt, die zu Beginn der Störungsbehebung noch nicht vorhanden sind. Der Informationsmangel im Produktionsanlauf wird also durch eingetretene Störungen vergrößert, wodurch wiederum die **Unsicherheit**[292] gesteigert wird. In Abschnitt 2.6.1 wurde darauf hingewiesen, dass quantitative, qualitative oder terminliche Abweichungen im Produktionsanlauf Verluste beim Gesamtumsatz im Lebenszyklus eines Produkts, der Gesamtperformance und der Gesamtanlageneffizienz zur Folge haben. Deshalb besteht im Störungsfall **hoher Leistungsdruck,** um die Auswirkungen von Störungen auf ein Minimum zu reduzieren und die Ziele des Produktionsanlaufs zu erreichen.[293] Des Weiteren herrscht **großer Zeitdruck**, weil eine schnelle Reaktion auf Störungen die Gesamtperformance des Produktionsanlaufs absichern kann.[294]

---

287 Vgl. Tücks 2010, S. 69.
288 Vgl. Gartzen 2012, S. 43.
289 Vgl. Denzler 2007, S. 52; Gong 2007, S. 14–16; Renner 2012, S. A-3 45-47.
290 Vgl. Renner 2012, S. A-3 48.
291 Vgl. Heins 2010, S. 12.
292 Unsicherheit im Produktionsanlauf ist definiert als die Differenz aus der Menge an Informationen, die zur Durchführung des Produktionsanlaufs benötigt werden, und der Menge an Informationen, die dem Anlaufteam zu Beginn zur Verfügung stehen. Siehe Abschnitt 2.4.
293 Vgl. Fitzek 2005, S. 59.
294 Vgl. Straub et al. 2006, S. 125.

Störungssituationen sind also gekennzeichnet durch

- **hohe Dynamik**,
- eine **unsichere Umwelt**,
- **hohen Leistungsdruck** und
- **hohen Zeitdruck**.

Aus den bisher dargestellten Zusammenhängen lassen sich Anforderungen für den Umgang mit Störungen ableiten. Anlaufmanagement ist ein **Führungsprozess,**[295] der beim Umgang mit Störungen, wie bereits beschrieben, durch hohen Leistungs- und Zeitdruck, Informationsmangel und viele Beteiligte charakterisiert ist. Es ist deshalb notwendig, schnelle, dezentrale **Entscheidungen** mit kurzen Entscheidungswegen ohne Qualitätsverlust zu treffen.[296] Störungen können außerdem plötzlich auftreten und sich bspw. aufgrund von hoher Dynamik verändern. Das erfordert zum einen eine schnelle die **Reaktion** auf eingetretene Störungen und zum anderen die **Vorbereitung** (Antizipation)[297] von Strukturen, damit diese Reaktion überhaupt möglich ist. Außerdem gilt es zu beachten, dass der Produktionsanlauf aufgrund der zahlreichen Aufgaben und Schnittstellen nicht von einer Instanz aus geleitet werden kann[298] und es für eine erfolgreiche Störungsbehebung, wie bereits beschrieben, notwendig ist, dezentrale Entscheidungen zu treffen und kurze Entscheidungswege zu realisieren. Es ist also in diesem Kontext wichtig, dass sich alle Beteiligten an verbindlich getroffene Absprachen halten und die gemeinsamen Planungen umgesetzt werden.[299] Daraus resultiert die Notwendigkeit von **klaren Hierarchien**. Der Informationsmangel bei der Behebung von Störungen wurde bereits thematisiert. Um damit umzugehen, müssen **relevante Informationen beschafft** werden. Zusätzlich ergibt sich aus dem beschriebenen Zeitdruck bei der Störungsbehebung die Anforderung der **schnellen Handlungs- bzw. Einsatzbereitschaft**, bei der neben der Entstörzeit auch die Meldezeit, Koordinations- und Wartezeit sowie die Diagnosezeit beim Umgang mit Störungen minimiert werden müssen.[300]

Die Anforderungen an den Umgang mit Störungen im Produktionsanlauf sind also

---

295 Vgl. Dombrowski und Hanke 2011b, S. 531.
296 Vgl. Schuh et al. 2007, S. 71. Siehe auch Abschnitt 2.5.3.
297 Vgl. Tücks 2010, S. 69.
298 Vgl. Schmitt et al. 2010, S. 318. Siehe auch Abschnitt 2.5.3.
299 Vgl. Homuth 2008, S. 83.
300 Vgl. Heil 1995, S. 75. Siehe auch Abschnitt 2.6.2.

- hohe notwendige Entscheidungskompetenz und Führung,
- Notwendigkeit für Vorbereitung und Reaktion,
- Notwendigkeit klarer Hierarchie,
- Notwendigkeit von Information und
- schnelle Handlungs- bzw. Einsatzbereitschaft.

Im Folgenden werden die identifizierten Methoden zum Umgang mit Störungen im Produktionsanlauf unter Berücksichtigung der Eigenschaften der Störungssituation und der Anforderungen an den Umgang mit Störungen bewertet.

4.3 Bewertung von Methoden zum Umgang mit Störungen im Produktionsanlauf

Zur Bewertung der Methoden wird jede Methode hinsichtlich der jeweiligen Berücksichtigung der Eigenschaften der Störungssituation und der erarbeiteten Anforderungen an den Umgang mit Störungen betrachtet. Eine Methode deckt den jeweiligen Aspekt ab, wenn dieser explizit berücksichtigt oder unterstützt wird. Welche Anforderungen eine Methode abdeckt und wie die jeweilige Anforderung erfüllt wird, ist in Tabelle 10 beschrieben. Nicht berücksichtigte Aspekte werden in der Tabelle nicht aufgeführt. Die berücksichtigten Eigenschaften der Störungssituation sind zur besseren Unterscheidung fett gedruckt.

Tabelle 10: Berücksichtigung der Eigenschaften der Störungssituation und der Anforderungen an den Umgang mit Störungen durch die identifizierten Methoden

Methode	Berücksichtigung*	Beschreibung
*Die berücksichtigten Eigenschaften der Störungssituation sind zur besseren Unterscheidung fett gedruckt.		
Analyse von Störungen im Produktions-anlauf	Notwendigkeit von Information	Wesentliche Informationen für notwendige Entscheidungen werden aufbereitet und Zusammenhänge dargestellt. Die anschließende Entscheidung ist jedoch nicht mehr Bestandteil dieses Ansatzes.
Änderungs-management im Produktions-anlauf	Notwendigkeit für Vorbereitung und Reaktion	Der Änderungsprozess wird erarbeitet und im Rahmen des Änderungsmanagements durchgeführt.
	Notwendigkeit von Information	Änderungen werden erarbeitet, alle Beteiligten darüber informiert und die Änderungen werden dokumentiert.

Methode	Berücksichtigung*	Beschreibung
*Die berücksichtigten Eigenschaften der Störungssituation sind zur besseren Unterscheidung fett gedruckt.		
Entscheidungs-unterstützung im Produktions-anlauf	**Hohe Dynamik**	Berücksichtigung durch das computer-gestützte Berechnungsmodell, das mit menschlicher Expertise angereichert wird, und zusätzlich noch Änderungen im Produktionsanlauf unterstützt.
	Hohe notwendige Entscheidungs-kompetenz und Führung	
	Notwendigkeit von Information	
Externe Unterstützungs-teams für den Produktions-anlauf	**Hohe Dynamik**	Externe Unterstützungsteams sollen flexibel das Abnahmemanagement unterstützen.
	Notwendigkeit klarer Hierarchie	Es sollen ungenaue Kompetenzzuweisungen sowie mangelnde Koordination und Kontrolle behoben werden.
	Notwendigkeit von Information	Es wird die Verwendung einer zentralen Datenbank gefordert.
Kontinuierliche Fehlerdiagnose im Produktions-anlauf	Notwendigkeit von Information	Unter Verwendung des Rough Set Approach können durch die Messung von Prozessvariablen Störungen auch bei ungenauen Daten identifiziert werden.
Krisenmanage-ment im Produk-tionsanlauf	Notwendigkeit für Vorbereitung und Reaktion	Verwendung der Elemente Krisenvorsorge (rechtzeitiges Erkennen, etablieren von Notfallkonzepten) und Krisenbewältigung (Wiederherstellung der Handlungsbereitschaft)
	Notwendigkeit von Information	
Performance-messung im Pro-duktionsanlauf	Hohe notwendige Entscheidungs-kompetenz und Führung	Es werden Kennzahlen von Montagestationen erhoben.
	Notwendigkeit von Information	
Problem- und Schnittstellen-charakterisierung im Produktions-anlauf	Notwendigkeit von Information	Störungen werden nach Ressourcen und Ursachen klassifiziert.

Methode	Berücksichtigung*	Beschreibung
*Die berücksichtigten Eigenschaften der Störungssituation sind zur besseren Unterscheidung fett gedruckt.		
Problemlösung und Stabilisierung im Produktionsanlauf	**Hohe Dynamik**	Es wird Flexibilität beim Umgang mit Störungen gefordert.
	Hohe notwendige Entscheidungskompetenz und Führung	Verwendung der Instrumente PDCA[301] (Ziel: Systematische Bearbeitung von Problemen) und 5W[302] (Ziel: Lösungsfindung durch gründliches Hinterfragen)
	Notwendigkeit für Vorbereitung und Reaktion	Verwendung des Instruments PDCA (Ziel: Systematische Bearbeitung von Problemen)
	Notwendigkeit von Information	Verwendung der Instrumente BVW[303] (Ziel: Nutzung des Ideenpotentials der Mitarbeiter), 5M/7M[304] (Ziel: Klärung möglicher Problemursachen), 7W[305] (Ziel: Aufdecken aller Ursachen eines Problems) und 5W (Ziel: Lösungsfindung durch gründliches Hinterfragen)
Quality Gates im Produktionsanlauf	**Hoher Zeitdruck**	Es werden Sofortmaßnahmen zur Reaktion auf Abweichungen und vorbereitete Reaktionspläne gefordert.
	Hohe notwendige Entscheidungskompetenz und Führung	
	Notwendigkeit für Vorbereitung und Reaktion	
	Schnelle Handlungs- bzw. Einsatzbereitschaft	

301 Instrument: Plan, Do, Check, Act (vgl. Bruns 2010, S. 186).

302 Instrument: 5 maliges Fragen nach „Warum" (vgl. Bruns 2010, S. 186).

303 Instrument: Betriebliches Vorschlagswesen (vgl. Bruns 2010, S. 186).

304 Instrument zur Überprüfung der 5 bzw. 7 möglichen Problemquellen:
5M: Mensch/ Maschine/ Material/ Methode/ Mitwelt
7M: Mensch/ Maschine/ Material/ Methode/ Mitwelt/ Management/ Messbarkeit (vgl. Bruns 2010, S. 186).

305 Instrument zur Identifikation von Problemursachen durch Fragen von:
Was ist zu tun?/ Wer macht es?/ Warum macht er es?/ Wie wird es gemacht?/ Wann wird es gemacht?/ Wo soll es getan werden?/ Wieso wird es nicht anders gemacht? (vgl. Bruns 2010, S. 186).

<table>
<tr><th>Methode</th><th>Berücksichtigung*</th><th>Beschreibung</th></tr>
<tr><td colspan="3">*Die berücksichtigten Eigenschaften der Störungssituation sind zur besseren Unterscheidung fett gedruckt.</td></tr>
<tr><td rowspan="3">Reaktionssystem in ProactAS</td><td>Hohe notwendige Entscheidungs-kompetenz und Führung</td><td rowspan="3">Es werden Reaktionsmaßnahmen und ein semantisches Wissensnetz gefordert.</td></tr>
<tr><td>Notwendigkeit für Vorbereitung und Reaktion</td></tr>
<tr><td>Notwendigkeit von Information</td></tr>
<tr><td rowspan="3">Störungs-management</td><td>Hohe notwendige Entscheidungs-kompetenz und Führung</td><td>Berücksichtigung durch die Prozessbausteine „Prozessabweichungen bewerten“ und „ursachen- bzw. wirkungsbezogene Maßnahmenbestimmung“</td></tr>
<tr><td>Notwendigkeit für Vorbereitung und Reaktion</td><td>Vorbereitung wird durch die Dokumentation berücksichtigt. Die gesamte Störungsbehandlung fokussiert die Reaktion.</td></tr>
<tr><td>Notwendigkeit von Information</td><td>Berücksichtigung durch die Analyse-, Bewertungs- und Vergleichsbausteine</td></tr>
<tr><td>Systematischer Produktions-anlaufprozess</td><td>Notwendigkeit für Vorbereitung und Reaktion</td><td>Der Fokus liegt klar auf dem vorbereitenden Aspekt durch die Verwendung eines Prozessmodells. Die Reaktion auf Störungen wird durch eine Ursachenanalyse unterstützt.</td></tr>
<tr><td rowspan="3">Task-force für den Produktions-anlauf</td><td>Hoher Zeitdruck</td><td rowspan="3">Der Ansatz ist eine flexible und schnelle Möglichkeit, um auf Störungen zu reagieren.</td></tr>
<tr><td>Notwendigkeit für Vorbereitung und Reaktion</td></tr>
<tr><td>Notwendigkeit klarer Hierarchie</td></tr>
<tr><td rowspan="5">Turbulenzreaktion im Produktions-anlauf</td><td>Hoher Zeitdruck</td><td rowspan="4">Berücksichtigung durch die Prozessbausteine Reaktionsprozess und Qualitätsmanagement sowie die Ressourcenbausteine Wissen und Mitarbeiter</td></tr>
<tr><td>Hohe notwendige Entscheidungs-kompetenz und Führung</td></tr>
<tr><td>Notwendigkeit für Vorbereitung und Reaktion</td></tr>
<tr><td>Notwendigkeit klarer Hierarchie</td></tr>
<tr><td>Notwendigkeit von Information</td><td>Berücksichtigung durch den Ressourcenbaustein Wissen</td></tr>
</table>

Tabelle 11: Übersicht der jeweiligen Methodenabdeckung in Bezug auf die Eigenschaften der Störungssituation und die Anforderungen zum Umgang mit Störungen im Produktionsanlauf

Methode deckt ab		Eigenschaften von Störungs-situationen				Anforderungen an den Umgang mit Störungen				
		Hohe Dynamik	Unsichere Umwelt	Hoher Leistungsdruck	Hoher Zeitdruck	Hohe notwendige Entscheidungs-kompetenz und Führung	Notwendigkeit für Vorbereitung und Reaktion	Notwendigkeit klarer Hierarchie	Notwendigkeit von Information	Schnelle Handlungs- bzw. Einsatzbereitschaft
1	Analyse von Störungen im PA								x	
2	Änderungsmanagement im PA						x		x	
3	Entscheidungsunterstützung im PA	x				x			x	
4	Externe Unterstützungsteams für den PA	x						x	x	
5	Kontinuierliche Fehlerdiag-nose im Produktionsanlauf								x	
6	Krisenmanagement im PA						x		x	
7	Performancemessung im Produktionsanlauf					x			x	
8	Problem- und Schnittstellen-charakterisierung im PA								x	
9	Problemlösung und Stabilisie-rung während des PA	x				x	x		x	
10	Quality Gates im PA				x	x	x			x
11	Reaktionssystem in ProactAS					x	x		x	
12	Störungsmanagement					x	x		x	
13	Systematischer Produktions-anlaufprozess						x			
14	Task-force für den PA				x		x	x		
15	Turbulenzreaktion im PA				x	x	x	x	x	

PA = Produktionsanlauf

Tabelle 11 zeigt eine Übersicht über die jeweilige Abdeckung der Eigenschaften der Störungssituation und der Anforderungen zum Umgang mit Störungen im Produktionsanlauf durch die betrachteten Methoden.

Die Bewertung der Methoden zum Umgang mit Störungen im Produktionsanlauf zeigt, dass der Hauptfokus der betrachteten Konzepte auf dem **Informationsaspekt** liegt und dieser Aspekt somit in der Theorie berücksichtigt wird. Zudem werden die Anforderungen **hohe notwendige Entscheidungskompetenz und Führung** sowie **Notwendigkeit für Vorbereitung und Reaktion** in der Literatur behandelt.

Die Anforderungen **hohe Dynamik**, **hoher Zeitdruck**, **Notwendigkeit von Hierarchie** und **schnelle Handlungs- bzw. Einsatzbereitschaft** werden nur am Rande und nicht schwerpunktmäßig betrachtet. Methoden, die die Anforderungen bzgl. der **unsicheren Umwelt** und des **hohen Leistungsdrucks** explizit adressieren, fehlen in der Literatur.

Nachdem die in der Literatur bestehenden Methoden zum Umgang mit Störungen im Produktionsanlauf identifiziert und bewertet wurden, ist festzustellen, dass besonders in Bezug auf **hohe Dynamik**, **unsichere Umwelt**, **hohen Leistungsdruck**, **hohen Zeitdruck**, **Notwendigkeit von Hierarchie und schnelle Handlungs- bzw. Einsatzbereitschaft** Handlungsbedarf besteht.

Um diese Lücke zu schließen, werden im Folgenden die Methoden, die Einsatzorganisationen beim Umgang mit Einsätzen verwenden, identifiziert und in analoger Art und Weise analysiert.

5 Methoden von Einsatzorganisationen bei der Durchführung von Einsätzen

Im folgenden Kapitel wird zuerst definiert, was unter Einsatzorganisationen im Kontext dieser Arbeit verstanden wird, und erläutert, weshalb sie sich für die Adaption von Methoden auf den Produktionsanlauf eignen.

Anschließend wird das Vorgehen bei der Erhebung der Methoden von Einsatzorganisationen mittels Experteninterviews beschrieben. Darauf aufbauend werden die in den Experteninterviews identifizierten Methoden für den Umgang mit Einsätzen dargestellt und in analoger Weise wie die Methoden zum Umgang mit Störungen im Produktionsanlauf bewertet.

Abschließend wird die Eignung der Methoden für den Umgang mit Einsätzen bzgl. der Adaption auf den Produktionsanlauf überprüft.

Damit werden Forschungsfrage III und IV beantwortet: Welche Methoden verwenden Einsatzorganisationen bei der Durchführung von Einsätzen? Welche Methoden von Einsatzorganisationen sind für eine Adaption auf den Produktionsanlauf geeignet?

5.1 Definition von Einsatzorganisationen

Einsatzorganisationen sind Organisationen (wie z.B. Feuerwehr, Polizei, Rettungsdienst, Bundesanstalt Technisches Hilfswerk[306]),

- die ihre Leistungen „in dringlichen Situationen zur Erhaltung und Wiederherstellung der normalen Lebensführung oder gar des menschlichen Überlebens“[307] erbringen und
- „...die auch in unbekannten Situationen unter Einfluss von Stress, Zeitdruck, Entscheidungsdruck und der Bedingung unvollständiger Informationen in der Lage sind, kurzfristig und zügig situationsgerechte Entscheidungen zu treffen. Dadurch sichern sie ein flexibles und an die jeweilige Umweltsituation angepasstes Verhalten, das gleichzeitig hocheffizient ist.“[308]

306 Abkürzung für „Bundesanstalt Technisches Hilfswerk“: THW.
307 Bruderer 1978, S. 6.
308 Mistele und Kirpal 2006, S. 2.

Der Kern der Leistungserstellung von Einsatzorganisationen ist die Durchführung von Einsätzen. Abbildung 18 zeigt ein Modell der Leistungserstellung von Einsatzorganisationen, das Einsatzorganisationen als Dienstleister betrachtet.

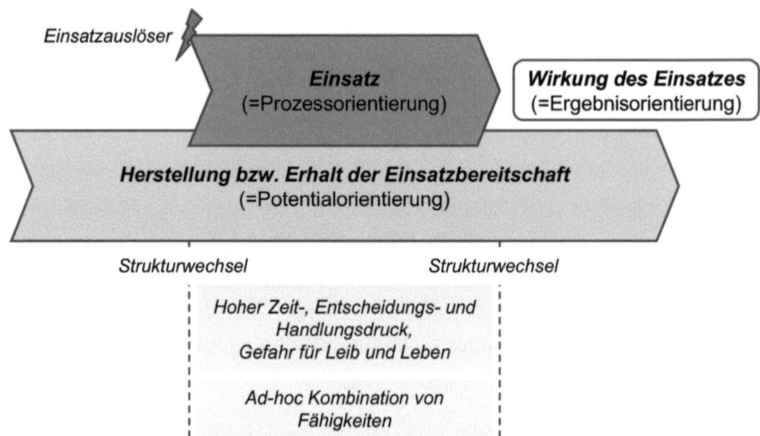

Abbildung 18: Modell zur Leistungserstellung von Einsatzorganisationen als Dienstleister[309]

Die Potentialorientierung von Einsatzorganisationen, also die Fähigkeit und Bereitschaft der Dienstleistungsausübung, spiegelt sich in der Phase der Herstellung bzw. des Erhalts der Einsatzfähigkeit wider. Es muss sowohl die personelle (entsprechende Ausbildung und in Übung Haltung des Personals) aus auch die materielle Einsatzbereitschaft (Funktionsfähigkeit des erforderlichen Materials) gewährleistet sein. Für die eigentliche Leistungserbringung (Durchführung von Einsätzen) sind spezifische Einsatzstrukturen, Prozesse und (Führungs-)Verfahren erforderlich. Zur Sicherstellung der Funktionsfähigkeit kommt es beim Übergang zum Einsatz zu einem Wechsel der Organisationsstruktur. Der konkrete Einsatz stellt aus prozessorientierter Perspektive die eigentliche Dienstleistung dar und wird am Einsatzort erbracht. Das Ergebnis des Einsatzes kann aus ergebnisorientierter Perspektive als Wirkung des Dienstleistungsprozesses beschrieben werden.[310]

Ein Einsatz ist eine „... durch Auftrag, Befehl oder eigenen Entschluss ausgelöste und der Gefahrenabwehr oder Schadensbekämpfung dienende Tätigkeit von Kräften (einzelnen Personen, Einheiten oder Verbänden) der gesetzlich dazu berufenen Be-

---

[309] In Anlehnung an Kern und Hartung 2013, S. 116.
[310] Vgl. Kern und Hartung 2013, S. 115–116.

hörden, Einsatzorganisationen oder sonstigen Einrichtungen."[311] Einsatzauslöser sind häufig nicht prognostizierbare Ereignisse.[312]

Im Folgenden wird erläutert, weshalb sich Einsatzorganisationen für eine Adaption von Methoden auf den Umgang mit Störungen im Produktionsanlauf eignen.

5.2 Eignung von Einsatzorganisationen für die Methodenadaption

Einige Ausdrücke, die in der Literatur zum Produktionsanlauf verwendet werden, sind auch im Kontext von Einsatzorganisationen zu finden. Beispielsweise werden Taskforces im Produktionsanlauf verwendet.[313] Der Begriff Task-force (oder auch Einsatzgruppe) hat seinen Ursprung im Militär und beschreibt ursprünglich einen temporären Zusammenschluss von verschiedenen Einheiten der US Navy, um einen bestimmten Auftrag durchzuführen, und stammt aus der Zeit des Zweiten Weltkrieges.[314] *TOM et al.* vergleichen Projektmanagement im Produktionsanlauf mit „schnellen Einsatzgruppen" in Krisenzeiten.[315] Zudem verwendet *ALMGREN* den Begriff „wartime" im Kontext des Umgangs mit Störungen im Produktionsanlauf.[316]

Diese in der Produktionsanlauf Literatur gefundenen Hinweise zu Parallelen mit Einsatzorganisationen sind allerdings als erste Indizien zu verstehen. Eine fundierte und plausible Vergleichbarkeit einer Störungssituation des Produktionsanlaufs und eines Einsatzes kann daraus noch nicht abgeleitet werden.

Zur besseren Beurteilung, ob eine Vergleichbarkeit der Situationen besteht und deshalb eine Adaption von Methoden möglich und sinnvoll ist, wird zunächst die Einsatzsituation von Einsatzorganisationen mit einer Störung im Produktionsanlauf anhand der Anforderungen an den Umgang mit Störungen im Produktionsanlauf (siehe Abschnitt 4.2 und Tabelle 12) verglichen.

Der Vergleich wurde auf Basis von Literatur durchgeführt. Für den Bereich Produktionsanlauf wurden die Eigenschaften einer Störungssituation und die Anforderungen an den Umgang mit Störungen bereits hergeleitet (siehe Abschnitt 4.2). Um diese für Einsätze ebenso zu beschreiben, wurde analog zur Recherche bzgl. Störungen im

[311] Jachs 2011, S. 190.
[312] Vgl. Kern und Hartung 2013, S. 117.
[313] Vgl. Abschnitt 3.1.2 und 4.1.14.
[314] Vgl. Pacific Valka 2015; Wikipedia 2015.
[315] Vgl. Tom et al. 2008, S. 71.
[316] Vgl. Almgren 2000, S. 4580–4581.

Produktionsanlauf (siehe Abschnitt 3.1.1) vorgegangen und zum Thema Einsatzorganisationen eine Literaturrecherche durchgeführt.

Die verwendeten Suchbegriffe waren *Einsatz*, *Einsatzorganisation*, *Emergency* und *Emergency organisation*. Diese Suche führte zu 116 relevanten Treffern. Zusätzlich wurden noch Gesetze und Dienstvorschriften von Feuerwehr, Polizei, Rettungsdienst und der Bundesanstalt Technisches Hilfswerk berücksichtigt. Die staatshoheitlichen Aufgaben Brandschutz, öffentliche Sicherheit und Ordnung sowie Notfallrettung ist vom Bund auf die Länder und von diesen teilweise weiter an die Kommunen delegiert. Deshalb wurden bei Feuerwehr, Polizei und Rettungsdienst die gültigen Dokumente des Freistaats Bayern verwendet, um untereinander konsistente Gesetze und Dienstvorschriften zu verwenden. Da die Bundesanstalt Technisches Hilfswerk eine bundesweit agierende Einsatzorganisation ist, gibt es hier nur eine bundesweit gültige Vorschriftenlage.

Die identifizierte Literatur wurde hinsichtlich der Spezifika von Einsätzen ausgewertet. Tabelle 12 stellt die Eigenschaften bzw. Anforderungen an den Umgang mit Störungen im Produktionsanlauf Einsatzsituationen von Einsatzorganisationen gegenüber.

Die Gegenüberstellung zeigt, dass Störungssituationen und Einsatzsituationen bezogen auf die erarbeiteten Anforderungen aus Abschnitt 4.2 viele Parallelen aufweisen.

Die Situationen sind bzgl. *hoher Dynamik*, *unsicherer Umwelt*, ho*hem Leistungs- und Zeitdruck* ähnlich. Bei Einsätzen ist hier die Gefahr für menschliches Leben als Besonderheit zu betonen.

Die Notwendigkeit an *Entscheidungskompetenz und Führung*, *Vorbereitung und Reaktion*, *klaren Hierarchien*, *Information* und *schneller Handlungs- bzw. Einsatzbereitschaft* besteht sowohl im Produktionsanlauf als auch bei Einsätzen von Einsatzorganisationen. Einsatzorganisationen haben allerdings in Bezug auf *Entscheidungskompetenz und Führung*, *Vorbereitung und Reaktion*, *klaren Hierarchien* und *schneller Handlungs- bzw. Einsatzbereitschaft* etablierte Vorgehensweisen und Systeme.[317]

[317] Vgl. Bayrisches Rotes Kreuz 2009; Bundesanstalt Technisches Hilfswerk 1999; Decker 1996, S. 3–4; Jachs 2011, S. 179-189 und 192-197; Mistele 2007, S. 158–161; Staatliche Feuerwehrschule Würzburg 1999.

Tabelle 12: Vergleich von Störungen im Produktionsanlauf mit Einsatzsituationen von Einsatzorganisationen

	Eigenschaften/ Anforderungen	Störungen	Einsätze
Eigenschaften der Situation	**Hohe Dynamik**	• Große Dynamik[318] • Störungen werden eintreten[319] • Eintrittszeitpunkt einer Störung ist nicht vorhersehbar[320]	• Dynamische Umwelt[321] • Plötzliche unerwartete Ereignisse[322] • Begrenzte Vorhersagbarkeit[323]
	Unsichere Umwelt	• Unsichere und instabile Situation[324] • Beschränkte Ressourcen und interdisziplinäres Teamwork[325]	• Unsichere, intransparente Einsatzlage[326] • Eigengefahr und hohes Risiko[327] • Große Schadensauswirkung, hohes Risiko, möglicher Massenanfall an Verletzten, Ressourcenknappheit, Störung der Infrastruktur, Interessenskonflikte, verschiedene Verantwortlichkeiten und massive Beteiligung von Menschen[328]
	Hoher Leistungsdruck	• Reduzierung der Auswirkungen auf ein Minimum[329]	• Großer Leistungs- und Erfolgsdruck[330]
	Hoher Zeitdruck	• Schnelle Reaktion wichtig für die Gesamtperformance[331]	• Großer Zeitdruck und hohe Dringlichkeit[332]

318 Vgl. Heins 2010, S. 12.
319 Vgl. Tücks 2010, S. 69
320 Vgl. Gartzen 2012, S. 43.
321 Vgl. Decker 1996, S. 3–4; Mistele 2007, S. 120–121.
322 Vgl. Chen et al. 2008, S. 68.
323 Vgl. Decker 1996, S. 3–4.
324 Vgl. Dombrowski und Hanke 2011a, S. 333.
325 Vgl. Heins 2010, S. 12.
326 Vgl. Chen et al. 2008, S. 68; Hackstein 2009, S. 462; Mistele 2007, S. 122.
327 Vgl. Hackstein 2009, S. 462; Harvard Business Review 2010, S. 65; Mistele 2007, S. 128.
328 Vgl. Chen et al. 2008, S. 68.
329 Vgl. Fitzek 2005, S. 59.
330 Vgl. Decker 1996, S. 3–4; Harvard Business Review 2010, S. 65; Staatliche Feuerwehrschule Würzburg 1999, S. 7.
331 Vgl. Straub et al. 2006, S. 125.
332 Vgl. Chen et al. 2008, S. 68; Decker 1996, S. 3–4; Hackstein 2009, S. 462; Mistele 2007, S. 121.

Eigenschaften/ Anforderungen		Störungen	Einsätze
Anforderungen an den Umgang	**Hohe notwendige Entscheidungs-kompetenz und Führung**	• Schnelles und dezentrales treffen von Entscheidungen mit kurzen Entscheidungswegen ohne Qualitätsverlust[333] • Anlaufmanagement ist ein Führungsprozess[334]	• Hohe Entscheidungskompetenz unter großem Druck und großer Verantwortung[335] • Standardisierter und gut trainierter Führungsprozess[336]
	Notwendigkeit für Vorbereitung und Reaktion	• Berücksichtigung von Vorbereitung (Antizipation) und Reaktion[337]	• Vorbereitung: Konsequente Übung von Notfallszenarios[338] • Reaktion: Alarmierungsstrukturen und Notfallhandlung[339]
	Notwendigkeit klarer Hierarchie	• Alle Beteiligten müssen sich an Absprachen halten und die gemeinsamen Planungen umsetzen[340]	• Klare hierarchische Strukturen sind etabliert[341]
	Notwendigkeit von Information	• Kommunikationsdefizite und fehlende Informationen sind festzustellen[342]	• Hoher Bedarf an aktuellen Informationen[343] • Suboptimale Informations-versorgung[344]
	Schnelle Handlungs- bzw. Einsatzbereitschaft	• Entstörzeit, Meldezeit, Koordinations- und Wartezeit sowie Diagnosezeit sind zu minimieren[345]	• Schnelle Einsatzbereitschaft aufgrund plötzlichen Notfalls[346]

Neben dem Vergleich der Situationen einer Störung und eines Einsatzes anhand der Eigenschaften und der Anforderungen an den entsprechenden Umgang damit, wurde zudem der jeweilige Verlauf gegenübergestellt.

333 Vgl. Schuh et al. 2007, S. 71.
334 Vgl. Dombrowski und Hanke 2011b, S. 531.
335 Vgl. Decker 1996, S. 3–4.
336 Vgl. Bayrisches Rotes Kreuz 2009; Bundesanstalt Technisches Hilfswerk 1999; Staatliche Feuerwehrschule Würzburg 1999.
337 Vgl. Tücks 2010, S. 69.
338 Vgl. Jachs 2011, S. 179–189.
339 Vgl. Jachs 2011, S. 192–197.
340 Vgl. Homuth 2008, S. 83.
341 Vgl. Bayerische Staatsregierung 2008; Bayrisches Rotes Kreuz 2009; Mistele 2007, S. 158–161; Staatliche Feuerwehrschule Würzburg 1999.
342 Vgl. Monego et al. 2011, S. 188–189.
343 Vgl. Chen et al. 2008, S. 68.
344 Vgl. Mistele 2007, S. 122–123; Staatliche Feuerwehrschule Würzburg 1999, S. 7.
345 Vgl. Heil 1995, S. 75.
346 Vgl. Decker 1996, S. 3–4.

Wie Abbildung 19 und Abbildung 20 zeigen, weisen auch die Verläufe der Störungsbehebung und eines Einsatzes große Ähnlichkeiten auf.

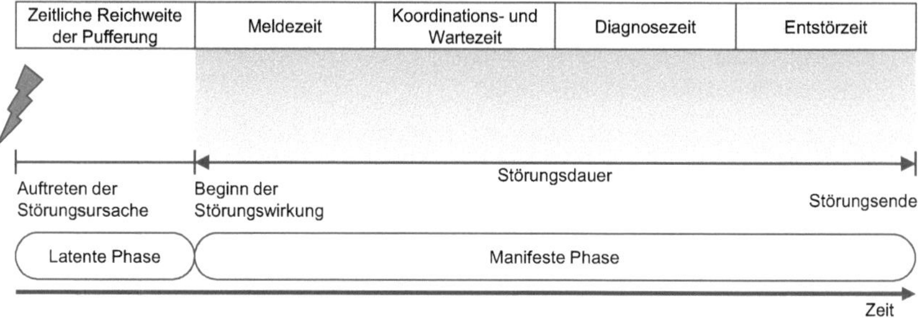

Abbildung 19: Verlauf einer Störungsbehebung im Produktionsanlauf[347]

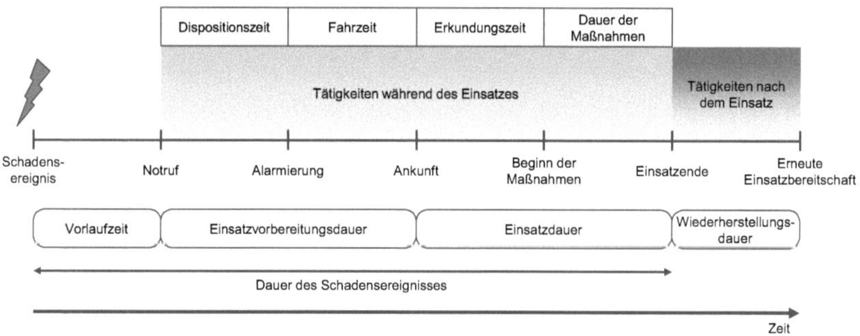

Abbildung 20: Verlauf eines Einsatzes von Einsatzorganisationen[348]

Sowohl der Verlauf einer Störung als auch der Verlauf eines Einsatzes beginnen mit einem auslösendem Ereignis (Störungsursache/ Schadensereignis). Daran schließt sich ein Zeitraum an, an dem die Störung bzw. der Schaden vorhanden ist aber noch keine weiteren Handlungen geschehen (zeitliche Reichweite der Pufferung/ Vorlaufzeit). In beiden Verläufen werden daraufhin vier Phasen durchlaufen, die ähnliche Ziele haben:

- Meldezeit/ Dispositionszeit: Das System für die Ergreifung von Maßnahmen wird aktiviert und die ersten Mitarbeiter bzw. Kräfte werden alarmiert.

[347] In Anlehnung an Heil 1995, S. 72.
[348] In Anlehnung an Vergeiner 1999, S. 54.

- Koordinations- und Wartezeit/ Fahrzeit: Die ersten Mitarbeiter bzw. Kräfte begeben sich an den Ort der Störung/ des Schadens und weitere Koordination findet statt.
- Diagnosezeit/ Erkundungszeit: Die Störung/ der Schaden wird analysiert und ein Handlungsplan wird entwickelt.
- Entstörzeit/ Dauer der Maßnahmen: Maßnahmen zum Beheben der Störung/ des Schadens werden durchgeführt.

Abschließend führen Einsatzorganisationen noch Tätigkeiten nach dem Einsatz durch, durch die die Einsatzbereitschaft wieder hergestellt und aus dem absolvierten Einsatz gelernt wird.

Es wurde gezeigt, dass sich bei der Störungsbehebung im Produktionsanlauf und Einsätzen von Einsatzorganisationen anhand der Eigenschaften und Anforderungen sowie der Verläufe Parallelen aufzeigen lassen. Daraus wird gefolgert, dass Methoden zum Umgang mit Einsätzen von Einsatzorganisationen prinzipiell auf den Umgang mit Störungen im Produktionsanlauf übertragbar sind.

Das Durchführen von Einsätzen stellt die Kernkompetenz von Einsatzorganisationen dar. Der Umgang mit Störungen im Produktionsanlauf ist nicht die Kernkompetenz von produzierenden Unternehmen. Aufgrund der Vergleichbarkeit der Situationen bietet es sich also für den Umgang mit Störungen im Produktionsanlauf an, von der Kernkompetenz von Einsatzorganisationen durch eine Adaption von Methoden zu lernen.

Ziel der Adaption ist es, die identifizierten Lücken im Umgang mit Störungen im Produktionsanlauf (siehe Abschnitt 4.3) mit Hilfe von passenden Methoden von Einsatzorganisationen zu schließen.

Im Folgenden werden die Methoden, die Einsatzorganisationen verwenden, um Einsätze durchzuführen, identifiziert und daraufhin analog zu den Methoden für den Umgang mit Störungen im Produktionsanlauf bewertet. Jede Methode wird also hinsichtlich der jeweiligen Berücksichtigung der erarbeiteten Eigenschaften und Anforderungen von Einsätzen betrachtet.

5.3 Empirische Erhebung der Methoden für die Durchführung von Einsätzen

Wie bereits in Abschnitt 1.2 beschrieben wurden zur Beantwortung von Forschungsfrage III *„Welche Methoden verwenden Einsatzorganisationen bei der Durchführung von Einsätzen?“* Experteninterviews durchgeführt und diese anschließend mit Hilfe der qualitativen Inhaltsanalyse nach *Gläser und Laudel* analysiert.[349]

Im folgenden Abschnitt wird zunächst die Erstellung des Interviewleitfadens beschrieben. Im Anschluss daran wird die Durchführung der Interviews kurz dargestellt und das Vorgehen bei der Analyse der Interviews erläutert. Die Ergebnisse der Experteninterviews sind Inhalt des letzten Unterkapitels.

5.3.1 Erstellung des Interviewleitfadens

Ziel der Experteninterviews ist es, Informationen zur Beantwortung von Forschungsfrage III *„Welche Methoden verwenden Einsatzorganisationen bei der Durchführung von Einsätzen?“* zu erhalten. Diese Forschungsfrage stellt die Leitfrage für die durchgeführten Experteninterviews dar. Die Leitfrage beinhaltet zwei Aspekte. Zum einen muss beantwortet werden, welche Methoden Einsatzorganisationen bei Einsätzen anwenden, und zum anderen welche Einsätze die jeweilige Einsatzorganisation durchführt. Das soll es ermöglichen zu identifizieren welche Methoden bei welchen Einsätzen zur Anwendung kommen und ob bestimmte Methoden für bestimmte Sachverhalte oder Problemstellungen angewandt werden.

Die Experteninterviews wurden in Form von Leitfadeninterviews mit offenen Fragestellungen geführt. Der Interviewleitfaden bildet dabei eine Art Grundgerüst für die Befragung, und lässt dabei Freiheit bzgl. der genauen Reihenfolge und Form der Fragen. Der Leitfaden ist die Operationalisierung der Leitfrage in Interviewfragen, die wiederum an den Alltag des Interviewpartners angepasst sind.[350]

Der Leitfaden wurde auf Basis der in Abschnitt 5.2 durchgeführten Literaturrecherche erstellt und soll dabei helfen, beide Aspekte von Forschungsfrage III zu beantworten. Er ist deshalb wie folgt aufgebaut:

---

[349] Vgl. Gläser und Laudel 2010, S. 197–260.
[350] Vgl. Gläser und Laudel 2010, S. 142–143.

- Einführung
- Frage 1:
  Mit welchen Einsätzen sind Sie regelmäßig konfrontiert?
- Frage 2:
  Welche Methoden verwenden Sie, um mit Einsätzen umgehen zu können?
- Frage 3:
  Verwenden Sie bestimmte Methoden für bestimmte Typen von Einsätzen?
- Abschluss

In der Einführung werden der Interviewpartner begrüßt, das Forschungsprojekt vorgestellt, das Vorgehen während des Interviews abgestimmt und die Rahmenbedingungen geklärt.

Frage 1 hat das Ziel die unterschiedlichen Einsätze der jeweiligen Einsatzorganisationen mit ihren Spezifika zu erheben. Dabei soll festgestellt werden, ob es spezifische Unterteilungen und Einsatzarten gibt. Zudem werden die Schwerpunkte bzw. Häufigkeiten der Einsatzarten abgefragt.

Frage 2 stellt die Hauptfrage des Experteninterviews dar. Sie hat den Zweck die Methoden, die bei Einsätzen verwendet werden, hinsichtlich Ziel, Inhalt und Ablauf zu erfassen. Dem Interviewpartner wird dabei der Begriff „Methode" als *zielorientierte und systematische Vorgehensweise zur Einsatzbewältigung* umschrieben.[351]

Nachdem mit Frage 1 und geklärt wurde, welche Einsätze eine Einsatzorganisation durchführt und welche Methoden verwendet werden, hat Frage 3 das Ziel, diese beiden Aspekte miteinander zu verknüpfen, indem spezifische Methoden bestimmten Einsatzarten zugeordnet werden sollen. Zum einen wird erhoben, welche Gründe es für die spezifische Anwendung gibt, und zum anderen, ob Charakteristika von Einsätzen für die Methodenauswahl herangezogen werden.

Der Abschluss der Interviews bietet vor der Verabschiedung noch die Gelegenheit, bisher nicht berücksichtigte Punkte zu besprechen.

Der verwendete Interviewleitfaden befindet sich in Anhang 8. Im folgenden Abschnitt wird die Durchführung der Experteninterviews beschrieben.

---

[351] Definition von Methode: Eine Methode ist eine zielorientierte und systematische Vorgehensweise, um theoretische oder praktische Aufgaben zu bewältigen. Eine Methode beschreibt also, wie ein Ziel auf eine systematische Art und Weise durch die Abfolge von bestimmten Aktivitäten erreicht werden kann (vgl. Zellner 2011, S. 204–206).

5.3.2 Durchführung der Experteninterviews

Für die Befragung wurden die zivilen Einsatzorganisationen Feuerwehr, Polizei, Rettungsdienst und die Bundesanstalt Technisches Hilfswerk ausgewählt. Zum einen bestand zu diesen Einsatzorganisationen aufgrund der Kontakte der Professur für Wissensmanagement und Geschäftsprozessgestaltung guter Feldzugang. Zum anderen sind diese Einsatzorganisationen im Bereich des Zivil- und Katastrophenschutzes[352] zu verorten. In diesem Kontext sind sie zuständig für Brandschutz[353], öffentliche Sicherheit und Ordnung[354], Notfallrettung[355] und technische Hilfeleistung[356]. Dadurch ist gewährleistet, dass die Methoden, die diese Einsatzorganisationen zum Umgang mit Einsätzen anwenden, im identischen Gesamtsystem (Zivil- und Katastrophenschutz) angewendet werden.

Tabelle 13: Übersicht der interviewten Experten

Experte/ Datum	Einsatz-organisation	Funktion des Experten		Arbeitsschwer-punkt	Dauer der Ausübung dieser Tätigkeit
		Alltag	Einsatz		
1/ 19.12.2014	Feuerwehr	Leiter der integrierten Leitstelle	Direktionsdienst als Lagedienst	taktisch/ strategisch	5 Jahre
2/ 07.01.2015	Feuerwehr	Einsatzleitung	Zugführer	operativ	4 Jahre
3/ 16.01.2015	Bundesanstalt Technisches Hilfswerk	Landesbeauftragter	Zuständig für den Gesamteinsatz im Landesverband	taktisch/ strategisch	4 Jahre
4/ 22.01.2015	Rettungs-dienst	Bezirksgeschäftsleiter	Bezirksrettungs-kommandant	taktisch/ strategisch	4 Jahre
5/ 23.01.2015	Rettungs-dienst	Leiter Rettungsdienst	Einsatzleiter Rettungsdienst, Organisatorischer Leiter	operativ	5 Jahre
6/ 28.01.2015	Polizei	Leiter Stab Spezialeinheit	Personenschutz, Einsatzleitung	operativ	2 Jahre
7/ 13.02.2015	Polizei	Stellvertretender Leiter Sicherheitsakademie, Leiter des Zentrums für Fortbildung	Leiter Stab	taktisch/ strategisch	13 Jahre
8/ 16.02.2015	Bundesanstalt Technisches Hilfswerk	Bürosachbearbeiter Einsatz/ Ausstattung, Stellvertretender Ortsbeauftragter		operativ	13 Jahre

352 Vgl. Kern und Hartung 2013, S. 115.
353 Aufgabe der Feuerwehr. Vgl. Bayerische Staatsregierung 2008.
354 Aufgabe der Polizei. Vgl. Kämper 2002, S. 102–103.
355 Aufgabe des Rettungsdienstes. Vgl. Bayerische Staatsregierung 2013.
356 Aufgabe der Bundesanstalt Technisches Hilfswerk. Vgl. Bundesregierung der Bundesrepublik Deutschland 2009.

Pro Einsatzorganisation wurden jeweils zwei Experten befragt. Dabei wurde darauf geachtet, dass jeweils ein Experte seinen täglichen Arbeitsschwerpunkt im operativen Einsatzgeschehen hat und der andere Experte eher im taktischen bzw. strategischen Bereich angesiedelt ist.[357] Das soll gewährleisten, einen breiten Blickwinkel auf die verwendeten Methoden und deren Anwendung zu bekommen. Die Interviews wurden im Zeitraum zwischen 19.12.2014 und 16.02.2015 durchgeführt. Tabelle 13 zeigt eine Übersicht der durchgeführten Interviews.

Die Interviews wurden anonymisiert transkribiert.

Es folgt eine Erläuterung der Analyse der Experteninterviews.

5.3.3 Analyse der Experteninterviews

Wie bereits in Abschnitt 1.2 beschrieben wurde bei der Auswertung der Interviewergebnisse die qualitative Inhaltsanalyse nach *Gläser und Laudel* angewendet.[358]

Abbildung 21 zeigt den Ablauf der qualitativen Inhaltsanalyse. Dieser gliedert sich in die Hauptschritte *theoretische Vorüberlegungen*, *Vorbereitung der Extraktion*, *Extraktion*, *Aufbereitung* und *Auswertung.*[359]

Die *Vorbereitung der Extraktion* beruht auf *theoretischen Vorüberlegungen*. Bestandteil der *theoretischen Vorüberlegungen* sind die Untersuchungsfrage und die literaturbasierte theoretische Analyse des Forschungsobjekts. Das stellt zum einen die Basis für den Interviewleitfaden und die Durchführung der Experteninterviews dar, zum anderen ist dies die Grundlage für die Konstruktion des Suchrasters zur Auswertung der transkribierten Experteninterviews. Das Suchraster besteht dabei aus Variablen unterschiedlicher Ausprägung und zugehörigen Indikatoren. Die Indikatoren ermöglichen es, die Variablen im Interviewmaterial zu identifizieren.

Daran schließt sich die Phase der *Extraktion* an. Dabei wird das Interviewmaterial interpretiert und Variablenausprägungen einzelnen Textpassgen zugeordnet. Die Zuordnung erfolgt aufgrund von Extraktionsregeln. Sowohl die Variablen als auch die

---

357 Hier kommt die betriebswirtschaftliche Gliederung von operativ, taktisch und strategisch zur Anwendung. Vgl. hierzu: Egger und Winterheller 2001, S. 50; Küpper 1995, S. 64.

358 Vgl. Gläser und Laudel 2010, S. 199–204. Das methodische Vorgehen ist Abschnitt 1.2 zu entnehmen.

359 Zur genauen Beschreibung vgl. Gläser und Laudel 2010, S. 197–260.

Extraktionsregeln können während der *Extraktion* angepasst werden. Das stellt die Besonderheit der qualitativen Inhaltsanalyse nach *Gläser und Laudel* dar.

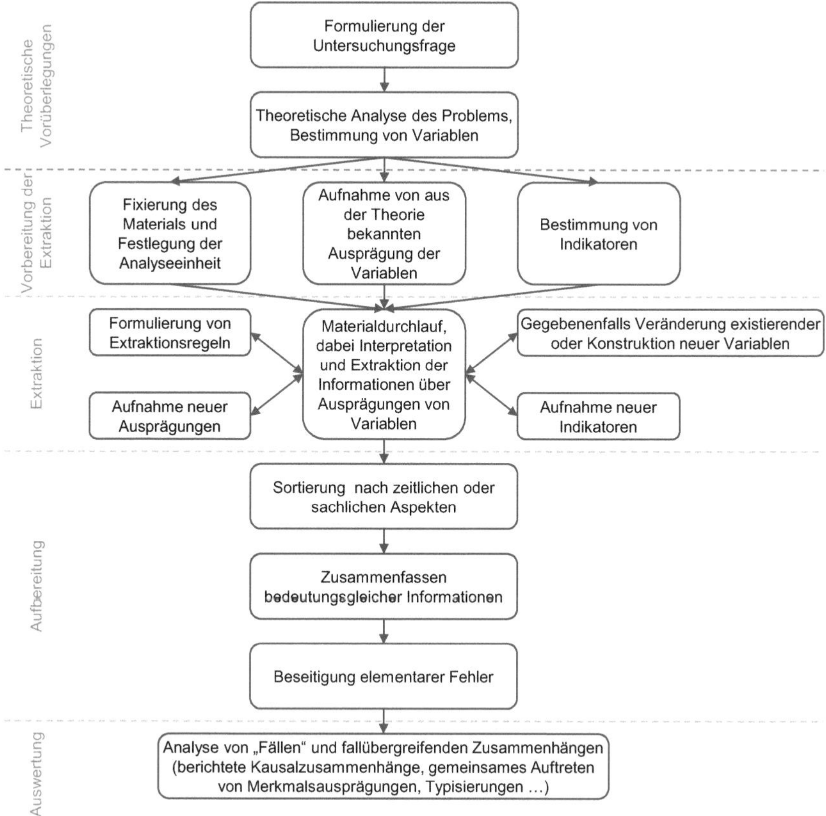

Abbildung 21: Ablauf der qualitativen Inhaltsanalyse[360]

Die *Aufbereitung* soll vor allem die Qualität der Daten verbessern. Sie beinhaltet das Sortieren der Ergebnisse der Extraktion nach zeitlichen oder sachlichen Aspekten, Zusammenfassen von Informationen und das Beseitigen von Fehlern. Das ist die Grundlage für die *Auswertung*. Ziel der Auswertung ist es, die Leitfrage zu beantworten. Es ist schwer, eine genaue Trennlinie zwischen *Aufbereitung* und *Auswertung* zu ziehen. Der Übergang ist dabei fließend.[361]

---

360 In Anlehnung an Gläser und Laudel 2010, S. 203.

361 Zur genaueren Beschreibung der qualitativen Inhaltsanalyse nach *Gläser und Laudel* siehe Gläser und Laudel 2010.

Zur Durchführung der beschriebenen qualitativen Inhaltsanalyse wurde die Software MAXQDA verwendet.

Als Variablen für das Suchraster wurden die bereits in Forschungsfrage III enthaltenen und auch im Interviewleitfaden verwendeten Aspekte

- *Einsätze von Einsatzorganisationen* und
- *Methoden zum Umgang mit Einsätzen* definiert.

Die Extraktionsregeln lauten daher:

1. Vor dem Extrahieren sind die zugehörigen transkribierten Interviews zu lesen.
2. Bezieht sich eine Textstelle auf bestimmte Einsätze einer Einsatzorganisation, so muss sie unter der Variable „*Einsätze von Einsatzorganisationen*" unter der jeweils passenden Ausprägung (Einsatzorganisation) extrahiert werden.
3. Beschreibt eine Textstelle Vorgehensweisen bei einem Einsatz, so muss sie unter der Variable „*Methoden zum Umgang mit Einsätzen*" unter der jeweils passenden Ausprägung (Methode) extrahiert werden.
4. Existiert für eine zu extrahierende Textstelle keine passende Variable, ist eine neue Variable zu erstellen.
5. Existiert für eine zu extrahierende Textstelle keine passende Ausprägung, ist eine neue Ausprägung zu erstellen.

Eine Anpassung der Variablen und Extraktionsregeln war während der *Extraktion* nicht notwendig. Die Ausprägungen der Variablen wurden jedoch um neue und zusätzliche Aspekte während der Extraktion ergänzt.

Die Ergebnisse der Experteninterviews werden nun beschrieben.

5.3.4 Ergebnisse der Experteninterviews

Einen Überblick über das Ergebnis der Extraktion und der Aufbereitung liefert der Codebaum. Er stellt eine Übersicht der Variablen und deren Ausprägung dar.

Die beiden Variablen *Einsätze von Einsatzorganisationen* und *Methoden für die Durchführung von Einsätzen* mussten bei der Extraktion, wie bereits erwähnt, nicht angepasst, werden.

Abbildung 22 zeigt den Codebaum bzgl. der Variable *Einsätze von Einsatzorganisationen.*

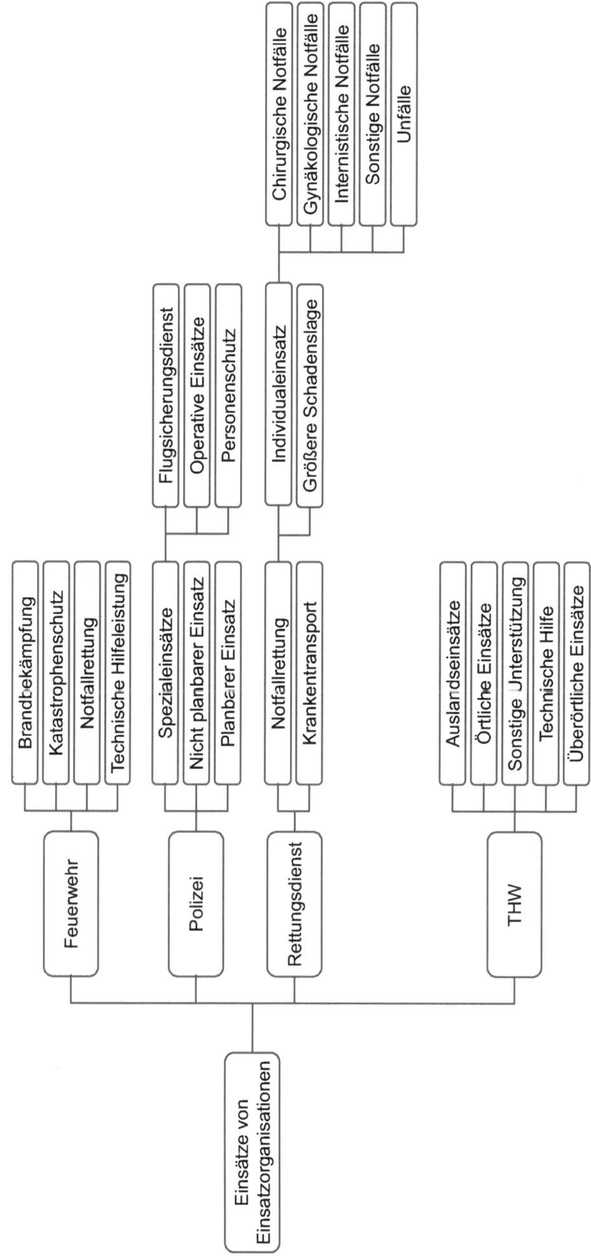

Abbildung 22: Codebaum der Einsätze von Einsatzorganisationen

Die Einsätze der Einsatzorganisationen sind anhand der jeweiligen Einsatzorganisation, also Feuerwehr, Polizei, Rettungsdienst und THW, gegliedert. Die Strukturierung der Einsätze wurde aus dem Interviewmaterial abgeleitet. Deshalb sind hier auch unterschiedliche Detaillierungstiefen zu erkennen.

Es ist zum einen eine sachliche Unterteilung in Bezug auf die Tätigkeit beim Einsatz zu erkennen und zum anderen eine Einteilung nach Planbarkeit und Örtlichkeit eines Einsatzes. Tabelle 14 stellt die sachliche Unterteilung der Einsätze je Einsatzorganisation dar.

Dabei unterteilen die Einsatzorganisationen die Einsätze anhand der sachlichen Tätigkeit. Es ist zu erkennen, dass die Interviewergebnisse des Rettungsdienstes zu einer detaillierteren Unterteilung führten als bei Feuerwehr, Polizei und THW.

Tabelle 14: Sachliche Unterteilung der Einsätze

<table>
<tr><th>Einsatz-organisation</th><th colspan="7">Sachliche Unterteilung</th></tr>
<tr><td>Feuerwehr</td><td colspan="2">Brand-bekämpfung</td><td colspan="2">Katastrophen-schutz</td><td colspan="2">Notfallrettung</td><td>Technische Hilfeleistung</td></tr>
<tr><td>Polizei[362]</td><td colspan="2">Flugsicherungs-dienst</td><td colspan="3">Operative Einsätze</td><td colspan="2">Personenschutz</td></tr>
<tr><td rowspan="3">Rettungs-dienst</td><td rowspan="3">Kranken-transport</td><td colspan="6">Notfallrettung</td></tr>
<tr><td colspan="5">Individualeinsatz</td><td rowspan="2">Größere Schadens-lage</td></tr>
<tr><td>Chirurgische Notfälle</td><td>Gynäko-logische Notfälle</td><td>Internistische Notfälle</td><td>Sonstige Notfälle</td><td>Unfälle</td></tr>
<tr><td>THW</td><td colspan="4">Sonstige Unterstützung</td><td colspan="3">Technische Hilfe</td></tr>
</table>

Tabelle 15: Unterteilung der Einsätze nach Planbarkeit und Örtlichkeit

<table>
<tr><th>Einsatz-organisation</th><th colspan="3">Unterteilung der Einsätze</th></tr>
<tr><td>Polizei</td><td colspan="2">Nicht planbarer Einsatz</td><td>Planbarer Einsatz</td></tr>
<tr><td>THW</td><td>Auslandseinsätze</td><td>Örtliche Einsätze</td><td>Überörtliche Einsätze</td></tr>
</table>

Die Differenzierung der Einsätze in Bezug auf Planbarkeit und Örtlichkeit zeigt Tabelle 15. Die sachliche Unterteilung der Einsätze konnte bei allen Interviews bei allen Einsatzorganisationen festgestellt werden, wohingegen die Unterscheidung der

362 Die sachliche Unterteilung wurde bei Spezialeinsätzen festgestellt.

Planbarkeit nur bei den Interviews der Polizei und die der Örtlichkeit nur bei den Interviews des THW festzustellen war.

Der Codebaum zur Variable *Methoden für die Durchführung von Einsätzen* ist in Abbildung 23 dargestellt.

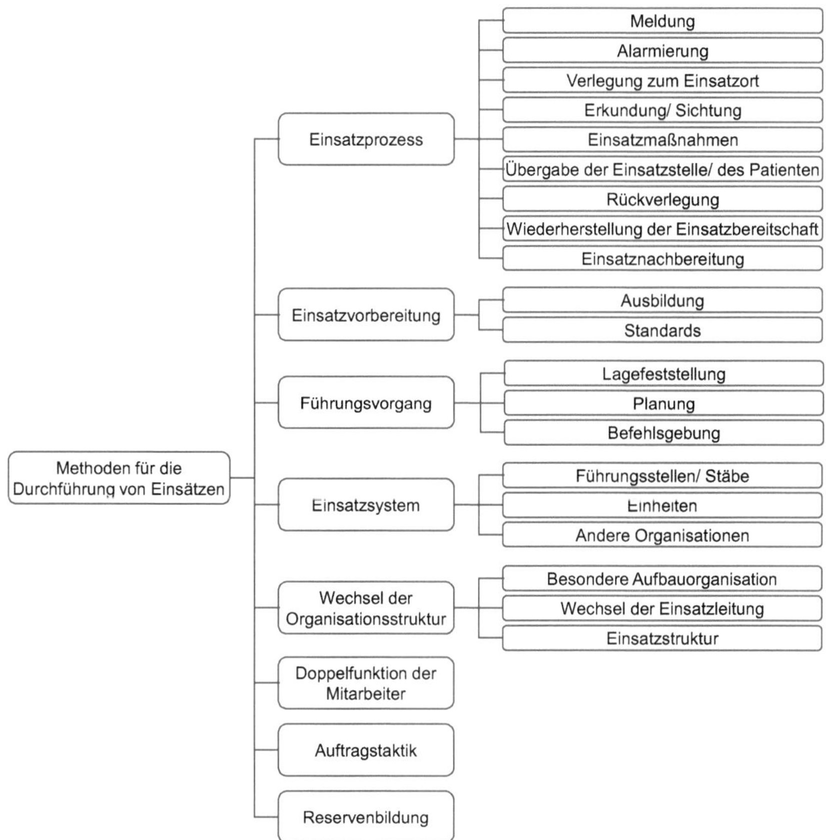

Abbildung 23: Codebaum der Methoden für die Durchführung von Einsätzen

Es konnten im Interviewmaterial neun übergeordnete Methoden identifiziert werden. Die Beschreibungstiefe der einzelnen Methoden variiert dabei sehr stark. Das ist in der Abbildung bereits an den vorhandenen Unterausprägungen bei den Methoden Einsatzprozess, Einsatzvorbereitung, Führungsvorgang und Einsatzsystem zu erkennen.

Abbildung 24 verdeutlicht diesen Sachverhalt, indem die Anzahl der Codings[363] bzgl. der einzelnen übergeordneten Methoden je Einsatzorganisation dargestellt wird.

Des Weiteren zeigt die Abbildung, dass die Methoden Einsatzprozess, Einsatzvorbereitung, Führungsvorgang und Doppelfunktion der Mitarbeiter bei allen Einsatzorganisationen etabliert sind. Die restlichen Methoden wurden nicht bei allen betrachteten Einsatzorganisationen während der Interviews angesprochen.

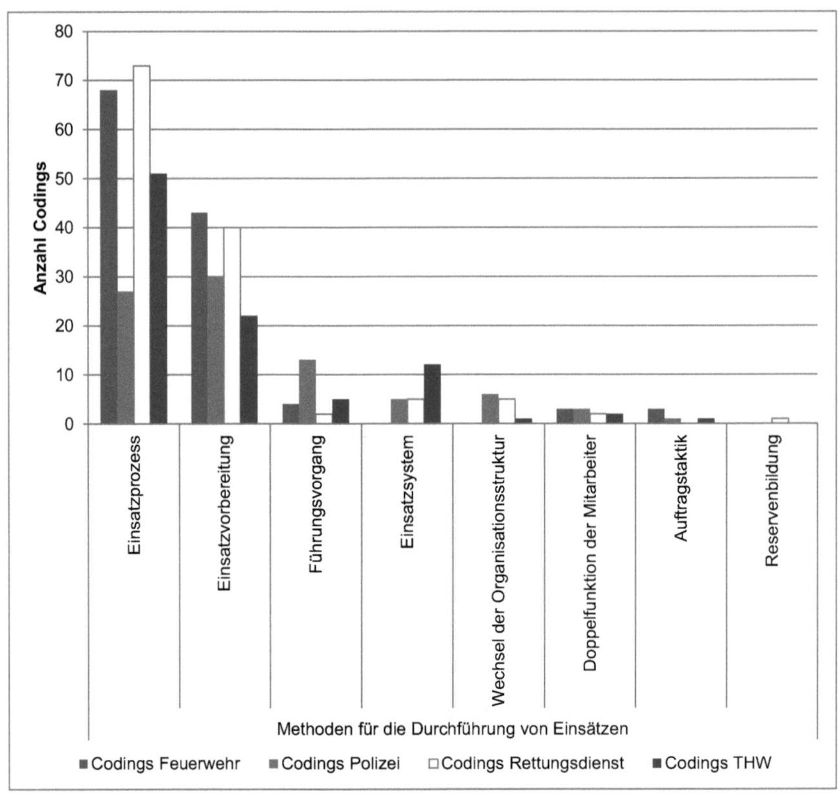

Abbildung 24: Methoden für die Durchführung von Einsätzen

Eine Korrelation zwischen bestimmten Einsätzen und bestimmten Methoden konnte aus den Interviewergebnissen nicht abgeleitet werden. Es wurde viel mehr darauf hingewiesen, dass die verwendeten Methoden es ermöglichen, flexibel mit unterschiedlichsten Einsätzen umzugehen.

363 Ein Coding ist eine codierte Textstelle, die einer bestimmten Ausprägung im Codebaum zugeordnet ist.

Im Folgenden werden die identifizierten Methoden für die Durchführung von Einsätzen anhand der Auswertung des Interviewmaterials und Literatur beschrieben.

5.4 Beschreibung der Methoden für die Durchführung von Einsätzen

Die Methoden für die Durchführung von Einsätzen werden analog zu den Beschreibungen der Methoden zum Umgang mit Störungen im Produktionsanlauf beschrieben. Es werden jeweils die Zielsetzung und die Vorgehensweise kurz erläutert. Zur Beschreibung werden die Ergebnisse der durchgeführten Interviews sowie Literatur herangezogen.

Dieser Schritt entspricht der Auswertung im Ablauf der qualitativen Inhaltsanalyse (siehe Abbildung 21).

Die Reihenfolge der Beschreibung orientiert sich an der Anzahl der Codings der einzelnen Methoden (siehe Abbildung 24).

5.4.1 Einsatzprozess

Die Ergebnisse der Interviews zeigen, dass alle betrachteten Einsatzorganisationen einen ähnlichen Prozess zur Bewältigung von Einsätzen anwenden. Dieser Prozess wird im Weiteren auf Basis des Datenmaterials der Interviews beschrieben.

> *„Wenn ich vom Prozess ausgehe, ist der bei Brandbekämpfung und technischer Hilfeleistung immer derselbe in seinen Prozessschritten.“*[364]

Wie bereits in Abschnitt 5.2 beschrieben, folgt ein Einsatz einem bestimmten Verlauf (Abbildung 20). Diesem Verlauf tragen Einsatzorganisationen mit einem strukturierten Einsatzprozess Rechnung. Das Ziel des Einsatzprozesses ist es, das Vorgehen vom Eintreten eines Schadensereignisses bis hin zu Tätigkeiten nach dem Einsatz zu strukturieren.

Der Einsatzprozess lässt sich im Codebaum zur Variable *Methoden zum Umgang mit Einsätzen* erkennen. Er konnte bei allen betrachteten Einsatzorganisationen in der in Abbildung 25 dargestellten Struktur beobachtet werden. Die inhaltliche Ausgestaltung der einzelnen Schritte kann jedoch aufgrund der jeweils unterschiedlichen Einsätze variieren.

---

364 Experte 1.

Zunächst geht bei einer Einsatzorganisation eine *Meldung,* meist per Telefon, bei einer Leitstelle über ein Schadensereignis ein. Die Leitstelle ist dafür zuständig, die Schadensmeldung aufzunehmen und auf Basis dieser Informationen Einsatzkräfte[365] an die Schadensstelle zu schicken. Dabei wird anhand eines Schemas (Wer, Was, Wie, Wann, Wo) die Schadenslage geklärt.

Abbildung 25: Einsatzprozess

Auf Grundlage des ermittelten Meldebildes findet die *Alarmierung* der Einsatzkräfte durch die Leitstelle statt. Je nach Meldebild gibt es eine Alarm- und Ausrückeordnung, durch die festgelegt ist, welche Kräfte mit welchem Material[366] in welcher

[365] Einsatzkräfte sind die Mitglieder einer Einsatzorganisation, die während der Durchführung eines Einsatzes Tätigkeiten ausführen.

[366] Hier ist das Material gemeint, das für die Durchführung eines Einsatzes benötigt wird. Beispiele: Löschfahrzeuge, Rettungswagen, Pumpen, Stromaggregate, Sandsäcke, Verbandsmaterial,

Situation zu welchem Einsatzraum fahren. Für viele Einsatzszenarien sind bereits Checklisten bzgl. der Alarm- und Ausrückeordnung vorbereitet. Das beschleunigt die Alarmierung bei häufiger auftretenden Einsätzen, indem Standards angewandt werden. Zusätzlich wird die Alarmierung durch EDV-Systeme unterstützt.

Als nächstes findet die *Verlegung zum Einsatzort* statt. Die Einsatzkräfte begeben sich also vom Standort der Einsatzorganisation mit dem notwendigen Material zum Einsatzraum.

Wenn die Einsatzkräfte im Einsatzraum eintreffen, findet die *Erkundung/ Sichtung* statt. Ziel ist es dabei, ein möglichst aktuelles und brauchbares Lagebild[367] der tatsächlichen Situation zu bekommen. Die Schwierigkeit besteht darin, insbesondere bei unklaren Lagen, durch eine passende Gliederung des Einsatzraums die Chaosphase[368] so kurz wie möglich zu halten, unterschiedliche Schadensschwerpunkte zu priorisieren und gleichzeitig Zeitfenster[369] für Einsatzmaßnahmen zu schaffen. Zudem muss berücksichtigt werden, dass sich die Lage ständig ändern kann. Zur Darstellung der Lage werden Führungsbretter[370] und Whiteboards verwendet. Es kann sein, dass bei unklaren Meldebildern[371] Erkundungstrupps entsandt werden, um den Einsatzraum zu erkunden, bevor Einsatzkräfte dort eintreffen. Das ermöglicht es außerdem, dass Einsatzkräfte besser angepasst an die tatsächliche Lage alarmiert werden, als das aufgrund des ersten Meldebilds möglich wäre. Es gilt zu beachten, dass die Aktualisierung des Lagebilds eine Daueraufgabe ist, die während des kompletten Einsatzes kontinuierlich durchgeführt wird.

Die *Einsatzmaßnahmen* sind auf das jeweilige Lagebild abgestimmt und je nach Einsatzorganisation selbstverständlich unterschiedlich. Die Reihenfolge der einzelnen Maßnahmen richtet sich nach Basisprioritäten bzw. Gefahrenschwerpunkten und zielt meist auf eine schnelle Stabilisierung der Lage ab. Prinzipiell ist die Reihenfolge:

Schutzkleidung, etc.

367 Das Lagebild ist das Ergebnis der Erkundung. Es bestimmt sich aus den Faktoren: Ort, Zeit, Wetter, Schadenereignis / Gefahrenlage und den Möglichkeiten zur Schadensabwehr. Vgl. Staatliche Feuerwehrschule Würzburg 1999, S. 25–26.

368 Als Chaosphase wird die Zeit zwischen Schadenseintritt und den ersten zielgerichteten Einsatzmaßnahmen bezeichnet. In dieser Zeit geschehen unkoordinierte Handlungen an der Einsatzstelle.

369 Bestimmte Einsatzmaßnahmen müssen vorbereitet werden und können nicht immer ad hoc durchgeführt werden. Deshalb muss eruiert werden welche Zeitfenster für welche Einsatzmaßnahmen notwendig sind und zur Verfügung stehen.

370 Führungsbretter sind Magnettafeln mit taktischen Zeichen, die auch mit Filzstiften beschriftet werden können.

371 Siehe Prozessschritt „Meldung“.

Eigenschutz, Personenrettung und im Anschluss daran die restlichen Einsatzmaßnahmen. Die Einsatzmaßnahmen müssen sich immer innerhalb der rechtlichen Möglichkeiten der jeweiligen Einsatzorganisation befinden. Das ist insbesondere für polizeiliche Einsätze, wie z.B. Geiselnahmen, relevant. Sind mehrere Einsatzorganisationen bei einem Einsatz beteiligt, so müssen die einzelnen Maßnahmen abgestimmt werden. Das geschieht in regelmäßigen Lagebesprechungen, die sowohl zwischen den Einsatzorganisationen als auch intern stattfinden. An der Einsatzstelle herrscht eine klare Hierarchie. Bei der Feuerwehr z.B. ist ein Zugführer für die gesamte Einsatzstelle verantwortlich und führt über Aufträge[372] die Gruppen-/ bzw. Fahrzeugführer, die wiederum die Trupps führen. Die Trupps bekämpfen dann den eigentlichen Brand. Je nach Einsatzverlauf kann es notwendig sein, zusätzliche Einsatzkräfte zur Ablösung oder mit speziellem Equipment, Verpflegung, Logistik oder zur sonstigen Einsatzunterstützung nach zu alarmieren.[373] Die Einsatzmaßnahmen enden, wenn die Lage stabilisiert, die Schadensursache beseitigt ist oder die Schadensauswirkungen nicht mehr vorhanden sind.

Im Anschluss daran wird die *Einsatzstelle bzw. der Patient übergeben*. Die Einsatzstelle wird meist direkt an den Bürger bzw. Eigentümer (Bsp.: Hochwasser) oder eine andere Einsatzorganisation (Bsp.: Verkehrsunfall auf einer Autobahn; d.h. Rettungsdienst übergibt an Feuerwehr oder THW) übergeben. Der Rettungsdienst übergibt Patienten in der Regel einem Krankenhaus oder einer Klinik. Damit sind die unmittelbaren Tätigkeiten im Einsatzraum bzw. am Patienten erledigt.

Es folgt die *Rückverlegung*, in der die Einsatzkräfte zum Standort der Einsatzorganisation zurückkehren.

Dort wird die *Einsatzbereitschaft der Einsatzkräfte und des Materials wieder hergestellt*, so dass eine erneute Alarmierung erfolgen kann. Das beinhaltet Reinigung und Verpflegung der Einsatzkräfte, Wechseln der Einsatzkleidung, Austauschen von Verbrauchsmaterial, Tanken von Fahrzeugen, Durchführen von Reparaturen, etc.

Die *Einsatznachbereitung* stellt den letzten Schritt des Einsatzprozesses dar. Im Wesentlichen sind darunter alle Tätigkeiten zu verstehen, die nach einem Einsatz durchgeführt werden, aber nicht zur unmittelbaren Wiederherstellung der Einsatzbereitschaft beitragen. Der Einsatz wird dabei dokumentiert, statistisch erfasst und ab-

---

[372] Siehe Auftragstaktik Abschnitt 5.4.7.
[373] Siehe Reservenbildung Abschnitt 5.4.8.

gerechnet. Zudem findet eine Einsatznachbesprechung statt. Hier wird der Einsatz in Ruhe analysiert, indem sowohl kritische als auch gute Entscheidungen, Situationen und Handlungen besprochen werden. Einsatznachbesprechungen finden je nach Größe des Einsatzes in kleinen Gruppen oder sogar zwischen unterschiedlichen Einsatzorganisationen statt. Ziel ist es für zukünftige Einsätze zu lernen. Zu diesem Zweck werden zusätzlich Einsatzauswertungen und Lessons-Learned durchgeführt. Dadurch können Übungen, Ausbildungen, Rahmenbedingungen und sogar gesetzliche Grundlagen angepasst und verändert werden. Ein wichtiger Bestandteil der Einsatznachbereitung ist zudem die psychosoziale Nachversorgung (PSNV) bzw. stressbelastende Einsatznachsorge (SBE). Dabei werden Einsatzkräfte nach emotional besonders belastenden Einsätzen professionell psychologisch unterstützt.

5.4.2 Einsatzvorbereitung

Alle Interviewpartner haben die Einsatzvorbereitung als Voraussetzung für die Bewältigung von unvorhersehbaren Einsätzen beschrieben. Im Folgenden werden die Elemente der Einsatzvorbereitung auf Basis des Datenmaterials der durchgeführten Interviews beschrieben.

> *„Also das Strukturierte der Einsätze befindet sich im Vorfeld. Ich sage dazu immer in Friedenszeiten. In Friedenszeiten kann ich Dinge planen, kann ich systemisch vorgehen. Da habe ich sozusagen meine Hausaufgaben zu machen. Da muss ich alles mitdenken, alles bedenken, was möglich ist. Um dann im Einsatz eben agieren zu können und nicht immer reagieren zu müssen.“*[374]

Einsatzorganisationen führen nicht ständig Einsätze durch. Neben der Durchführung von Einsätzen ist die Einsatzvorbereitung das Tagesgeschäft von Einsatzorganisationen. Die Einsatzvorbereitung hat das Ziel, die Einsatzkräfte und die gesamte Einsatzorganisation bestmöglich auf mögliche zukünftige Einsatzsituationen vorzubereiten.

Die Bestandteile der Einsatzvorbereitung sind das Erarbeiten von Standards und Ausbildung (siehe Abbildung 26). Die Standards fließen dabei in die Ausbildung mit ein.

---

[374] Experte 6.

Standards haben den Zweck, die Aufgaben von unterschiedlichen Einsatzszenarien zu gliedern und zu typologisieren. Sie stellen das Basiswissen von Einsatzkräften dar und berücksichtigen zu unterstützende Routinen. Standards beruhen auf einem Baukasten an Einsatzoptionen und dem Lernen aus Erfahrungen. Standards beziehen sich auch auf die Interoperabilität zwischen Organisationen, werden durch Qualitätsmanagement optimiert und müssen Aspekte der Arbeitssicherheit abdecken.

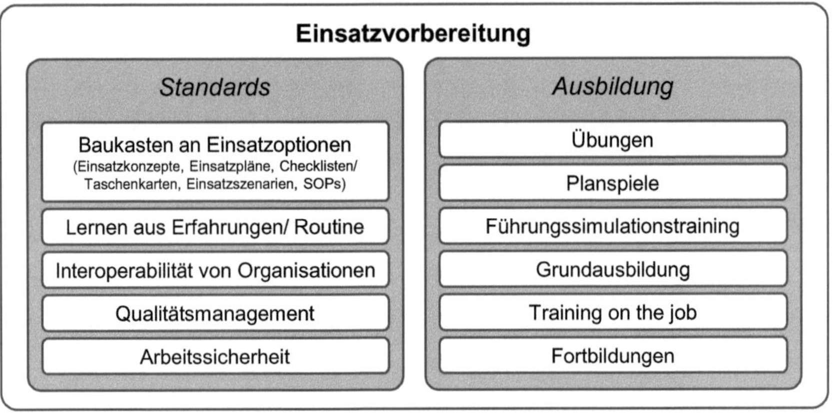

Abbildung 26: Einsatzvorbereitung

Einsatzorganisationen haben einen *Baukasten an Einsatzoptionen*, um mit verschiedenen Einsatzsituationen umzugehen. Darunter sind vorbereitete Maßnahmen und Strukturierungen zu verstehen, die es ermöglichen, mit unterschiedlichsten Einsatzszenarien umzugehen. Auf Basis von Einsatzszenarien werden Einsatzkonzepte, Checklisten, SOPs[375] und Einsatzpläne erarbeitet. Diese Elemente fließen auch in die Ausbildung mit ein. Die Einsatzszenarien decken dabei die gesamte Bandbreite der möglichen Einsätze einer Einsatzorganisation ab; d.h. es werden sowohl extreme Schadenslagen als auch Routineeinsätze berücksichtigt. Diese Einsatzszenarien sind die Grundlage, um passende Einsatzkonzepte zu erstellen. Einsatzkonzepte beschreiben das grundsätzliche Vorgehen einer Einsatzorganisation (oder mehrerer Einsatzorganisationen) in einem bestimmten Einsatzszenario und sind an den jeweiligen Kernkompetenzen ausgerichtet. Dabei ist zu beachten, dass die Einsatzkonzepte ausreichend flexibel und untereinander kompatibel sind und sich nicht gegenseitig ausschließen. Die Einsatzkonzepte wiederum sind der Ausgangspunkt für die

[375] SOP = Standard Operating Procedure. Eine SOP ist eine standardisierte Vorgehensweise in einer bestimmten Situation.

Erstellung von Checklisten, SOPs und Einsatzplänen. Das sind Handlungshilfen, die für konkrete Einsatzsituationen vorbereitet werden. Eine Checkliste beinhaltet z.B. wer bei einem bestimmten Einsatz verständigt wird, welche Einsatzmittel verwendet werden, welche Einheiten alarmiert werden, welche anderen Einsatzorganisationen benötigt werden, wer dort die Ansprechpartner sind. SOPs sind standardisierte Vorgehensweisen, um bestimmte Standardsituationen abzuarbeiten, wie z.B. Vorgehen bei Herzinfarkt, Schlaganfall, etc. Einsatzpläne sind konkrete Pläne, die für bestimmte Einsätze in risikobehafteten Objekten erstellt werden, wie z.B. Brand in einem Hochhaus. Es werden verschiedene Dinge berücksichtigt und festgehalten, wie bspw. die Art des Objekts und der Bebauung, ein Übersichtsplan des Gebäudes sowie des Grundstücks, die Aufstellungsorte der Löschfahrzeuge, Art der Meldeanlage, Funkversorgung im Gebäude, Stockwerke mit Gefahren, spezielle Zugänge, etc.

Das *Lernen aus Erfahrungen* ist über zwei unterschiedliche Wege in Einsatzorganisationen etabliert. Zum einen steigt die Erfahrung und Routine der Einsatzkräfte mit jedem absolvierten Einsatz. Das ermöglicht es, dass Lösungen früherer Einsätze auf gerade vorhandene Situationen angewendet und auch miteinander kombiniert werden. Diese Erfahrungen werden im Einsatz auch von erfahrenen Einsatzkräften an unerfahrene weitergegeben. Der zweite Weg ist die Anpassung und Verbesserung von Einsatzkonzepten, Checklisten, SOPs, Einsatzplänen und der Ausbildung aufgrund von Erfahrungen aus dem Einsatz.

Standards sind auch bzgl. *der Interoperabilität von Organisationen* etabliert. Ein Einsatz erfordert unter Umständen, dass mehrere Einsatzorganisationen zusammenarbeiten. Bspw. sind bei bestimmten Wohnungsbränden Feuerwehr (löschen), Rettungsdienst (Verletzte versorgen) und Polizei (Verkehr umleiten, Anwohner evakuieren) beteiligt. Die notwendigen Einsatzkonzepte, Checklisten und SOPs werden dabei zwischen den Organisationen abgestimmt und teilweise auch geübt.

Im Rahmen eines standardisierten *Qualitätsmanagements* werden durch die Auswertung von durchgeführten Einsätzen und die Analyse von Einsätzen anderer Einsatzorganisationen wichtige verbesserungswürdige Themen identifiziert. Diese Themen werden dann in der Ausbildung adressiert.

Aufgrund der Tatsache, dass Einsatzorganisationen in unsicheren und gefährlichen Situationen agieren, sind Standards bzgl. der *Arbeitssicherheit* festgelegt. Darunter fallen z.B. das Tragen von Warnwesten, Schwimmwesten, Helmen sowie das Sichern von Unfallstellen, aber auch das Überprüfen von Atemgeräten oder sonstigem Material.

Die *Ausbildung* soll die Einsatzkräfte auf Einsätze vorbereiten. Sie besteht aus Übungen, Planspielen, Führungssimulationstrainings, Grundausbildung, Training on the job und Fortbildungen.

In *Übungen* werden Einsatzsituationen realitätsnah nachgestellt und Übungseinsätze durchgeführt, um sich auf die Praxis vorzubereiten. Insbesondere der Umgang mit Stress im Einsatzfall kann dabei trainiert werden. Übungen finden sowohl innerhalb einer Einsatzorganisation als auch unter Beteiligung von mehreren verschiedenen Einsatzorganisationen statt. Übungen werden zwar zur Vorbereitung auf den konkreten Einsatzfall durchgeführt, jedoch kann nicht davon ausgegangen werden, dass die bereits trainierte Einsatzsituation genauso in der Realität eintreten wird. Durch die Übung von unterschiedlichen Szenarien können aber trainierte Bausteine und Muster situationsadäquat kombiniert werden. Eine Übung dient letztendlich der Vorbereitung und der Erlangung des Selbstbewusstseins, um mit neuen unbekannten Situationen umgehen zu können.

Mit Hilfe von *Planspielen* werden sowohl planbare als auch nicht planbare Einsatzlagen durchdacht und auf dem Papier durchgespielt. Dabei werden Lösungsansätze trainiert. Ein Planspiel findet nicht in Echtzeit statt. Deshalb ist die Stresssituation mit der Realität nicht zu vergleichen. Planspiele werden bei der Führungskräfteausbildung, Taktik- und Stabsdienstausbildung angewandt.

Im *Führungssimulationstraining* wird anhand von fiktiven Einsatzsituationen überprüft, wie unterschiedliche Einsatzstandards miteinander funktionieren. Es werden dabei mehrere Führungsebenen berücksichtigt (z.B. Gruppenführer bis Verbandsführer). Es wird trainiert, wie mit der Situation umgegangen werden soll, was zuerst gemacht wird und wie der Koordinierungsbedarf aufeinander abgestimmt werden kann. Es wird überprüft, wie Standardsituationen, Kontaktaufnahmen, Kommunikation, Abläufe, Raumordnung, usw. in unterschiedlichen Szenarien zusammenwirken und ob die vorhandenen Einsatzstandards anders bzw. flexibler gestaltet werden müssen.

In der *Grundausbildung* wird für jede Einsatzkraft die Basis für weiterführende Aus- und Fortbildungen sowie Verwendungen geschaffen. Es werden die notwendigen grundlegenden Fertigkeiten, Abläufe und sicherheitsrelevanten Aspekte vermittelt.

Eine für jede Einsatzkraft verbindliche Grundausbildung schafft ein ähnliches Verständnis zwischen den Einsatzkräften und sorgt für ein einheitliches Vokabular.

Training on the job findet direkt nach der Grundausbildung und bei jedem Einsatz statt. Unerfahrene Einsatzkräfte sind bei Einsätzen mit dabei, übernehmen Schritt für Schritt unterschiedliche Aufgaben und werden so langsam an schwierigere Einsatztätigkeiten herangeführt. Aber auch zwischen erfahrenen Einsatzkräften findet kontinuierlich ein Wissenstransfer während der laufenden Einsätze statt.

Fortbildungen sind regelmäßige Weiterbildungen, an denen Einsatzkräfte teilnehmen, um bereits gelernte Routinen aufzufrischen und Neues zu lernen.

5.4.3 Führungsvorgang

Der Führungsvorgang wurde von allen Interviewpartnern unter Berufung auf Dienstvorschriften beschrieben. Die folgende Beschreibung des Führungsvorgangs stützt sich deshalb hauptsächlich auf diese Dienstvorschriften.

> *„Eins der maßgeblichen Dinge in Bezug auf Führung gilt auch für uns, nämlich die DV-100 (Führen und Leiten im Einsatz), was letztendlich schon eine gemeinsame Grundsprache in diesem Bereich darstellt. D.h. gerade bei größeren Lagen sind wir absolut kompatibel zu anderen Organisationen und auch zur Feuerwehr, weil wir diese Sprache gemeinsam sprechen. Die DV-100 dreht sich um Führen und Leiten und gibt relativ deutlich vor, wie ich mit Hilfe von einem Ablaufzyklus Themen erarbeite, wenn ich die Lage erkunde, beurteile und danach handle.“*[376]

Der Führungsvorgang ist ein in allen betrachteten Einsatzorganisationen einheitlich definierter und angewendeter, „... zielgerichteter, immer wiederkehrender und in sich geschlossener Denk- und Handlungsablauf.“ [377] Er findet nicht nur bei den Leitern des Einsatzes statt, sondern vollzieht sich in allen Ebenen und Bereichen.[378]

---

[376] Experte 5.

[377] Bayrisches Rotes Kreuz 2009, S. 15; Bundesanstalt Technisches Hilfswerk 1999, S. 29; Staatliche Feuerwehrschule Würzburg 1999, S. 24.

[378] Vgl. Bayrisches Rotes Kreuz 2009, S. 15; Bundesanstalt Technisches Hilfswerk 1999, S. 29; Staatliche Feuerwehrschule Würzburg 1999, S. 24.

Ziel ist es, die richtigen Mittel, zur richtigen Zeit, am richtigen Ort, in der richtigen Anzahl und in der richtigen Qualität einzusetzen.[379]

Der Führungsvorgang besteht aus den Elementen (siehe Abbildung 27)

- Lagefeststellung inkl. Erkundung der Lage / Kontrolle der Umsetzung,
- Planung mit Beurteilung der Lage und Entschluss sowie
- Befehlsgebung.[380]

Den Auslöser des Führungsvorgangs stellt ein Auftrag oder ein Schadenereignis dar. Dadurch wird die Aufgabe bzw. das Ziel, das es zu erreichen gilt, festgelegt.[381]

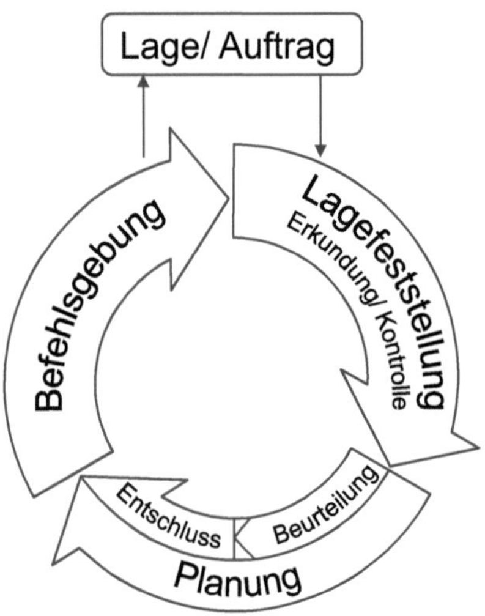

Abbildung 27: Führungsvorgang[382]

Die *Lagefeststellung* besteht aus Erkundung und Kontrolle. Dabei ist die Erkundung die Grundlage für die Entscheidungsfindung. Das Ergebnis der Erkundung ist das Lagebild. Das Lagebild bestimmt sich aus den Faktoren Ort, Zeit, Wetter, Schadenereignis/ Gefahrenlage und den Möglichkeiten zur Schadenabwehr. Die Kontrolle ist

379 Vgl. Bayrisches Rotes Kreuz 2009, S. 15; Staatliche Feuerwehrschule Würzburg 1999, S. 24.
380 Vgl. Bayrisches Rotes Kreuz 2009, S. 15; Bundesanstalt Technisches Hilfswerk 1999, S. 29; Staatliche Feuerwehrschule Würzburg 1999, S. 24.
381 Vgl. Bundesanstalt Technisches Hilfswerk 1999, S. 30.
382 Bayrisches Rotes Kreuz 2009, S. 16; Bundesanstalt Technisches Hilfswerk 1999, S. 29; Staatliche Feuerwehrschule Würzburg 1999, S. 25.

die Überprüfung der Umsetzung des Entschlusses. Es wird also der Erfolg der umgesetzten Maßnahmen mit der Absicht des Entschlusses verglichen.[383]

Die *Planung* beinhaltet Beurteilung und Entschluss. Sie umfasst das systematische Bewerten von Informationen und Fakten und das daraus resultierende Festlegen von Maßnahmen.[384]

Dabei ist die *Beurteilung* die Abwägung, wie der Auftrag mit den zur Verfügung stehenden Einsatzkräften und -mitteln unter den Einflüssen von Ort, Zeit und Wetter am besten durchgeführt werden kann.[385] Das Ergebnis umfasst die Ziele und Vorgaben sowie die zugehörigen organisatorischen und taktischen Maßnahmen,[386] um mit dem geringsten Aufwand den größtmöglichen Nutzen zu erzielen.[387] Die Beurteilung kann dabei zu mehreren Handlungsalternativen führen.[388]

Der *Entschluss* ist die Entscheidung über die Art der Einsatzdurchführung und ist damit das Ergebnis der Planung. Dabei müssen die durchzuführenden Maßnahmen sowie die dazu einzusetzenden Kräfte und Mittel berücksichtigt werden. Sollten die vorhandenen Einsatzkräfte und –mittel nicht ausreichen, so müssen zusätzliche angefordert werden. Außerdem müssen die Aspekte Bildung von Einsatzabschnitten, Festlegung von Einsatzschwerpunkten, Bildung von Reserven, Bestimmung von Bereitstellungsräumen, Festlegung von Sammelstellen und die Veranlassung von Absperrmaßnahmen berücksichtigt werden.[389] Mit dem Entschluss steht also fest

- „... welches Ergebnis erreicht werden soll,
- welche Kräfte eingesetzt werden,
- welche Mittel zum Einsatz kommen,
- an welchem Ort und in welchen räumlichen Bereichen die Maßnahmen wirksam werden müssen,

[383] Vgl. Bayrisches Rotes Kreuz 2009, S. 16–17; Staatliche Feuerwehrschule Würzburg 1999, S. 25–26.

[384] Vgl. Bayrisches Rotes Kreuz 2009, S. 20; Staatliche Feuerwehrschule Würzburg 1999, S. 30.

[385] Vgl. Bayrisches Rotes Kreuz 2009, S. 21; Staatliche Feuerwehrschule Würzburg 1999, S. 32.

[386] Im Gegensatz zur betriebswirtschaftlichen Gliederung der Begriffe operativ, taktisch und strategisch (vgl. Egger und Winterheller 2001, S. 50; Küpper 1995, S. 64) haben Einsatzorganisationen ein anderes Verständnis der Begriffe „taktisch" und „operativ". Taktische Maßnahmen sind unmittelbare Einsatztätigkeiten direkt an der Schadenstelle. Wobei operative Maßnahmen eher einsatzunterstützenden Charakter haben. Zu Führungsebenen bei Einsatzorganisationen siehe: Staatliche Feuerwehrschule Würzburg 1999, S. 16–22.

[387] Vgl. Bayrisches Rotes Kreuz 2009, S. 21; Bundesanstalt Technisches Hilfswerk 1999, S. 32; Staatliche Feuerwehrschule Würzburg 1999, S. 32.

[388] Vgl. Bundesanstalt Technisches Hilfswerk 1999, S. 32.

[389] Vgl. Bayrisches Rotes Kreuz 2009, S. 22–23; Staatliche Feuerwehrschule Würzburg 1999, S. 33.

- welche Zeitspanne ungefähr verstreichen wird, bis die Maßnahmen Wirkung zeigen."[390]

Dabei ist wichtig, dass Einsatzleiter einen klaren Entschluss fassen und daran festhalten. Unter Umständen müssen sie aber auf geänderte Lagen reagieren und einen Entschluss ändern.[391]

Die *Befehlsgebung* ist die Erteilung eines Befehls zur Ausführung von Maßnahmen zur Gefahrenabwehr und zur Schadenbegrenzung an Einsatzkräfte. Durch die Anordnung des Befehls wird der Entschluss in die Tat umgesetzt. Es gilt zu beachten, dass die Befehlsgewalt nicht nur das Recht, sondern auch die Pflicht zum Befehlen beinhaltet.[392] Ein Befehl legt somit fest, wer, was, wann auszuführen hat. Befehle müssen unmissverständlich sein, sind klar zu gliedern und eindeutig zu formulieren.[393] Ein gängiges Schema ist Gliederung nach Einheit, Auftrag, Mittel, Ziel und Weg. Wobei mindestens die Elemente Einheit und Auftrag enthalten sein müssen.[394]

Beschränkt sich der Befehl auf die Elemente Einheit und Auftrag (ohne Angabe von Mittel, Ziel und Weg), so lässt er den Empfängern Handlungsfreiheit bei der Durchführung. Dieses Befehlsschema wird auch als Auftragstaktik bezeichnet.[395] Des Weiteren gilt: Je länger ein Befehl gelten soll, desto größere Selbständigkeit muss den Empfängern gewährt werden und desto weniger Einzelfestlegungen dürfen getroffen werden. Außerdem ist bei dringlichen Lagen kürzer und schneller zu befehlen.[396] Ein Abweichen vom Befehl ist nur zulässig, wenn eine Lageänderung dies zwingend erfordert.[397]

Durch den einmaligen Durchlauf des Führungsvorgangs kann ein Einsatzauftrag meistens nicht erfüllt werden. Bei der Durchführung einer wiederholten Lagefeststellung und der darin enthaltenen Kontrolle kann die Richtigkeit der gegebenen Befehle

390 Bundesanstalt Technisches Hilfswerk 1999, S. 32.
391 Vgl. Bayrisches Rotes Kreuz 2009, S. 23; Staatliche Feuerwehrschule Würzburg 1999, S. 33.
392 Vgl. Bayrisches Rotes Kreuz 2009, S. 23–24; Staatliche Feuerwehrschule Würzburg 1999, S. 34.
393 Vgl. Bundesanstalt Technisches Hilfswerk 1999, S. 33.
394 Vgl. Bayrisches Rotes Kreuz 2009, S. 24–25; Staatliche Feuerwehrschule Würzburg 1999, S. 34–35.
395 Siehe auch Abschnitt 5.4.7.
396 Vgl. Bayrisches Rotes Kreuz 2009, S. 25–26; Staatliche Feuerwehrschule Würzburg 1999, S. 36–37.
397 Vgl. Bundesanstalt Technisches Hilfswerk 1999, S. 34.

überprüft werden und gegebenenfalls eine erneute Planung und Befehlsgebung angestoßen werden.[398]

5.4.4 Einsatzsystem

Die Interviewpartner von Polizei, Rettungsdienst und THW haben darauf hingewiesen, dass ein konkretes System für die Bewältigung von Einsätzen besteht. Bei Berücksichtigung der Literatur können die Elemente des beschriebenen Einsatzsystems bei allen betrachteten Einsatzorganisationen identifiziert werden. Die Beschreibung des Einsatzsystems stützt sich deshalb auf das Datenmaterial der Interviews und Literatur.

> *„Die Besonderheit, die wir hier haben, ist der Umgang mit dem Unplanbaren. Unter dem Unplanbaren meine ich, dass wir zwar wissen, dass es Katastrophen geben wird. Aber wir wissen nicht, wann, wo, wer und wie viele betroffen sein werden. Da diese wesentlichen Faktoren z.T. nicht bekannt sind, bzw. in aller Regel überhaupt nicht bekannt sind, stellt sich hier die Frage, wie ich mit dem Unplanbaren umgehen soll. Ein solcher Fall kann in Form eines Unfalles, einer Katastrophe, aber auch, wie letzten Sommer, mit einer völligen Überforderung eines Systems eintreten. Dann stellt sich schlicht und ergreifend die Frage, wie dieses System reagiert. Ich bereite mich auf das Unplanbare vor, indem ich selber ein System vorhalte, dass ich flexibel auf fast alle Situationen anpassen kann. Stets in der Hoffnung und Arbeit daran, dass wir aufmerksam und gut genug ausgebildet sind, um das System dann in den notwendigen Situationen auch anwenden zu können.“*[399]

Ziel eines Einsatzsystems ist der flexible Umgang mit nicht planbaren Situationen. In jeder der betrachteten Einsatzorganisationen ist ein Einsatzsystem etabliert, das aus den Elementen Führungsstellen bzw. Stäben, Einheiten und anderen Organisationen besteht (siehe Abbildung 28). Diese Elemente können je nach Situation in unterschiedlicher Ausprägung kombiniert werden.

Führungsstellen/ Stäbe sind für die *Leitung von Einsätzen* zuständig. Eine Führungsstelle ist dabei direkt am Einsatzort angesiedelt. Führungsstäbe sind hingegen meist nicht direkt am Einsatzort. Die Einsatzleitung kann bei kleineren Einsätzen von einer

---

398 Vgl. Bayrisches Rotes Kreuz 2009, S. 15; Staatliche Feuerwehrschule Würzburg 1999, S. 24.
399 Experte 3.

Person, dem Einsatzleiter, bewältigt werden. Ist der Einsatzleiter ab einer bestimmten Art und Größe des Einsatzes nicht mehr in der Lage, die Aufgaben alleine wahrzunehmen, ist die Einsatzleitung nach folgenden klassischen Sachgebieten zu gliedern (siehe Abbildung 29).[400] Ab diesem Zeitpunkt wird in der Praxis von Führungsstellen bzw. Stäben gesprochen.

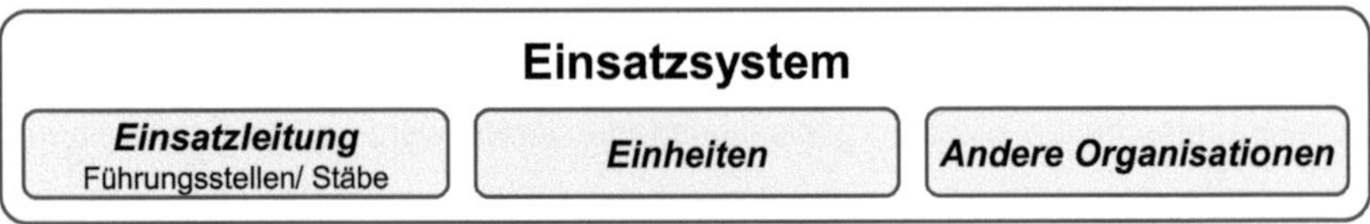

Abbildung 28: Einsatzsystem

Ein Führungsstab besteht grundsätzlich aus dem Leiter des Stabes, den Leitern der Sachgebiete S1, S2, S3 und S4 sowie bei Bedarf darüber hinaus aus den Leitern der Sachgebiete S5 bis S7. Zusätzlich gibt es der Schadenlage entsprechend benötigte Fachberater und Verbindungspersonen.[401] Eine Beschreibung der Aufgaben der einzelnen Sachgebiete ist in Anhang 9 zu finden.

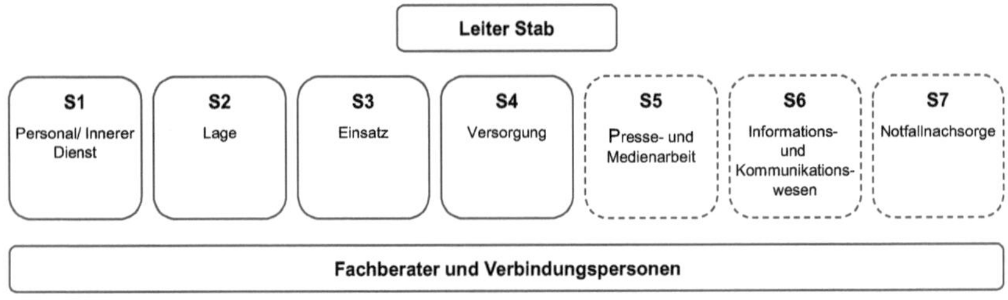

Abbildung 29: Sachgebiete der Einsatzleitung[402]

Die Einsatzleitung ist demnach immer nach den Sachgebieten

- S1: Personal/ Innerer Dienst,
- S2: Lage,
- S3: Einsatz und
- S4: Versorgung,
- S5: Presse- und Medienarbeit,
- S6: Informations- und Kommunikationswesen[403] und

400 Vgl. Bayrisches Rotes Kreuz 2009, S. 9; Staatliche Feuerwehrschule Würzburg 1999, S. 13.
401 Vgl. Bayrisches Rotes Kreuz 2009, S. 9.
402 In Anlehnung an Bayrisches Rotes Kreuz 2009, S. 9; Staatliche Feuerwehrschule Würzburg 1999, S. 14.

- S7: Notfallnachsorge[404] gegliedert.

Fachberater bzw. Verbindungspersonen sind dabei das Bindeglied zu anderen am Einsatz beteiligten Organisationen. Diese Organisationen können Vertreter von Behörden, anderen Hilfsorganisationen und anderen beteiligten Stellen sein. Fachberater beraten fachlich bzgl. möglicher Einsatzoptionen und sind dem jeweiligen Stab unterstellt. Verbindungspersonen informieren andere Organisationen über den aktuellen Status des Einsatzes ohne ein Unterstellungsverhältnis einzugehen.[405]

Die Einsatzleitung sollte personalmäßig klein gehalten, aber kompetent besetzt werden.[406]

Abbildung 30 stellt die Verknüpfung von Einsatzleitung und *Einheiten* mit Hilfe von drei Führungsebenen dar.

Führungsebene	Gliederung	Funktion		Taktik
Obere Führungsebene	Stab	Gesamt-koordination	Einsatz-leitung	Allgemeine Aufträge
Mittlere Führungsebene	Technische Einsatzleitung/ Einsatzabschnittsleitung	Regelung des taktischen Einsatzes vor Ort		Konkretisierung Detailanweisungen
Untere Führungsebene	Einheiten	Einsatz		Umsetzung

Abbildung 30: Verknüpfung von Einsatzleitung und Einheiten über Führungsebenen[407]

Die obere Führungsebene ist als Stab gegliedert und übernimmt die Gesamtkoordination des Einsatzes mit Hilfe von relativ allgemeinen Aufträgen. Diese Aufträge werden von der mittleren Führungsebene in Form von Detailanweisungen konkretisiert. Sie ist meist als technische Einsatzleitung bzw. Einsatzabschnittsleitung an der Einsatzstelle zu finden und regelt dort den taktischen Einsatz. Die obere und mittlere Führungsebene können dabei als Einsatzleitung verstandenen werden. Die untere Führungsebene sind die Einheiten, die die konkreten Einsatzmaßnahmen umsetzen.

Die Einheiten haben die einsatztaktischen Fähigkeiten die von der Einsatzleitung befohlenen Maßnahmen selbstständig umzusetzen.

403 Vgl. Bayrisches Rotes Kreuz 2009, S. 9; Staatliche Feuerwehrschule Würzburg 1999, S. 13.
404 Vgl. Bayrisches Rotes Kreuz 2009, S. 9.
405 Vgl. Bayrisches Rotes Kreuz 2009, S. 10.
406 Vgl. Bayrisches Rotes Kreuz 2009, S. 10.
407 In Anlehnung an Bundesanstalt Technisches Hilfswerk 1999, S. 9.

Wie bereits beschrieben sind *andere Organisationen* im Einsatzsystem durch die Zusammenarbeit bei der Einsatzleitung, an der Einsatzstelle vor Ort und durch integrierte Leitstellen[408] berücksichtigt.

5.4.5 Wechsel der Organisationsstruktur

Das Interviewmaterial zeigt, dass Polizei, Rettungsdienst und THW bei bestimmten Einsatzsituationen die Organisationsstruktur wechseln. Dieser Wechsel ist zudem in der Literatur näher beschrieben. Die Beschreibung des Wechsels der Organisationsstruktur stützt sich deshalb auf diese beiden Datenquellen.

> *„Wir wechseln aus dem Betrieb „Warten/Vorbereitung auf den Einsatz“ in den eigentlichen Einsatz. Im Sprachgebrauch würden wir das dann „Wir haben Einsatz“ nennen. Dieses Umwechseln bedeutet, dass wir nicht ständig im Einsatz sind. Die Normalaufgabe/Routineaufgabe, die wir somit haben, ist Herstellen und Halten der Einsatzbereitschaft durch Ausbildung, Materialbewirtschaftung und -beschaffung und verschiedenste andere Dinge wie Nachwuchsgewinnung o.ä.. In diesem Zustand bin ich noch nicht im Einsatzmodus, erst wenn die Anforderung bzw. der Alarm kommt, schalten wir auf diesen Modus um. Dann erst bin ich im Thema Einsatzbeginn und der eigentliche Ablauf mit Auftragserhalt, Lageerkundung etc. beginnt.“*[409]

Zielsetzung des Wechsels der Organisationsstruktur ist die Anpassung der Einsatzorganisation an die Bedürfnisse und Herausforderungen der jeweiligen Einsatzsituation.

Abbildung 31 zeigt die unterschiedlichen Wechsel der Organisationsstruktur von Polizei, Rettungsdienst und THW.

Bei der Polizei wird zwischen der Allgemeinen Aufbauorganisation (AAO) und der Besonderen Aufbauorganisation (BAO) unterschieden. Die AAO ist geeignet für die Aufgaben des täglichen Dienstes und regelt Zuständigkeiten, hierarchischen Aufbau sowie die Kommunikations- und Entscheidungswege. Die BAO hingegen ist eine zeitlich begrenzte Organisationsform (inkl. der Regelung von Zuständigkeiten, hierar-

---

[408] Integrierte Leitstellen sind Leitstellen, die die Alarmierung von mehr als einer Einsatzorganisation parallel übernehmen (zur Alarmierung siehe Abschnitt 5.4.1) und die Einsätze lenken sowie aufeinander abstimmen. Vgl. Bayerische Staatsregierung 2013, Art. 9.

[409] Experte 3.

chischem Aufbau und Kommunikations- und Entscheidungswegen), die bei besonderen Anlässen Anwendung findet, insbesondere um mit umfangreichen und komplexen Aufgaben umgehen zu können, für die die AAO nicht ideal geeignet ist.[410]

Abbildung 31: Wechsel der Organisationsstruktur bei Polizei, Rettungsdienst und THW

Im Wesentlichen folgt die BAO dem Aufbau eines Stabes (siehe Abschnitt 5.4.4). Die Zuständigkeiten (wer übernimmt welches Sachgebiet, welche Weisungsbefugnisse hat die BAO) und die Gliederung der Einsatzabschnitte (räumlich oder funktionell) werden bei der BAO situativ festgelegt. Allerdings werden BAOs für häufig vorkommende Ereignisse (bspw. Demonstrationen oder Großveranstaltungen) auch im Rahmen der Einsatzvorbereitung geplant (siehe Abschnitt 5.4.2). Dadurch kann die Chaosphase[411] verkürzt werden.

Abbildung 32 zeigt beispielhaft ein Organigramm einer BAO.

Abbildung 32: Beispiel einer besonderen Aufbauorganisation[412]

410 Vgl. Bundesministerium des Inneren 2012, S. Anhang 20.

411 Als Chaosphase wird die Zeit zwischen dem Eintritt des Schadensereignisses und den ersten koordinierten Handlungen an der Einsatzstelle bezeichnet.

412 Vgl. Heimann 2009, S. 1379.

Bei der skizzierten BAO steht dem Polizeiführer ein Führungsstab zur Unterstützung zur Verfügung. Zudem sind drei Einsatzabschnitte (Demonstranten, Verkehr und Pressearbeit) inkl. der zugehörigen Führungsgruppen festgelegt.

Es ist ersichtlich, dass die Organisationsstruktur auf die jeweilige Aufgabe anlassbezogen und zielgerichtet angepasst wird.

Im Rettungsdienst wird die Organisationsstruktur in Bezug auf die Einsatzleitung je nach Lage und Einsatzgeschehen angepasst. Die jeweilige Ausgestaltung ist bereits im Vorfeld strukturell festgelegt. Abbildung 33 zeigt die Struktur des Rettungsdienstes in Bayern bei normalen Lagen.

Bei normalen Lagen obliegt die Einsatzleitung dem Notarzt, der an der Einsatzstelle ist. Die Lenkung des Einsatzes übernimmt dort die integrierte Leitstelle.

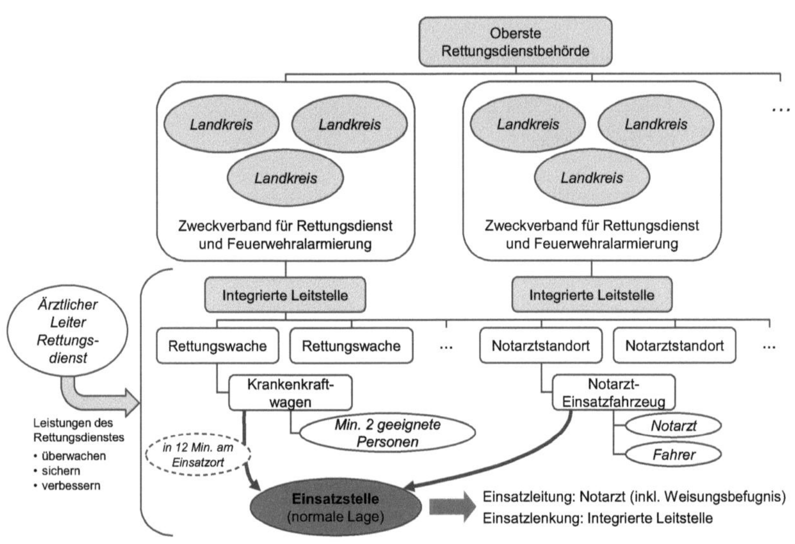

Abbildung 33: Struktur des Rettungsdienstes in Bayern bei normalen Lagen[413]

Bei einer Lage über dem gewöhnlichen Einsatzgeschehen (mehr als zehn Verletzte oder mehr als drei Notärzte im Einsatz) verändert sich die Zuständigkeit für die Ein-

---

[413] Eigene Darstellung. Vgl. Bayerische Staatsregierung 2010, 2013.

satzleitung und –koordinierung (siehe Abbildung 34 und Anhang 10 Abbildung 51). Hier ist eine besondere Vorgehensweise des Rettungsdienstes oder eine Koordinierung mit Kräften des Sanitätsdienstes notwendig.

Wechsel der Einsatzleitung

Lage über dem gewöhnlichen Einsatzgeschehen*

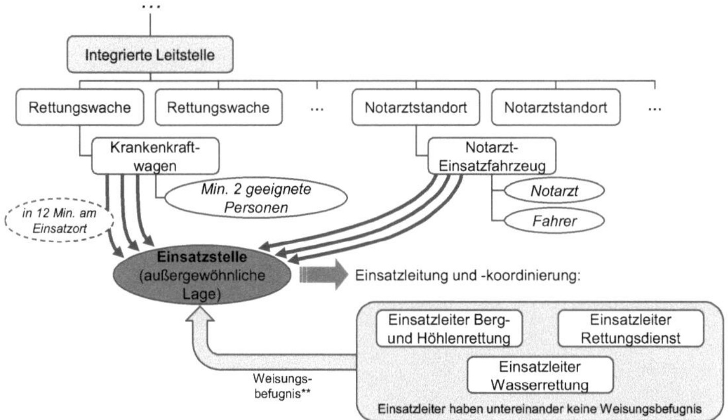

* Mehr als 10 Verletzte oder mehr als 3 Notärzte sind im Einsatz und eine besondere Vorgehensweise des Rettungsdienstes oder eine Koordinierung mit Kräften des Sanitätsdienstes ist notwendig. (Vgl. AVBayRDG § 14 Abs. 1)

** Das Weisungsrecht des Notarztes in medizinischen Fragen und das Weisungsrecht der Integrierten Leitstelle zur Lenkung der Einsätze bleiben davon unberührt. (Vgl. AVBayRDG § 15 Abs. 2)

Abbildung 34: Wechsel der Einsatzleitung im Rettungsdienst in Bayern bei Lagen, die über dem gewöhnlichen Einsatzgeschehen liegen, und eine besondere Vorgehensweise des Rettungsdienstes oder eine Koordinierung mit Kräften des Sanitätsdienstes notwendig machen[414]

Bei einer Lage über dem gewöhnlichen Einsatzgeschehen, bei der keine Koordinierung des Sanitätsdienstes unter der Führung einer Sanitäts-Einsatzleitung notwendig ist, hat die Einsatzleitung und –koordinierung der jeweilige Einsatzleiter Rettungsdienst/ Höhlenrettung/ Wasserrettung inne. Die Einsatzlenkung liegt nach wie vor bei der integrierten Leitstelle.

Es gibt noch zwei weitere lageabhängige Wechsel der Organisationstruktur beim Rettungsdienst in Bayern. Diese sind der

[414] Eigene Darstellung. Vgl. Bayerische Staatsregierung 2010, 2013.

- Wechsel der Einsatzleitung bei Lagen, die über dem gewöhnlichen Einsatzgeschehen liegen und eine besondere Vorgehensweise des Rettungsdienstes oder eine Koordinierung mit Kräften des Sanitätsdienstes unter der Führung einer Sanitäts-Einsatzleitung erfordern und der
- Wechsel der Einsatzleitung im Rettungsdienst in Bayern bei einer Lage im Katastrophenfall.

Diese sind in Anhang 10 dargestellt und beschrieben.

Auch das THW wechselt im konkreten Einsatzfall die Struktur und baut eine zusätzliche Aufbau- und Ablauforganisation für die Leitung- und Koordinierung von Einsätzen auf. Abbildung 35 stellt den Strukturwechsel beim THW im Einsatzfall dar.

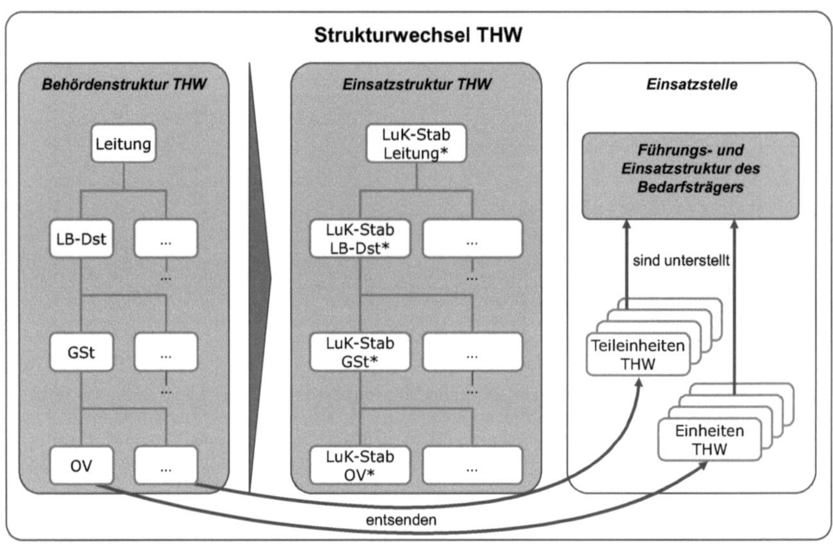

Abbildung 35: Strukturwechsel des THW im Einsatzfall[415]

Im Alltag ist das THW gegliedert in die Ebenen Leitung, Landesbeauftragen Dienststellen (LB-Dst), Geschäftsstellen (GSt) und Ortsverbände (OV). Im Einsatzfall entsenden die OVs Einheiten bzw. Teileinheiten, die sich der Führungs- und Einsatzstruktur des Bedarfsträgers unterstellen. Zudem baut das THW intern eine Einsatzstruktur in Form von LuK-Stäben (Lage- und Koordinierungsstäbe) in den jeweils

415 In Anlehnung an Bundesanstalt Technisches Hilfswerk 2006, S. 4-1 und 4-40.

notwendigen Ebenen auf. LuK-Stäbe sind nach der Struktur von Führungsstäben gegliedert (siehe Abschnitt 5.4.4) und haben die Funktion, die Einsätze des THW zu leiten und zu koordinieren. Die LuK-Stäbe existieren im Alltag nicht.[416]

5.4.6 Doppelfunktion von Mitarbeitern

Bei allen betrachteten Einsatzorganisationen konnte festgestellt werden, dass Mitarbeiter zwei Funktionen haben. Eine Funktion üben sie aus, wenn gerade kein Einsatz zu absolvieren ist. Die andere Funktion übernehmen sie in der Einsatzsituation.

> *„Es gibt die Menschen in Stabsfunktionen, also die Ausbilder. Die, die für das Budget zuständig sind oder so wie ich für die Öffentlichkeitsarbeit oder so etwas. Die haben eine Doppelfunktion, die sind auf der einen Seite im Management und in der Administration tätig. Auf der anderen Seite haben sie auch eine Einsatzverwendung.“*[417]

Einsatzorganisationen verfolgen damit das Ziel, die Einsatzaffinität und die Einsatzexpertise der Mitarbeiter zu fördern.

Beispielsweise können Mitarbeiter der Feuerwehr im Einsatzfall Zugführer sein und in Ruhephasen Einsatzkonzepte ausarbeiten. Bei der Polizei gibt es z.B. die Kombination aus Stabsmitarbeiter im Einsatzfall und administrativer Funktion im Alltag.

Für diese Doppelfunktion ist eine gewisse Grundausbildung für alle Mitarbeiter notwendig und eine spezielle auf die jeweilige Einsatzsituation abgestimmte zusätzliche Ausbildung. Um die Einsatzfähigkeiten jederzeit abrufen zu können, bedarf es außerdem konsequenter Übung und Weiterbildung. Das stellt die Verbindung zu der in Abschnitt 5.4.2 beschriebenen Einsatzvorbereitung her.

5.4.7 Auftragstaktik

Die Interviewpartner von Feuerwehr, Polizei und THW haben die Wichtigkeit der Auftragstaktik besonders herausgestellt und betont, dass sie sowohl angestrebt als auch gelebt wird.

---

[416] Vgl. Bundesanstalt Technisches Hilfswerk 2006, S. 4-1 - 4-40.
[417] Experte 6.

> *„Ein Zauberwort ist bei uns „Führen durch Auftrag“. Das heißt, dass die Kommandanten draußen vor Ort tatsächlich innerhalb ihres Auftrages auch frei agieren können. Ich gebe ein Ziel vor und überlasse den Weg zur Zielerreichung dem Kommandanten vor Ort. Damit nicht immer Rückfragen stattfinden, ob er irgendetwas noch darf oder nicht. Das Prinzip „Führen durch Auftrag“.“*[418]

Das Ziel der Auftragstaktik ist es, den Einsatzkräften Handlungsfreiheit bei der Bewältigung von Einsätzen zu gewähren, um auch bei unvorhergesehenen Lagen schnell und flexibel handeln zu können.

Wie bereits in Abschnitt 5.4.3 beschrieben wird unter Auftragstaktik das Befehlsschema mit Einheit und Auftrag verstanden, ohne die zur Zielerreichung notwendigen Mittel und den Weg vorzugeben.[419]

Das bedeutet, dass die Einheiten innerhalb ihres Auftrags frei agieren können und sollen. Dabei ist zu beachten, dass Aufträge von der oberen zu unteren Führungsebene immer konkreter und detaillierter werden.

5.4.8 Reservenbildung

Die Bildung von Reserven, auch in dringlichen Situationen, wurde von einem Interviewpartner des Rettungsdienstes hervorgehoben. Zudem wird die Reservenbildung auch in den Vorschriften des THW explizit beschrieben.

> *„Was natürlich für uns wichtig ist, wenn man das Brandgeschehen hernimmt. Das ist von der Ressourcenaufbringung nicht uninteressant. Wir sagen immer dazu, eine gewisse Art von Tagesgeschäft bleibt ja im Hintergrund erhalten. D.h. wenn alles draußen ist zu einem Brand, sei es jetzt bei der Feuerwehr oder beim Rettungsdienst. Es ist immer das Gleiche. Man kann ja nicht sagen, tut mir Leid, wir sind grade unbesetzt. Und der, der als nächstes mit dem Rad in den Straßengraben fährt, der kriegt nichts. D.h. wir müssen schauen, dass dort auch noch jemand da ist. Dass der, der im Krankenhaus ist, vielleicht ein bisschen länger warten muss, bis er dran kommt, das nimmt man in Kauf. Aber die Notfallabdeckung, dass der, der einen Herzinfarkt hat oder mit dem*

---

418 Experte 7.

419 Vgl. Bayrisches Rotes Kreuz 2009, S. 25–26; Staatliche Feuerwehrschule Würzburg 1999, S. 36–37.

Rad in den Graben fährt, auch noch zu seiner Hilfe kommt, das ist bei uns ganz ganz wichtig. Oder dass ein weiterer Brand kommt oder technische Hilfeleistung bei der Feuerwehr. Dass er auch noch eine Reserve hat, die er schicken kann. ... Denn da muss die Reservenbildung oder Notfallvorhaltung, so nennen wir es, einfach sichergestellt werden."[420]

Das Ziel der Reservenbildung ist der Erhalt der Reaktionsfähigkeit auf unvorhergesehene Zwischenfälle bzw. Änderungen der Lage durch den unverzüglichen Einsatz der zurück gehaltenen Reserven. Ein weiterer Grund für die Bildung von Reserven ist die hohe körperliche und seelische Beanspruchung der Einsatzkräfte, die das Leistungsvermögen einschränken kann. Das gilt insbesondere auch für Führungskräfte. Deshalb sind abhängig von Beanspruchung und Einsatzdauer Ablösungen erforderlich.

Aus diesen Gründen ist die Bildung von Reserven auf jeder Führungsebene anzustreben, sofern Lage und Anzahl der verfügbaren Einheiten, Teileinheiten oder Einrichtungen das erlauben. Sollte das auf einer Ebene aus taktischen Gründen nicht möglich sein, so geht diese Verpflichtung auf die nächst höhere Ebene über.[421]

Im Folgenden werden die identifizierten Methoden für die Durchführung von Einsätzen analog zu den Methoden zum Umgang mit Störungen im Produktionsanlauf bewertet.

5.5 Bewertung der Methoden für die Durchführung von Einsätzen

Zur Bewertung der Methoden für die Durchführung von Einsätzen wird jede Methode hinsichtlich der Berücksichtigung der Einsatzsituation und der Anforderungen an den Umgang mit Einsätzen betrachtet. Ein Ansatz deckt den jeweiligen Aspekt ab, wenn dieser explizit berücksichtigt oder unterstützt wird. Welche Anforderungen eine Methode abdeckt und wie die jeweilige Anforderung erfüllt wird, ist in Tabelle 16 beschrieben. Nicht berücksichtigte Aspekte werden in der Tabelle nicht aufgeführt. Die berücksichtigten Eigenschaften der Einsatzsituation sind zur besseren Unterscheidung fett gedruckt.

420 Experte 4.
421 Vgl. Bundesanstalt Technisches Hilfswerk 1999, S. 50–51.

Tabelle 17 zeigt eine Übersicht der jeweiligen Abdeckung der Einsatzsituation und der Anforderungen zum Umgang mit Einsätzen der identifizierten Methoden von Einsatzorganisationen.

Die Bewertung der Methoden für die Durchführung von Einsätzen zeigt, dass gerade die Eigenschaften der Einsatzsituation und die deshalb notwendigen Handlungsmuster und -schritte sehr gut unterstützt werden. Es werden alle Anforderungen zum Umgang mit Störungen von dem in Einsatzorganisationen etablierten Methodenset abgedeckt.

Tabelle 16: Berücksichtigung der Eigenschaften der Einsatzsituation und Anforderungen an den Umgang mit Einsätzen durch die Methoden von Einsatzorganisationen

Methode	Berücksichtigung	Beschreibung
*Die berücksichtigten Eigenschaften der Einsatzsituation sind zur besseren Unterscheidung fett gedruckt.		
Einsatzprozess	**Hohe Dynamik**	Die Grundstruktur ist auf unterschiedlichste Situationen anwendbar.
	Unsichere Umwelt	
	Hoher Leistungsdruck	
	Hoher Zeitdruck	
	Hohe notwendige Entscheidungskompetenz und Führung	Die Leitung der Einsatzmaßnahmen ist klar geregelt.
	Notwendigkeit für Vorbereitung und Reaktion	Der Einsatzprozess ist eine Reaktion auf bestimmte Ereignisse und wird sowohl gelehrt als auch geübt.
	Notwendigkeit klarer Hierarchie	Klare Hierarchie an der Einsatzstelle
	Notwendigkeit von Information	Wird durch den Prozessschritt Erkundung/ Sichtung berücksichtigt
	Schnelle Handlungs- bzw. Einsatzbereitschaft	Wird durch den Prozessschritt Alarmierung berücksichtigt
Einsatzvorbereitung	**Hohe Dynamik**	Vorbereitung auf die Dynamik der Einsatzsituation durch Übungen, Planspiele und Führungssimulationstrainings. Zudem kann durch den Baukasten an Einsatzoptionen flexibel reagiert werden.

Methode	Berücksichtigung	Beschreibung
*Die berücksichtigten Eigenschaften der Einsatzsituation sind zur besseren Unterscheidung fett gedruckt.		
	Unsichere Umwelt	Modular kombinierbare Einsatzoptionen sowie Übungen und Standards zur Arbeitssicherheit
	Hoher Leistungsdruck	Berücksichtigt durch Übungen, Planspiele und Führungssimulationstrainings.
	Hoher Zeitdruck	
	Hohe notwendige Entscheidungskompetenz und Führung	
	Notwendigkeit für Vorbereitung und Reaktion	Berücksichtigt durch Durchführung der Ausbildung und Schaffung von Standards
	Notwendigkeit klarer Hierarchie	Berücksichtigt durch Führungssimulationstrainings und Übungen
	Notwendigkeit von Information	Berücksichtigt durch Lernen aus Erfahrungen und Qualitätsmanagement
	Schnelle Handlungs- bzw. Einsatzbereitschaft	Berücksichtigt durch Übungen, Planspiele und Führungssimulationstrainings
Führungsvorgang	**Hohe Dynamik**	Berücksichtigt durch ständige Wiederholung des Führungsvorgangs
	Unsichere Umwelt	Berücksichtigt durch die Beurteilung der Lage
	Hoher Leistungsdruck	Bei dringlichen Lagen muss kürzer und schneller befohlen werden. Ständige Kontrolle ob durch die gegebenen Befehle das beabsichtigte Ziel erreicht wird.
	Hoher Zeitdruck	
	Hohe notwendige Entscheidungskompetenz und Führung	Der Führungsvorgang ist ein Verfahren zum Führen. Er beinhaltet auch die Pflicht zu befehlen.
	Notwendigkeit für Vorbereitung und Reaktion	Der Führungsvorgang ist ein Verfahren zur Reaktion auf bestimmte Ereignisse und wird sowohl gelehrt als auch geübt.
	Notwendigkeit klarer Hierarchie	Berücksichtigt durch die Hierarchie bei Befehlen
	Notwendigkeit von Information	Berücksichtigt durch Lagefeststellung und Kontrolle

Methode	Berücksichtigun g	Beschreibung
*Die berücksichtigten Eigenschaften der Einsatzsituation sind zur besseren Unterscheidung fett gedruckt.		
	Schnelle Handlungs- bzw. Einsatz-bereitschaft	Bei dringlichen Lagen muss kürzer und schneller befohlen werden.
Einsatzsystem	**Hohe Dynamik**	Das Einsatzsystem ist speziell auf diese Anforderung ausgelegt.
	Unsichere Umwelt	Einheiten haben den Einsatz in unsicherer Umwelt trainiert.
	Hoher Leistungsdruck	Das Einsatzsystem ist speziell auf diese Anforderungen ausgelegt.
	Hoher Zeitdruck	
	Hohe notwendige Entscheidungs-kompetenz und Führung	Berücksichtigt durch Führungsebenen
	Notwendigkeit für Vorbereitung und Reaktion	Berücksichtigt durch regelmäßige Übungen im Einsatzsystem
	Notwendigkeit klarer Hierarchie	Berücksichtigt durch Führungsebenen
	Notwendigkeit von Information	Berücksichtigt durch Einsatzleitung S2
	Schnelle Handlungs- bzw. Einsatz-bereitschaft	Das Einsatzsystem ist speziell auf diese Anforderung ausgelegt.
Wechsel der Organisations-struktur	**Hohe Dynamik**	Der Wechsel der Organisationsstruktur ist ein Mittel mit diesen Anforderungen umzugehen.
	Unsichere Umwelt	
	Hoher Leistungsdruck	
	Hoher Zeitdruck	
	Hohe notwendige Entscheidungs-kompetenz und Führung	
	Notwendigkeit für Vorbereitung und Reaktion	Der Wechsel der Organisationsstruktur ist ein Mittel zur Reaktion auf bestimmte Ereignisse und wird sowohl gelehrt als auch geübt.

Methode	Berücksichtigung	Beschreibung
*Die berücksichtigten Eigenschaften der Einsatzsituation sind zur besseren Unterscheidung fett gedruckt.		
	Notwendigkeit klarer Hierarchie	Klare Hierarchien werden durch den Wechsel der Organisationsstruktur hergestellt.
	Notwendigkeit von Information	Der Wechsel der Organisationsstruktur ist ein Mittel um mit dieser Anforderung umzugehen.
	Schnelle Handlungs- bzw. Einsatz-bereitschaft	
Doppelfunktion von Mitarbeitern	**Hohe Dynamik**	Unterschiedliche Einsatzgebiete von Mitarbeitern
	Hoher Leistungsdruck	Schnelle Verfügbarkeit von Know-How
	Hoher Zeitdruck	
	Notwendigkeit für Vorbereitung und Reaktion	Berücksichtigt durch Grundausbildung
	Schnelle Handlungs- bzw. Einsatz-bereitschaft	Schnelle Verfügbarkeit von Know-How
Auftragstaktik	**Hohe Dynamik**	Handlungsspielraum bei der Entwicklung von Lösungen
	Unsichere Umwelt	Handelnde müssen die Situation immer selbst beurteilen.
	Hoher Leistungsdruck	Das Ziel ist vorgegeben und der Weg und die Mittel offen. Handlungsspielraum bei der Entwicklung von Lösungen ist gegeben. Handelnde müssen die Situation immer selbst beurteilen.
	Hoher Zeitdruck	
	Hohe notwendige Entscheidungs-kompetenz und Führung	
	Notwendigkeit für Vorbereitung und Reaktion	Berücksichtigt durch regelmäßige Übung. Auftragstaktik dient der Reaktion.
	Notwendigkeit klarer Hierarchie	Handlungsspielraum bei der Entwicklung von Lösungen
Reservenbildung	**Hohe Dynamik**	Aufgrund dieser Anforderungen werden Reserven gebildet.
	Unsichere Umwelt	

Methode	Berücksichtigung	Beschreibung
*Die berücksichtigten Eigenschaften der Einsatzsituation sind zur besseren Unterscheidung fett gedruckt.		
	Hoher Leistungsdruck	
	Hoher Zeitdruck	
	Notwendigkeit für Vorbereitung und Reaktion	
	Schnelle Handlungs- bzw. Einsatz-bereitschaft	

Tabelle 17: Übersicht der jeweiligen Methodenabdeckung in Bezug auf die Eigenschaften der Einsatzsituation und die Anforderungen zum Umgang mit Einsätzen

	Methode deckt ab	Eigenschaften von Einsatz-situationen				Anforderungen an den Umgang mit Einsätzen				
		Hohe Dynamik	Unsichere Umwelt	Hoher Leistungsdruck	Hoher Zeitdruck	Hohe notwendige Entscheidungs-kompetenz und Führung	Notwendigkeit für Vorbereitung und Reaktion	Notwendigkeit klarer Hierarchie	Notwendigkeit von Information	Schnelle Handlungs- bzw. Einsatzbereitschaft
1	**Einsatzprozess**	x	x	x	x	x	x	x	x	x
2	**Einsatzvorbereitung**	x	x	x	x	x	x	x	x	x
3	**Führungsvorgang**	x	x	x	x	x	x	x	x	x
4	**Einsatzsystem**	x	x	x	x	x	x	x	x	x
5	**Wechsel der Organisationsstruktur**	x	x	x	x	x	x	x	x	x
6	**Doppelfunktion von Mitarbeitern**	x		x	x		x			x
7	**Auftragstaktik**	x	x	x	x	x	x	x		
8	**Reservenbildung**	x	x	x	x		x			x

Die identifizierten Methoden für die Durchführung von Einsätzen sind damit also prinzipiell geeignet, die in Abschnitt 4.3 identifizierte Lücke im Umgang mit Störungen im Produktionsanlauf zu schließen.

Im folgenden Kapitel wird überprüft, welche der Methoden von Einsatzorganisationen für die Adaption auf den Produktionsanlauf geeignet sind.

5.6 Eignung der Methoden für die Adaption auf den Produktionsanlauf

Prinzipiell sind alle identifizierten Methoden von Einsatzorganisationen für einen Übertrag auf den Umgang mit Störungen im Produktionsanlauf geeignet, weil alle Methoden von Einsatzorganisationen die im Produktionsanlauf nicht oder schlecht abgedeckten Anforderungen *hohe Dynamik* sowie *hohen Leistungs- und Zeitdruck* unterstützen. Zudem werden von den meisten Methoden von Einsatzorganisationen die im Produktionsanlauf nicht oder schlecht berücksichtigen Anforderungen *unsichere Umwelt*, *Notwendigkeit klarer Hierarchie* und *schnelle Handlungs- bzw. Einsatzbereitschaft* adressiert.

Für die Adaption einer Methode von Einsatzorganisationen auf den Produktionsanlauf ist zudem sicherzustellen, dass diese nicht zu spezifisch sind und auch auf den Anwendungsfall Störungen im Produktionsanlauf übertragbar sind. Vor diesem Hintergrund wurden folgende Kriterien entwickelt:

- Die Zielsetzung einer Methode von Einsatzorganisationen sollte mit einer Herausforderung im Umgang mit Störungen im Produktionsanlauf korrespondieren.
  - ➔ Damit wird sichergestellt, dass die Anwendung einer Methode auch beim Umgang mit Störungen im Produktionsanlauf zielführend ist.
- Eine Methode von Einsatzorganisationen sollte nicht nur auf eine spezifische Einsatzsituation anwendbar sein.
  - ➔ Damit wird sichergestellt, dass eine Methode nicht nur für einen sehr speziellen Anwendungsbereich geeignet ist.
- Eine Methode von Einsatzorganisationen sollte nicht nur bei einer spezifischen Einsatzorganisation anwendbar sein.
  - ➔ Damit wird sichergestellt, dass eine Methode nicht nur für eine bestimmte Organisation geeignet ist.

- Für die Anwendung einer Methode von Einsatzorganisationen sollten keine Voraussetzungen bzw. Randbedingungen notwendig sein, die nur in Einsatzorganisationen zu finden sind.
  ➔ Damit wird sichergestellt, dass für die Anwendung einer Methode keine Voraussetzungen bzw. Randbedingungen notwendig sind, die beim Umgang mit Störungen im Produktionsanlauf nicht vorhanden sind oder nicht geschaffen werden können.

Tabelle 18 stellt die Bewertung der Kriterien für die Adaption der Methoden von Einsatzorganisationen auf den Umgang mit Störungen im Produktionsanlauf für jede Methode dar.

Die Bewertung der Kriterien für die Adaption der Methoden von Einsatzorganisationen auf den Umgang mit Störungen im Produktionsanlauf zeigt, dass für jede Zielsetzung einer Methode von Einsatzorganisationen eine korrespondierende Herausforderung im Produktionsanlauf existiert.

Des Weiteren ist die Anwendung der Methoden weder auf eine bestimmte Einsatzsituation noch auf eine bestimmte Einsatzorganisation beschränkt.

Die Voraussetzung für die Anwendung der Methode *Einsatzsystem* ist die Gliederung dieses Systems in Einsatzleitung, Einheiten und andere Organisationen. Eine entsprechende Gliederung müsste für eine Anwendung beim Umgang mit Störungen im Produktionsanlauf erst geschaffen werden.

Damit die Mitarbeiter *Doppelfunktionen* ausüben können, benötigen diese in Einsatzorganisationen eine Grundausbildung. Welche Voraussetzungen für den Einsatz von Mitarbeitern in Doppelfunktionen beim Umgang mit Störungen im Produktionsanlauf zu erfüllen sind, ist je nach Einsatzgebiet zu prüfen.

Die Voraussetzung für die Methode *Auftragstaktik* ist das etablierte Einsatzsystem und der Führungsvorgang.

Zusammenfassend kann festgestellt werden, dass alle identifizierten Methoden von Einsatzorganisationen für die Adaption auf den Umgang mit Störungen im Produktionsanlauf geeignet sind. Zudem könnten durch die Adaption derzeit bestehende Schwachstellen im Umgang mit Störungen im Produktionsanlauf behoben werden.

Tabelle 18: Bewertung der Kriterien für die Adaption der Methoden von Einsatzorganisationen auf den Umgang mit Störungen im Produktionsanlauf

	Methoden von Einsatzorganisationen	Zielsetzung der Methode	Korrespondierende Herausforderung im PA	Spezifisch für bestimmte Einsatz-situation	Spezifisch für bestimmte Einsatz-organisation	Voraus-setzungen bzw. Rand-bedingungen
1	**Einsatzprozess**	Strukturierung des Vorgehens bei einem Einsatz	Strukturierung des Vorgehens bei einer Störung	Nein	Nein	Keine
2	**Einsatzvorbereitung**	Vorbereitung für Einsätze	Vorbereitung für Störungen	Nein	Nein	Keine
3	**Führungsvorgang**	Einsatz der richtigen Mittel, zur richtigen Zeit, am richtigen Ort, in der richtigen Anzahl und in der richtigen Qualität	Einsatz der richtigen Mittel, zur richtigen Zeit, am richtigen Ort, in der richtigen Anzahl und in der richtigen Qualität	Nein	Nein	Keine
4	**Einsatzsystem**	Flexible Reaktion bei Einsätzen	Flexible Reaktion bei Störungen	Nein	Nein	Gliederung des Systems in Einsatzleitung, Einheiten und andere Organisationen
5	**Wechsel der Organisationsstruktur**	Anpassung der Organisationsstruktur an die Einsatzsituation	Anpassung der Organisationsstruktur an die Störungssituation	Nein	Nein	Keine
6	**Doppelfunktion von Mitarbeitern**	Förderung der Einsatzaffinität und -expertise der Mitarbeiter	Förderung der Störungsaffinität und -expertise der Mitarbeiter	Nein	Nein	Grund-ausbildung notwendig
7	**Auftragstaktik**	Handlungsfreiheit bei der Bewältigung von Einsätzen	Handlungsfreiheit beim Umgang mit Störungen	Nein	Nein	Einsatzsystem und Führungs-vorgang
8	**Reservenbildung**	Schnelle Reaktion auf unvorhergesehene Zwischenfälle	Schnelle Reaktion auf unvorhergesehene Zwischenfälle	Nein	Nein	Keine

Die Erarbeitung eines Modells für den methodischen Umgang mit Störungen im Produktionsanlauf inkl. der Adaption der identifizierten Methoden von Einsatzorganisationen ist Inhalt des folgenden Kapitels.

6 Modell für den methodischen Umgang mit Störungen im Produktionsanlauf

In Abschnitt 5.5 wurde gezeigt, dass die Methoden für den Umgang für die Durchführung von Einsätzen die identifizierten Schwächen im Umgang mit Störungen im Produktionsanlauf (siehe Abschnitt 4.3) prinzipiell verbessern können. Zudem wurde in Abschnitt 5.6 dargestellt, dass die Methoden für den Umgang mit Einsätzen von Einsatzorganisationen generell auf den Produktionsanlauf übertragbar sind, diese aber noch auf den Produktionsanlauf adaptiert werden müssen. Die Adaption der Methoden wurde im Rahmen dieser Arbeit durchgeführt und wird in diesem Kapitel vorgestellt.

Es wird ein Modell für den methodischen Umgang mit Störungen im Produktionsanlauf entwickelt, das die adaptierten Methoden von Einsatzorganisationen mit den in der Literatur identifizierten Methoden für den Umgang mit Störungen kombiniert. Das entwickelte Modell hat normativen Charakter und beschreibt somit den Umgang mit Störungen, wie er auf Basis der Ergebnisse dieser Arbeit geschehen soll.

Zunächst werden der Aufbau und die Struktur des Modells für den methodischen Umgang mit Störungen im Produktionsanlauf beschrieben. Im Anschluss daran werden die auf den Produktionsanlauf adaptierten Methoden von Einsatzorganisationen vorgestellt. Darauf aufbauend werden Herausforderungen bei der Anwendung des Modells dargestellt. Abschließend wird der Werkzeugkasten für den methodischen Umgang mit Störungen im Produktionsanlauf erläutert.

In diesem Kapitel wird somit Forschungsfrage V beantwortet: Wie muss ein Modell für den Umgang mit Störungen gestaltet sein, das die identifizierten Schwachstellen mit Hilfe von Methoden von Einsatzorganisationen behebt?

6.1 Aufbau und Struktur des Modells für den methodischen Umgang mit Störungen im Produktionsanlauf

Um die identifizierten Schwächen im Umgang mit Störungen im Produktionsanlauf zu beheben, wurde ein Modell für den methodischen Umgang mit Störungen im Produktionsanlauf entwickelt, das sowohl die für den Produktionsanlauf bereits bekannten Methoden als auch Methoden, die von Einsatzorganisationen adaptiert sind, miteinander kombiniert. Abbildung 36 zeigt das entwickelte Modell für den methodischen Umgang mit Störungen im Produktionsanlauf.

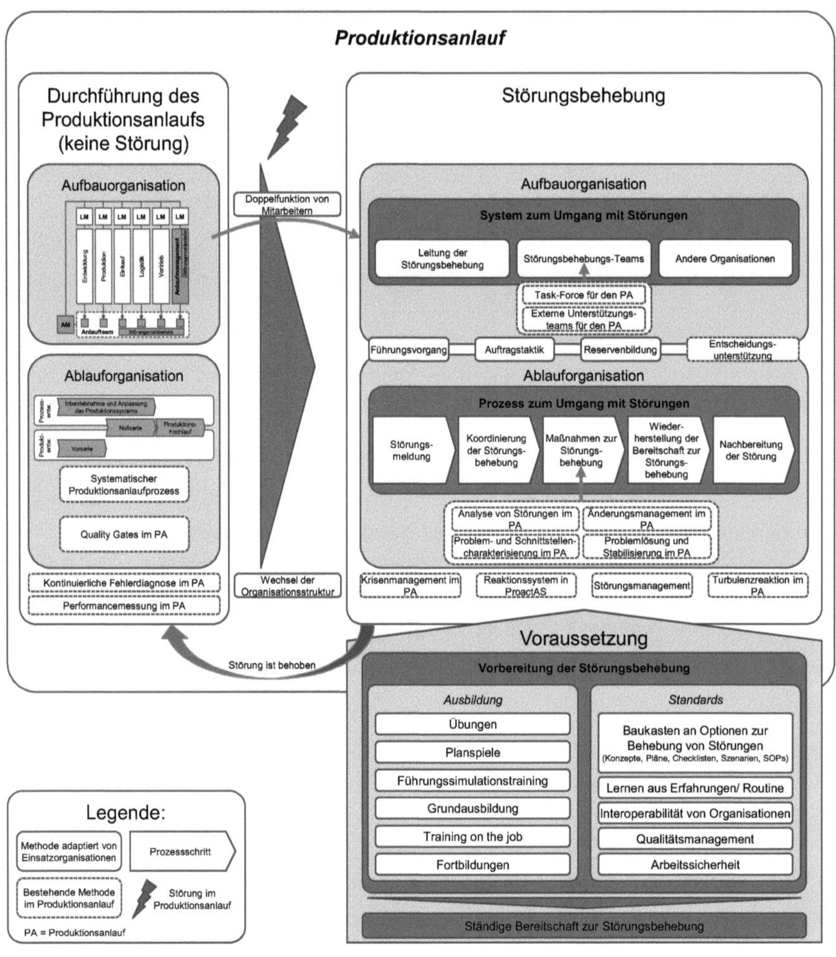

Abbildung 36: Modell für den methodischen Umgang mit Störungen im Produktionsanlauf

Die Durchführung des Produktionsanlaufs (keine Störung) findet mit Hilfe der regulären *Aufbau- und Ablauforganisation* (siehe Abschnitt 2.5.2 und 2.5.1) statt. Die Ablauforganisation folgt dabei dem *systematischen Produktionsanlaufprozess* (siehe Abschnitt 4.1.13) sowie der *Quality Gates* Systematik (siehe Abschnitt 4.1.10). Außerdem kann der Produktionsanlauf durch *kontinuierliche Fehlerdiagnose* (siehe Abschnitt 4.1.5) und *Performancemessung* (siehe Abschnitt 4.1.7) überwacht werden.

Wenn eine Störung im Produktionsanlauf auftritt, muss darauf reagiert werden. Auf diese neue Situation der Störungsbehebung ist die *Organisationsstruktur anzupassen* (in Anlehnung an Abschnitt 5.4.5).

Die Aufbauorganisation ist dabei als *System zum Umgang mit Störungen* zu gestalten (in Anlehnung an Abschnitt 5.4.4). Dieses besteht aus den Elementen *Leitung der Störungsbehebung*, *Störungsbehebungs-Teams* und *anderen Organisationen*. Die Störungsbehebungs-Teams sollten dabei die bereits etablierten Methoden *Task-Force* (siehe Abschnitt 4.1.14) und *externe Unterstützungsteams* (siehe Abschnitt 4.1.3) nutzen. Des Weiteren ist darauf zu achten, dass die Mitarbeiter, die zur Störungsbehebung herangezogen werden, *Doppelfunktionen* (in Anlehnung an Abschnitt 5.4.6) haben.

Die Ablauforganisation ist nach dem *Prozess zum Umgang mit Störungen* (in Anlehnung an Abschnitt 5.4.1) zu strukturieren. Der Prozess ist gegliedert in die Prozessschritte *Störungsmeldung*, *Koordinierung der Störungsbehebung*, *Maßnahmen zur Störungsbehebung*, *Wiederherstellung der Bereitschaft zur Störungsbehebung* und *Nachbereitung der Störung*. Die Maßnahmen zur Störungsbehebung beinhalten unter anderem auch die im Produktionsanlauf etablierten Methoden *Analyse von Störungen* (siehe Abschnitt 4.1.1), *Änderungsmanagement* (siehe Abschnitt 4.1.2), *Problem- und Schnittstellencharakterisierung* (siehe Abschnitt 4.1.8) und *Problemlösung und Stabilisierung* (siehe Abschnitt 4.1.9).

Zudem erleichtert die Anwendung der Methoden *Führungsvorgang* (in Anlehnung an Abschnitt 5.4.3), *Auftragstaktik* (in Anlehnung an Abschnitt 5.4.7), *Reservenbildung* (in Anlehnung an Abschnitt 5.4.8) und *Entscheidungsunterstützung* (siehe Abschnitt 4.1.3) die Führung und Entscheidungsfindung beim Umgang mit Störungen. *Krisenmanagement* (siehe Abschnitt 4.1.6), das *Reaktionssystem in ProactAS* (siehe Abschnitt 4.1.11), *Störungsmanagement* (siehe Abschnitt 4.1.12) und *Turbulenzreaktion* (siehe Abschnitt 4.1.15) sind weitere im Produktionsanlauf bereits etablierte Methoden, die die Störungsbehebung generell unterstützen.

Ziel der Störungsbehebung ist es, sofern das möglich ist, die Auswirkungen und die Ursachen von *Störungen zu beheben* und dadurch wieder einen störungsfreien Zustand herzustellen, in dem wieder die reguläre Aufbau- und Ablauforganisation eingenommen wird.

Die Voraussetzung und damit die Grundlage für eine schnelle und zielgerichtete Störungsbehebung ist die *Vorbereitung der Störungsbehebung* (in Anlehnung an Abschnitt 5.4.2). Sie besteht aus den Komponenten *Ausbildung* und *Standards*. Zur Ausbildung gehören *Übungen*, *Planspiele*, *Führungssimulationstrainings*, *Grundausbildung*, *Training on the job* und *Fortbildungen*. Das Erarbeiten eines *Baukastens an Optionen zur Behebung von Störungen*, das *Lernen aus Erfahrungen/ Routine*, die *Interoperabilität zwischen Organisationen*, *Qualitätsmanagement* und die Aspekte der *Arbeitssicherheit* sind Bestandteil der Standards. Die Vorbereitung der Störungsbehebung kann dabei außerhalb von laufenden Produktionsanläufen stattfinden.

Die Vorbereitung der Störungsbehebung ist außerdem die Basis, um während eines Produktionsanlaufs die *ständige Bereitschaft zur Störungsbehebung* sicherzustellen.

Die zentralen Methoden für die Störungsbehebung sind also der *Prozess zum Umgang mit Störungen* in Kombination mit dem *System zum Umgang mit Störungen*. Für diese Methoden werden die Grundlagen bei der *Vorbereitung der Störungsbehebung* geschaffen. Die restlichen aufgeführten Methoden sind als Unterstützung zu verstehen und im Rahmen dieser zentralen Methoden anzuwenden.

Im Folgenden werden die für das Modell zum methodischen Umgang mit Störungen im Produktionsanlauf adaptierten Methoden von Einsatzorganisationen beschrieben.

6.2 Adaption der identifizierten Methoden von Einsatzorganisationen auf den Produktionsanlauf

Um die Methoden von Einsatzorganisationen im Produktionsanlauf anwenden zu können, müssen diese auf die korrespondierende Zielsetzung (vgl. Abschnitt 5.6) sowie auf die Besonderheiten und Rahmenbedingungen im Produktionsanlauf adaptiert werden.

Die adaptierten Methoden werden in der identischen Reihenfolge wie die ursprünglichen Methoden der Einsatzorganisationen in Abschnitt 5.4 beschrieben.

6.2.1 Prozess zum Umgang mit Störungen

Das Ziel des Prozesses zum Umgang mit Störungen ist es, das Vorgehen vom Feststellen einer Störung bis hin zur Nachbereitung einer behobenen Störung zu strukturieren.

Abbildung 37 zeigt den Prozess zum Umgang mit Störungen im Produktionsanlauf, der in Anlehnung an den Einsatzprozess von Einsatzorganisationen (siehe Abbildung 25) entwickelt wurde.

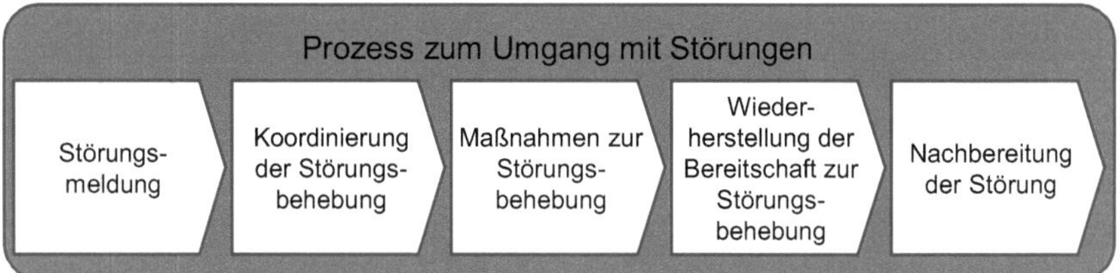

Abbildung 37: Prozess zum Umgang mit Störungen im Produktionsanlauf

Wenn eine Störung auftritt, muss diese zunächst festgestellt werden und anschließend der Störungsmeldestelle *gemeldet* werden (siehe hierzu Abschnitt 6.2.4 und 6.2.5). Es wird dabei festgestellt, welche Störung, wie, wo vorliegt.

Auf Basis dieser Informationen wird begonnen die *Störungsbehebung zu koordinieren*. Ziel der Koordinierung ist es, abhängig von der jeweiligen Störung die richtigen Mitarbeiter zu alarmieren und diese mit den richtigen Hilfsmitteln sowie den richtigen Informationen zur Störungsstelle zu schicken. Die Zuordnung der Mitarbeiter und Hilfsmittel zur jeweiligen Störungssituation sollte aufgrund des im Rahmen der Vorbereitung der Störungsbehebung erarbeiteten Baukastens an Optionen zur Behebung von Störungen (siehe Abschnitt 6.2.2) erfolgen.

Daran anschließend finden die *Maßnahmen zur Behebung von Störungen* statt. Zunächst ist die Störung zu analysieren und hinsichtlich des Störungsobjekts, der Störungsart, des Störungsorts und der Störungsursache zu klassifizieren. Anhand dieser Klassifizierung können dann die entsprechenden Maßnahmen eingeleitet werden. Die Maßnahmen orientieren sich dabei an den Optionen zur Behebung von Störungen, die bereits in der Vorbereitung der Störungsbehebung erarbeitet, geschult und geübt wurden (siehe Abschnitt 6.2.2). Außerdem sind in den Optionen zur Behebung von Störungen die Methoden Analyse von Störungen (siehe Abschnitt 4.1.1), Änderungsmanagement (siehe Abschnitt 4.1.2), Problem- und Schnittstellencharakterisierung (siehe Abschnitt 4.1.8) sowie Problemlösung und Stabilisierung (siehe Abschnitt 4.1.9) anzuwenden.

Das Ergebnis der Störungsbehebung ist, dass die Störung nicht mehr festzustellen ist und die Ursache behoben ist.

In der *Wiederherstellung der Bereitschaft zur Störungsbehebung* wird in erster Linie sichergestellt, dass die verwendeten Hilfsmittel auch bei einer zukünftigen Störungsmeldung voll funktionsfähig sind und evtl. verbrauchte Materialen wieder beschafft werden.

Die *Nachbereitung der Störung* umfasst die Tätigkeiten der Dokumentation und des gezielten Rückflusses der gewonnen Erkenntnisse durch die Störungsbehebung in die Vorbereitung der Störungsbehebung. Um das zu erreichen, sollten Störungsnachbereitungsbesprechungen und Lessons-Learned durchgeführt werden.

Die Gesamtverantwortung für die Durchführung des Prozesses zum Umgang mit Störungen liegt bei dem Leiter der Störungsbehebung (siehe Abschnitt 6.2.4). Die tatsächliche operative Durchführung der Maßnahmen zur Störungsbehebung, der Wiederherstellung der Bereitschaft zur Störungsbehebung und der Nachbereitung der Störung wird von den Störungsbehebungs-Teams übernommen. Hier wirkt die Leitung der Störungsbehebung im Wesentlichen koordinierend mit.

Die im Einsatzprozess (siehe Abschnitt 5.4.1) enthaltenen Schritte Verlegung zum Einsatzort und Erkundung/ Sichtung sowie Übergabe der Einsatzstelle/ des Patienten und Rückverlegung sind im Prozess zum Umgang mit Störungen im Produktionsanlauf nicht separat notwendig, weil die Störungsobjekte innerhalb des produzierenden Unternehmens sind und der Leiter des Störungsbehebungs-Teams aus dem Bereich kommen sollte, in dem auch die Störung auftritt (siehe Abschnitt 6.2.4). Diese Schritte werden bei der Koordinierung der Störungsbehebung und den Maßnahmen zur Störungsbehebung berücksichtigt.

6.2.2 Vorbereitung der Störungsbehebung

Die Voraussetzung, um gezielt auf unterschiedlichste Störungen im Produktionsanlauf reagieren zu können, ist die Vorbereitung der Störungsbehebung.

In Anlehnung an die Einsatzvorbereitung von Einsatzorganisationen ist die Vorbereitung der Störungsbehebung auf den Umgang mit Störungen im Produktionsanlauf adaptiert worden (siehe Abbildung 38).

Die Vorbereitung der Störungsbehebung setzt sich zusammen aus *Standards und Ausbildung*. Die Standards fließen dabei in die Ausbildung mit ein.

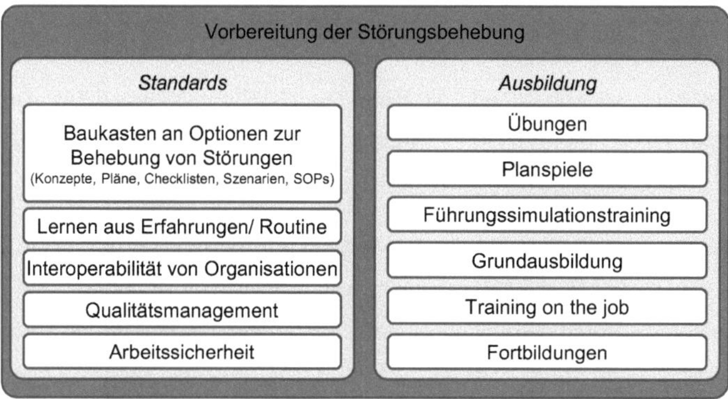

Abbildung 38: Vorbereitung der Störungsbehebung im Produktionsanlauf

Unterschiedliche Störungsszenarien und die Reaktionen darauf werden anhand von *Standards* gegliedert und typologisiert. Standards beinhalten einen Baukasten an Optionen zur Behebung von Störungen, das Lernen aus Erfahrungen bzw. Routinen, die Interoperabilität von Organisationen, Qualitätsmanagement und Arbeitssicherheit.

Die Grundlage, um auf Störungen reagieren zu können, bildet der *Baukasten an Optionen zur Behebung von Störungen*. Darunter sind Konzepte, Pläne, Checklisten, SOPs auf Basis von bestimmten Störungsszenarien zu verstehen. Die Störungsszenarien sind von der in Abschnitt 2.6.3 vorgestellten Klassifizierung von Störungen im Produktionsanlauf abzuleiten. Auf Basis der Störungsobjekte, Störungsarten, Störungsorte und Störungsursachen können Szenarien und darauf aufbauend mögliche Optionen zur Behebung erarbeitet werden. Die Methoden Analyse von Störungen im Produktionsanlauf (siehe Abschnitt 4.1.1), Änderungsmanagement im Produktionsanlauf (siehe Abschnitt 4.1.2), Problem- und Schnittstellencharakterisierung (siehe Abschnitt 4.1.8) sowie Problemlösung und Stabilisierung (siehe Abschnitt 4.1.9) sind dabei zu berücksichtigen und zu integrieren. Die Optionen zur Behebung von Störungen stellen damit die Grundlage für die Ausbildung und die tatsächliche Störungsbehebung (siehe Abschnitte 6.2.1, 6.2.4 und 6.2.5) dar.

Aufgrund von *Erfahrungen*, die bei der Behebung von Störungen gemacht werden, werden die vorhandenen Konzepte, Pläne, Checklisten, SOPs angepasst und optimiert. Dadurch wird sichergestellt, dass das Wissen von *routinierten* Mitarbeitern zum einen dokumentiert und zum anderen auch an unerfahrenere Mitarbeiter weiter gegeben wird.

Die *Interoperabilität von Organisationen* im Störungsfall bedarf einer Regelung der Kommunikationswege, Ansprechpartner und Zuständigkeiten im Störungsfall. Des Weiteren müssen Vereinbarungen die Beteiligung in Störungsbehebungs-Teams berücksichtigen, die in den Konzepten, Plänen, Checklisten und SOPs der Optionen zur Behebung von Störungen zu dokumentieren sind.

Qualitätsmanagement beinhaltet die Auswertung von behobenen Störungen im Produktionsanlauf und ggfs. die Anpassung des Baukastens an Optionen zur Behebung von Störungen. Dadurch wird sichergestellt, dass neue Vorgehensweisen sowohl in der Ausbildung als auch bei zukünftigen Störungsbehebungen berücksichtigt werden und ungeeignete überarbeitet werden.

Zudem müssen die Aspekte der *Arbeitssicherheit* berücksichtigt werden, um die Sicherheit der Mitarbeiter auch während der Behebung von Störungen zu gewährleisten.

Die *Ausbildung* bereitet die Mitarbeiter auf die Störungsbehebung vor und besteht aus den Komponenten Übungen, Planspiele, Führungssimulationstraining, Grundausbildung, Training on the Job und Fortbildungen.

In *Übungen* werden Störungen im Produktionsanlauf realitätsnah nachgestellt, um die Störungsbehebung so praxisnah wie möglich zu trainieren. Das geschieht auf Basis der Szenarien des Baukastens an Optionen zur Behebung von Störungen. Zu einer Übung gehört das Durchlaufen eines kompletten Prozesses zum Umgang mit Störungen (siehe Abschnitt 6.2.1) inkl. Wechsel der Organisationsstruktur (siehe Abschnitt 6.2.5), System zum Umgang mit Störungen (siehe Abschnitt 6.2.4), Anwendung des Führungsvorgangs (siehe Abschnitt 6.2.3) sowie Auftragstaktik (siehe Abschnitt 6.2.7) und ggfs. Beteiligung von anderen Organisationen. Dadurch ist es möglich, insbesondere den Umgang mit der besonderen Stresssituation zu simulieren und die erarbeiteten Konzepte, Pläne, Checklisten und SOPs zu überprüfen. Es sollte allerdings beachtet werden, dass ein geübtes Störungsszenario in der Realität nicht ganz genauso wie in der Übung eintreten muss. Eine Übung sollte daher primär den Fokus auf die Anwendung von Vorgehensweisen und das Erlangen von Selbstbewusstsein und Sicherheit im Umgang mit Störungen legen, und weniger auf die konkrete Behebung der Übungsstörung.

Bei einem *Planspiel* werden Störungsszenarien durchdacht, papierbasiert durchgespielt und dadurch Lösungsansätze trainiert. Die konkreten Handlungen wie Prozess zum Umgang mit Störungen, Wechsel der Organisationsstruktur, Anwendung des Führungsvorgangs sowie Auftragstaktik und Beteiligung von anderen Organisationen werden zwar durchdacht, aber nicht durchgeführt. Planspiele sind deshalb für das Erlernen und Üben von Vorgehensweisen ohne Stresssituation geeignet.

Das Ziel von *Führungssimulationstrainings* ist es, unterschiedliche Standards zur Störungsbehebung auf Führungs- und Leitungsebene zu trainieren und zu überprüfen, wie diese miteinander funktionieren. Es wird geübt, wie mit unterschiedlichen Situationen umgegangen werden soll, welche Reihenfolge von Handlungen sinnvoll ist sowie wie und welcher Koordinierungsbedarf zu handhaben ist. Es werden also die unterschiedlichen Störungsstandards in verschiedenen Kombinationen durchgespielt, um im Anschluss beurteilen zu können, ob diese geeignet sind oder sie anders bzw. flexibler gestaltet werden müssen.

Die *Grundausbildung* dient dazu, allen an der Störungsbehebung beteiligten Mitarbeitern die Grundzüge, Zusammenhänge und wichtigsten Methoden des Modells für den methodischen Umgang mit Störungen im Produktionsanlauf zu vermitteln. Dadurch werden ein gemeinsames Verständnis und die Grundlage für weitere individuell notwendige Ausbildungen geschaffen.

Beim *Training on the job* werden unerfahrene Mitarbeiter direkt bei tatsächlichen Störungsbehebungen von erfahrenen Mitarbeitern geschult und übernehmen schrittweise unterschiedliche Aufgaben. Zudem sollen auch erfahrene Mitarbeiter untereinander Erfahrungen während einer Störungsbehebung austauschen.

Fortbildungen dienen der regelmäßigen Weiterbildung von Mitarbeitern in Bezug auf die Störungsbehebung im Produktionsanlauf.

6.2.3 Führungsvorgang

Das Ziel des Führungsvorgangs beim Umgang mit Störungen im Produktionsanlauf ist der Einsatz der richtigen Mittel, zur richtigen Zeit, am richtigen Ort, in der richtigen Anzahl und in der richtigen Qualität.

Abbildung 39 zeigt den Führungsvorgang im Produktionsanlauf in Anlehnung an den Führungsvorgang von Einsatzorganisationen.

Der Grund zur Durchführung des Führungsvorgangs ist eine Störung des Produktionsanlaufs.

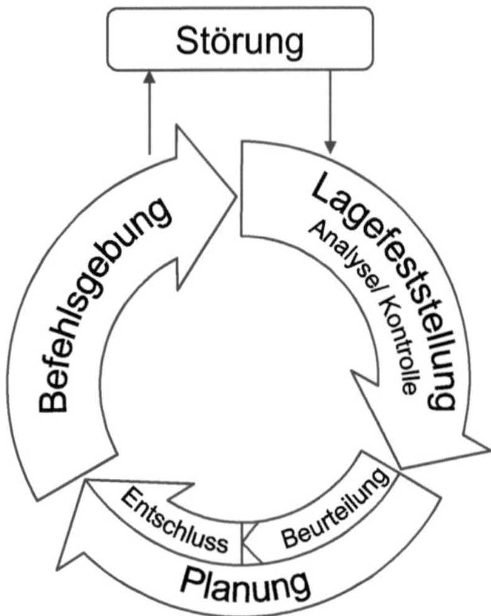

Abbildung 39: Führungsvorgang im Produktionsanlauf[422]

Der erste Schritt ist die *Lagefeststellung*, die aus der Analyse der Störung und der Kontrolle besteht. Die *Analyse* ist dabei die Grundlage, um weitere Schritte im Umgang mit der vorhandenen Störung beurteilen und planen zu können. Die Störung ist hinsichtlich Störungsobjekt, Störungsart, Störungsort und Störungsursache zu analysieren. Die *Kontrolle* wird durchgeführt, nachdem der Führungsvorgang durchlaufen wurde. Darin wird der Erfolg der umgesetzten Maßnahmen mit der ursprünglichen Absicht des Entschlusses verglichen.

Die *Planung* besteht aus Beurteilung und Entschluss. Die *Beurteilung* beinhaltet die Abwägung von unterschiedlichen Handlungsalternativen im Umgang mit der vorliegenden Störung. Dabei sind die zur Störungsbehebung verfügbaren Mittel und die unterschiedlichen Handlungsalternativen zu berücksichtigen. Der *Entschluss* stellt die Auswahl einer bestimmten Handlungsalternative dar. Sollten die momentan verfügbaren Mitarbeiter und Mittel nicht für die Störungsbehebung ausreichen, so müssen im Rahmen des Entschlusses auch zusätzliche Mitarbeiter oder zusätzliche Mittel angefordert bzw. organisiert werden. Zudem ist die Bildung von evtl. notwendigen Reserven zu berücksichtigen (siehe Abschnitt 6.2.8). Maßgabe beim Entschluss ist,

422 In Anlehnung an Bayrisches Rotes Kreuz 2009, S. 16; Bundesanstalt Technisches Hilfswerk 1999, S. 29; Staatliche Feuerwehrschule Würzburg 1999, S. 25.

den größten Nutzen mit dem geringsten Aufwand zu erzielen. Das Ergebnis ist die Festlegung

- welches Ziel,
- von welchen Mitarbeitern,
- mit welchen Mitteln,
- im Zusammenhang mit welcher Störung und
- in welcher Zeitspanne erreicht werden soll.

Die Befehlsgebung ist die Erteilung eines Befehls, um den Entschluss in die Tat umzusetzen. Ein Befehl legt fest, wer, was, wann auszuführen hat und sollte mindestens die Elemente Mitarbeiter bzw. Team und Auftrag enthalten. Das Befehlsschema sollte sich an der Auftragstaktik (siehe Abschnitt 6.2.7) orientieren. Dabei wird dem Befehlsempfänger bei der Umsetzung des Auftrags Handlungsfreiheit gewährt. Wie auch bei Einsatzorganisationen gilt beim Umgang mit Störungen im Produktionsanlauf, dass in dringlichen Situationen kürzer und schneller befohlen werden muss und dass bei einer großen Reichweite eines Befehls größere Selbstständigkeit gewährt werden sollte. Außerdem sollte von einem Befehl nur dann abgewichen werden, wenn eine Änderung der Situation das zwingend erfordert.

Durch das einmalige Abarbeiten des Führungsvorgangs kann eine Störung im Produktionsanlauf evtl. nicht behoben werden. Deshalb ist eine erneute Lagefeststellung bzw. Kontrolle der Wirkung des Befehls notwendig. Unter Umständen müssen daraufhin Planung und Befehlsgebung erneut angestoßen werden.

6.2.4 System zum Umgang mit Störungen

Um flexibel auf Störungen reagieren zu können, ist ein System zum Umgang mit Störungen zu etablieren. Analog zum Einsatzsystem von Einsatzorganisationen ist es gegliedert in die Leitung der Störungsbehebung, Störungsbehebungs-Teams und andere Organisationen (siehe Abbildung 40).

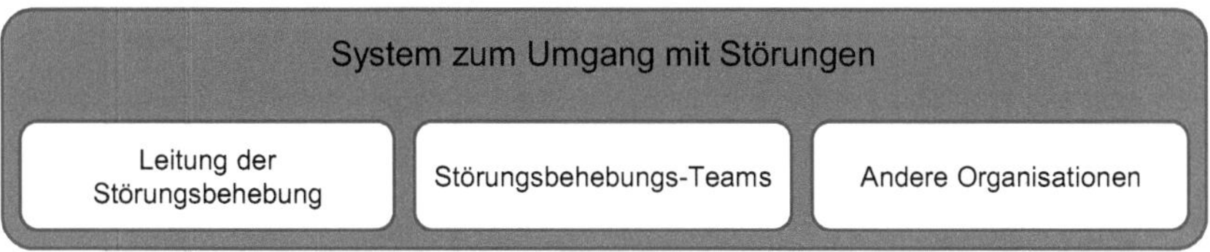

Abbildung 40: System zum Umgang mit Störungen im Produktionsanlauf

Im System zum Umgang mit Störung ist die Leitung der Störungsbehebung zuständig für die Koordination und Abstimmung der Behebung von Störungen. Die Leitung der Störungsbehebung gibt also vor, welches Ziel erreicht werden soll und schafft dafür die notwendigen Rahmenbedingungen. Abbildung 41 zeigt den Aufbau der Leitung der Störungsbehebung.

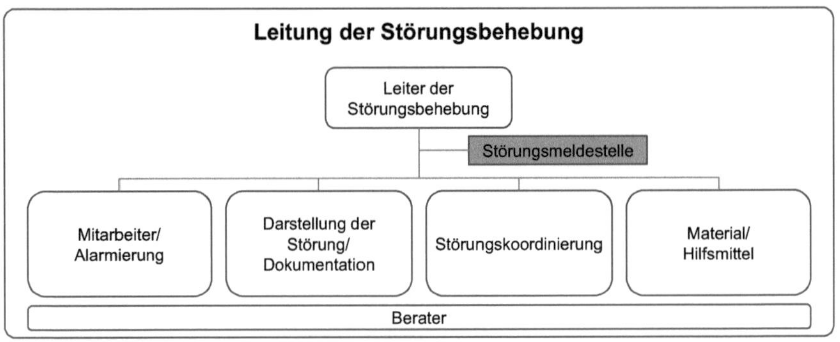

Abbildung 41: Aufbau der Leitung der Störungsbehebung

Die Gesamtverantwortung für diese Aufgaben liegt beim *Leiter der Störungsbehebung*. Im Störungsfall ist diesem direkt die *Störungsmeldestelle* zugeordnet (siehe auch Abschnitt 5.4.5), um im Fall von mehreren parallelen Störungen die Behebungsmaßnahmen aufeinander abstimmen zu können. Je nach Komplexität und Umfang der Störung sowie der daraus resultierenden Aufgaben der Leitung der Störungsbehebung, kann der Leiter der Störungsbehebung alle notwendigen Aufgaben selbst bewältigen (inkl. Störungsmeldestelle) oder er benötigt dazu personelle Unterstützung. Die Mitarbeiter hierfür sollten bevorzugt aus dem Anlaufteam bzw. der zuständigen Abteilung für Anlaufmanagement kommen (siehe auch 5.4.5).

Grundsätzlich hat die Leitung der Störungsbehebung die Aufgabe die für die Behebung der jeweils vorliegenden Störung notwendigen *Mitarbeiter zu alarmieren* und die dazu notwendigen *Materialien bzw. Hilfsmittel bereit zu stellen* oder zu organisieren. Hierzu ist es notwendig, eine hinreichend genaue Kenntnis der vorliegenden Störung zu haben und diese entsprechend *darzustellen und zu dokumentieren*. Da sich während der Störungsbehebung Änderungen ergeben können, ist die Leitung der Störungsbehebung auch für die *Koordinierung während der Störungsbehebung* zuständig. Das beinhaltet die Abstimmung von Aufgaben zwischen unterschiedlichen Störungsbehebungs-Teams, das Nachalarmieren von weiteren notwendigen Mitarbeitern, die Organisation und Beschaffung von zusätzlichem Material bzw. von Hilfsmitteln sowie die Koordination von anderen Organisationen.

Des Weiteren ist im Störungsfall die *Störungsmeldestelle* der Leitung der Störungsbehebung zugeordnet. Das stellt zum einen die ständige Erreichbarkeit der Leitung der Störungsbehebung sicher und zum anderen laufen so alle Informationen über bestehende und neue Störungen direkt an einer Stelle zusammen.

Zudem sind der Leitung der Störungsbehebung bei Bedarf zur fachlichen Unterstützung und besseren Beurteilung der Situation *Berater* von den jeweils relevanten Fachabteilungen sowie von anderen Organisationen zur Seite zu stellen (siehe auch Abschnitt 5.4.5).

Die Leitung der Störungsbehebung ist kompetent zu besetzen und personalmäßig klein zu halten. Die Leitung der Störungsbehebung ist regelmäßig im Rahmen der Vorbereitung der Störungsbehebung in Form von Übungen und Führungssimulationstrainings zu trainieren (siehe Abschnitt 6.2.2).

Die Maßnahmen zur Behebung von Störungen im Produktionsanlauf werden von einem Störungsbehebungs-Team durchgeführt. Das Störungsbehebungs-Team sollte dabei individuell für die jeweilige Störung zusammengestellt werden. Den grundsätzlichen Aufbau zeigt Abbildung 42.

Abbildung 42: Aufbau eines Störungsbehebungs-Teams

Die Verantwortung für das Störungsbehebungs-Team und damit auch für die Durchführung von Maßnahmen liegt beim *Leiter des Störungsbehebungs-Teams*. Der Leiter des Störungsbehebungs-Teams sollte aus dem Bereich bzw. der Abteilung kommen in der die größte fachliche Expertise über die jeweilige Störung vorliegt. In der Regel ist das die Abteilung, in der die Störung auftritt oder in der die Ursache der Störung liegt.

Die Mitglieder eines Störungsbehebungs-Teams setzen sich aus *Mitarbeitern aus den für die Störungsbehebung relevanten Abteilungen* und anderen Organisationen zusammen. Die Auswahl der Mitglieder richtet sich nach der vorliegenden Störung und erfolgt auf Basis der in der Vorbereitung der Störungsbehebung erarbeiteten Störungskonzepte, durchgeführten Übungen und der Erfahrung der Mitarbeiter (siehe Abschnitt 6.2.2). Störungsbehebungs-Teams sollten personell so klein wie möglich und so groß wie nötig gehalten werden. Die Mitarbeiter aus relevanten Abteilungen eines Störungsbehebungs-Teams entsprechen der Logik von Task-Forces für den Produktionsanlauf aus Abschnitt 4.1.14.

Wie bereits beschrieben sind auch *andere Organisationen* ein Bestandteil des Systems zum Umgang mit Störungen. Sie werden von der Leitung der Störungsbehebung koordiniert und wirken ggfs. in Störungsbehebungs-Teams mit. Insbesondere bei logistischen Störungen oder Störungen bei Produktionsanlagen kann das Know-How von anderen Organisationen wichtig sein. Durch die Berücksichtigung von anderen Organisationen innerhalb der Störungsbehebungs-Teams wird die Methode der externen Unterstützungsteams für den Produktionsanlauf aus Abschnitt 4.1.3 aufgegriffen.

Für die Durchführung von Maßnahmen zur Behebung von Störungen benötigt das Störungsbehebungs-Team ggfs. *Material bzw. Hilfsmittel* oder sonstige Ressourcen.

6.2.5 Wechsel der Organisationsstruktur

Das Ziel des Wechsels der Organisationsstruktur ist es, diese an die jeweilige Störungssituation anzupassen, um flexibel und schnell darauf reagieren zu können.

Es wird beim Eintritt einer Störung von der normalen Organisationsstruktur des Produktionsanlaufs (siehe Abschnitt 2.5), wenn also keine Störung vorliegt, in die Organisationsstruktur zur Störungsbehebung gewechselt (siehe Abbildung 43).

Die Aufbauorganisation im Produktionsanlauf hat zwei Grundformen. Es kann zum einen eine für das Anlaufmanagement zuständige Funktionseinheit in der Linie geben oder zum anderen ein Anlaufteam mit oder ohne feste Mitarbeiterzuordnung. Je nachdem, welche Ausprägung das Anlaufmanagement hat, sollte entweder im Anlaufteam oder in der Funktionseinheit in der Linie eine Störungsmeldestelle verortet sein. Die Störungsmeldestelle ist zu kontaktieren, wenn eine Störung im Produktionsanlauf eintritt. Deshalb muss die ständige Erreichbarkeit der Störungsmeldestelle gewährleistet werden.

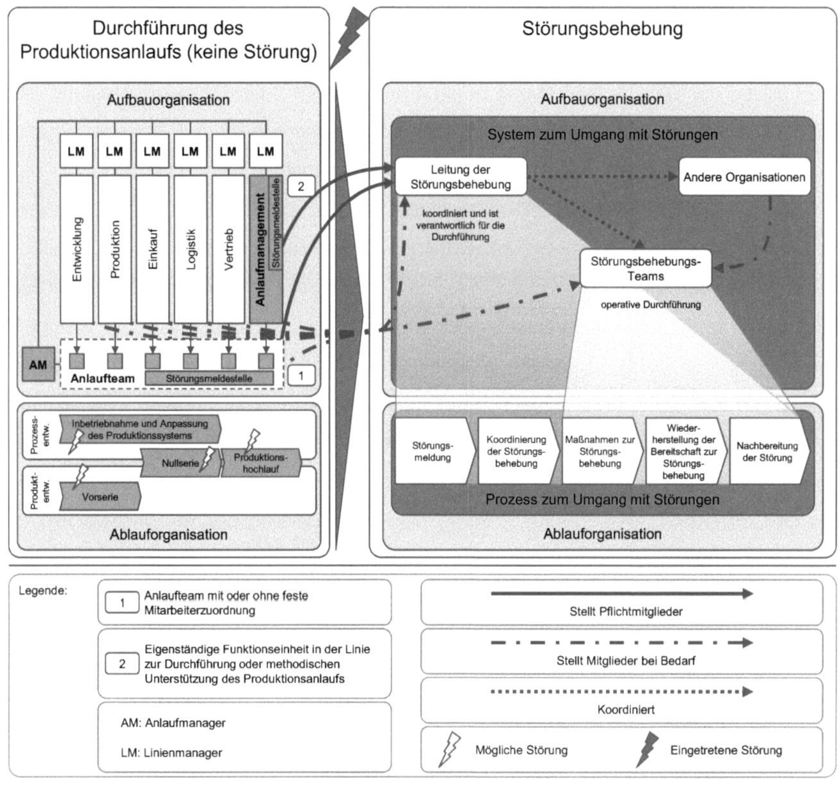

Abbildung 43: Wechsel der Organisationsstruktur beim Eintritt einer Störung im Produktionsanlauf

Wird bei der Störungsmeldestelle eine Störung im Produktionsanlauf gemeldet, kommt es zum Wechsel der Organisationsstruktur. Damit wird das System zum Umgang mit Störungen (siehe Abschnitt 6.2.4) aktiviert und der Prozess zum Umgang mit Störungen (siehe Abschnitt 6.2.1) wird abgearbeitet.

Dabei ist die Leitung der Störungsbehebung verantwortlich für die Durchführung des Prozesses zum Umgang mit Störungen und koordiniert die Störungsbehebungs-Teams und andere für die Störungsbehebung evtl. notwendige Organisationen. Der Leiter der Störungsbehebung sollte von der für das Anlaufmanagement zuständigen Funktionseinheit oder dem Anlaufteam kommen. Für den Fall, dass ein Mitarbeiter für die Leitung der Störungsbehebung nicht ausreicht, können bei Bedarf zu dessen

Unterstützung auch Mitarbeiter aus anderen Bereichen hinzugezogen werden. Außerdem ist die Störungsmeldestelle im Störungsfall der Leitung der Störungsbehebung zugeordnet. Die Leitung der Störungsbehebung ist personalmäßig klein zu halten, aber kompetent zu besetzen.

Die Leitung der Störungsbehebung beginnt bei der Störungsbehebung zunächst damit, auf Basis der Störungsmeldung die Störung gemäß dem Führungsvorgang (siehe Abschnitt 6.2.3) zu analysieren und die Lage festzustellen. Das Ergebnis der Planung beinhaltet, welches Ziel von einem oder mehreren Störungsbehebungs-Teams mit welchen Mitteln erreicht werden soll. Daraufhin werden die Störungsbehebungs-Teams (siehe Abschnitt 6.2.4) auf Grundlage der in der Vorbereitung der Störungsbehebung erarbeiteten und geübten Optionen zur Behebung von Störungen (siehe Abschnitt 6.2.2) zusammengestellt. Die Mitglieder der Störungsbehebungs-Teams stammen aus unterschiedlichen Abteilungen oder von anderen Organisationen. Die Störungsbehebungs-Teams führen die Maßnahmen zur Störungsbehebung durch, stellen anschließend die Bereitschaft zur erneuten Störungsbehebung wieder her und bereiten die behobene Störung nach. Die Leitung der Störungsbehebung koordiniert dabei die Störungsbehebungs-Teams, kontrolliert die Wirksamkeit der Maßnahmen, steuert ggfs. nach und unterstützt die Störungsbehebungs-Teams, falls zusätzliches Material/ Hilfsmittel/ Personal notwendig ist.

Nach erfolgreichem Beheben der Störung und nach Abschluss des Prozesses zum Umgang mit Störungen wird wieder die normale Organisationsstruktur des Produktionsanlaufs eingenommen.

6.2.6 Doppelfunktion von Mitarbeitern

Durch die Verwendung von Mitarbeitern in unterschiedlichen Funktionen (normale Tätigkeit und Tätigkeit während der Störungsbehebung) soll erreicht werden, dass zum einen die Expertise der Mitarbeiter bei der Störungsbehebung genutzt wird und zum anderen die Kompetenz zum Umgang mit Störungen im Produktionsanlauf im Unternehmen breit verfügbar ist. Außerdem werden sie durch das Beheben von Störungen diesbezüglich sensibilisiert und können die gewonnen Erkenntnisse auch in vorbeugende Maßnahmen miteinfließen lassen.

Abbildung 44 zeigt die Verwendung von Mitarbeitern in Doppelfunktionen.

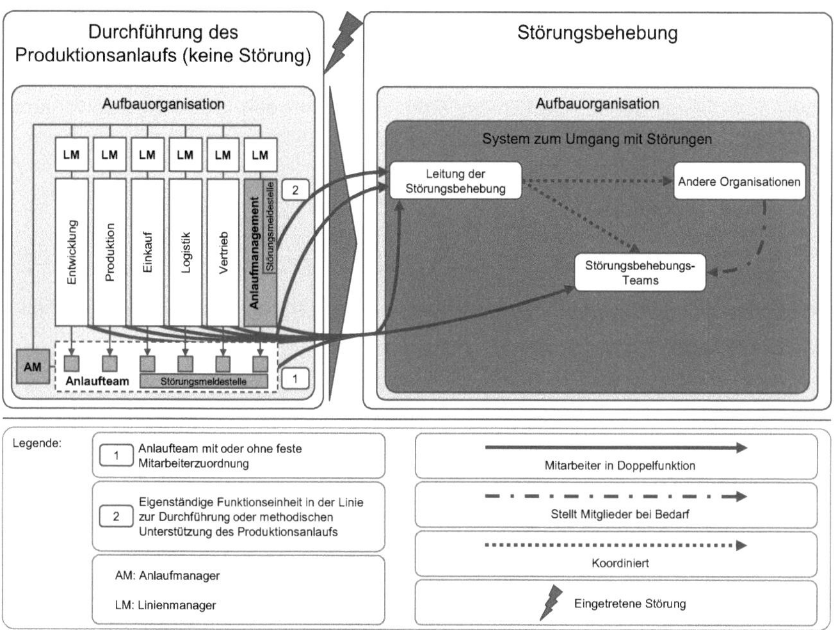

Abbildung 44: Mitarbeiter in Doppelfunktion beim Umgang mit Störungen im Produktionsanlauf

Wie bereits in Abschnitt 6.2.5 beschrieben, wird für die Störungsbehebung die Organisationsstruktur gewechselt und Mitarbeiter aus unterschiedlichen Abteilungen übernehmen im Störungsfall Aufgaben in der Leitung der Störungsbehebung und in Störungsbehebungs-Teams. Hierzu können generell alle relevanten Mitarbeiter herangezogen werden. Allerdings sind diese für die Störungsbehebung im Vorfeld speziell zu schulen (siehe Grundausbildung Abschnitt 6.2.2).

6.2.7 Auftragstaktik

Das Ziel der Auftragstaktik ist es Handlungsfreiheit beim Umgang mit Störungen einzuräumen, um schnell und flexibel auf Veränderungen einer Störungssituation reagieren zu können.

In Anlehnung an Einsatzorganisationen und wie bereits in Abschnitt 6.2.3 beschrieben, wird unter Auftragstaktik das Befehlsschema bestehend aus Mitarbeiter bzw. Team und Auftrag verstanden, ohne die zur Zielerreichung notwendigen Mittel und den Weg vorzugeben. Damit wird den Mitarbeitern bzw. Teams eingeräumt, bei der Störungsbebung frei agieren zu können.

Die Voraussetzung für die Umsetzung der Auftragstaktik ist die Gliederung des Systems zum Umgang mit Störungen in Leitung der Störungsbehebung und Störungsbehebungs-Teams sowie das konsequente Vorgehen nach dem Führungsvorgang (siehe Abschnitt 6.2.3).

6.2.8 Reservenbildung

In Anlehnung an Einsatzorganisationen ist das Ziel der Reservenbildung, auch während laufenden Störungsbehebungen, die Reaktionsfähigkeit für unvorhergesehene Zwischenfälle bzw. Situationsänderungen zu erhalten.

Hierzu muss das System zum Umgang mit Störungen so reagieren, dass nicht sofort alle verfügbaren Mitarbeiter und Hilfsmittel zur Behebung einer Störung eingesetzt werden, sondern nur die tatsächlich notwendigen Maßnahmen eingeleitet und durchgeführt werden. Dadurch werden zum einen Reserven im System zurückgehalten und es kann auf neue unvorhergesehene Störungen reagiert werden. Zum anderen wird dadurch das Tagesgeschäft innerhalb des Unternehmens aufrechterhalten, weil die Mitarbeiter in Doppelfunktion sind und deren tägliche Aufgaben trotzdem erledigt werden müssen. Dies stellt einen zusätzlichen Aspekt zur Reservenbildung von Einsatzorganisationen dar. Die Festlegung, welche Reserven in welcher Situation zurückgehalten werden, ist Aufgabe der Leitung der Störungsbehebung.

Die Grundlage für die Reservenbildung wird dabei in der Vorbereitung der Störungsbehebung gelegt, indem die notwendigen Fähigkeiten zur Reaktion auf Störungen geschaffen und trainiert werden.

6.3 Herausforderungen bei der Anwendung des Modells für den methodischen Umgang mit Störungen im Produktionsanlauf

Die konkrete Ausgestaltung des Modells für den methodischen Umgang mit Störungen im Produktionsanlauf muss individuell und unternehmensspezifisch erfolgen. Die einzelnen Methoden sind nicht isoliert zu betrachten und umzusetzen. Elementar wichtig ist, dass das System (siehe Abschnitt 6.2.4) und der Prozess zum Umgang mit Störungen (siehe Abschnitte 6.2.1) aufeinander abgestimmt werden, weil diese in Form der Aufbau- und Ablauforganisation der Störungsbehebung die Grundlage für die Reaktionsmaßnahmen beim Störungsfall im Produktionsanlauf darstellen. Zusätzlich müssen dabei auch der Wechsel der Organisationsstruktur (siehe Abschnitt 6.2.5) und die Doppelfunktion von Mitarbeitern (siehe Abschnitt 6.2.6) integriert und berücksichtigt werden. Zur Unterstützung der Führung und Entscheidungsfindung bei der Störungsbehebung sollten die Methoden Führungsvorgang (siehe Abschnitt 6.2.3), Auftragstaktik (siehe Abschnitt 6.2.7) und Reservenbildung (siehe Abschnitt 6.2.8) und Entscheidungsunterstützung (siehe Abschnitt 4.1.3) situationsadäquat angewandt werden. Zur allgemeinen Unterstützung der Störungsbehebung können zusätzlich noch die Methoden Krisenmanagement (siehe Abschnitt 4.1.6), Reaktionssystem in ProactAS (siehe Abschnitt 4.1.11), Störungsmanagement (siehe Abschnitt 4.1.12) und Turbulenzreaktion (siehe Abschnitt 4.1.15) herangezogen werden. Die unternehmensspezifische und methodenübergreifende Planung, Vorbereitung, Übung und Anpassung der Störungsbehebung findet im Rahmen der Vorbereitung der Störungsbehebung (siehe Abschnitt 6.2.2) statt und ist von unterschiedlichen Faktoren abhängig. Beispiele hierfür sind

- die Zuständigkeiten vor, während und nach dem Produktionsanlauf in Kombination mit Produktionssystem, Produktentwicklung, Beschaffung, Vertrieb und Logistik,
- die bestehende Prozesslandschaft und
- die Integration der Zulieferer.

Es ist also nicht ausreichend, nur die Störungsbehebung im Produktionsanlauf in sich zu gestalten, sondern diese müssen auch in die bestehenden Strukturen und Prozesse innerhalb des Unternehmens integriert werden. Konkret müssen das System und der Prozess zum Umgang mit Störungen auf die im Unternehmen etablierte Aufbau- und Ablauforganisation des Produktionsanlaufs abgestimmt werden, weil damit die Verantwortungen, Zuständigkeiten, Weisungsbefugnisse und Prozesse innerhalb der Störungsbehebung des Produktionsanlaufs geregelt werden. Die Durchführung des Produktionsanlaufs und die Störungsbehebung müssen sich ergänzen und dürfen sich nicht widersprechen. Beispielsweise ist im Produktionsanlauf eine enge Lieferantenintegration bei Störungsbehebungen während der Vorserie, Nullserie und der Inbetriebnahme und Anpassung des Produktionssystems (siehe Abschnitte 2.5.1.1 bis 2.5.1.3) besonders wichtig, weil hier noch keine Serienkomponenten und –werkzeuge verwendet werden und neue Produktionsanlagen häufig von externen Firmen geliefert und aufgebaut werden. Im Fall von Störungen, die von Vorserienkomponenten, Vorserienwerkzeugen oder neuen Produktionsanlagen verursacht werden, können diese Ursachen also nur in Zusammenarbeit mit den entsprechenden Zulieferern behoben werden. Deshalb sichert eine in der Vorbereitung der Störungsbehebung geplante, abgestimmte und im besten Fall bereits geübte Integration der entsprechenden Zulieferer klare Zuständigkeiten und schnelle Abläufe bei der Störungsbehebung.

Je später eine Störung im Produktionsanlauf auftritt, desto wichtiger ist eine schnelle Reaktion auf die Störungen und die schnelle Störungsbehebung. Der Grund dafür sind immer geringer werdende Puffermöglichkeiten. Zum Beispiel werden im Hochlauf bereits Produkte für Kunden produziert. Kommt es hier zu einer Störung mit zeitlicher Verzögerung, entsteht gleichzeitig Lieferverzug. Das wiederum verlängert die Time-To-Market, also die übergeordnete Zielsetzung des Produktionsanlaufs (siehe Abschnitt 2.3). Die unternehmensspezifische Ausgestaltung des Modells für den methodischen Umgang mit Störungen im Produktionsanlauf muss also die schnelle Reaktion bei Störungen garantieren. Durch die Verwendung von Mitarbeitern in Doppelfunktionen sind Mitarbeiterkapazitäten zwar schnell verfügbar, allerdings ist es notwendig, die Aufgaben im Alltag und Störungsfall klar zu priorisieren. Die Priorisierung muss bereits im Rahmen der Vorbereitung der Störungsbehebung geschehen. Vertretungsregelungen für Mitarbeiter, die bei der Störungsbehebung eingesetzt werden, sind zu erstellen und Tätigkeitsbeschreibungen von Mitarbeitern sind anzupassen. Wenn mit temporär großer Arbeitsbelastung zu rechnen ist, müssen Arbeitszeitmodelle evtl. verändert werden und ggfs. sind Absprachen mit dem Betriebsrat notwendig. Des Weiteren werden bei der Vorbereitung der Störungsbehebung Mitarbeiterkapazitäten gebunden. Für die Vorbereitung werden Mitarbeiter benötigt, die später auch bei der Störungsbehebung beteiligt sind. Durch die Doppelfunktionen der Mitarbeiter haben diese aber neben der Störungsbehebung auch andere Aufgaben. Die Kapazität dieser Mitarbeiter fehlt während der Vorbereitung der Störungsbehebung und während der Störungsbehebung selbst möglicherweise an anderer Stelle. Ob sich der Mehraufwand für die Vorbereitung der Störungsbehebung durch Einsparungen bei der Störungsbehebung und der daraus evtl. resultierenden besseren Zielerreichung des Produktionsanlaufs lohnt, ist durch weitere Forschungen außerhalb dieser Arbeit noch zu zeigen. Themen wie die Veränderungen von Zuständigkeiten im Unternehmen, Vertretungsregelungen für Mitarbeiter, die bei der Störungsbehebung eingesetzt werden, Anpassungen von Tätigkeitsbeschreibungen von Mitarbeitern, temporäre Veränderung von Arbeitszeitmodellen etc. müssen also bei der Anwendung des Modells für den methodischen Umgang mit Störungen im Produktionsanlauf unternehmensspezifisch berücksichtigt werden.

6.4 Werkzeugkasten für den Umgang mit Störungen im Produktionsanlauf

Die unterschiedlichen Methoden des Modells für den methodischen Umgang mit Störungen sind für unterschiedliche Phasen des Modells geeignet. Der Werkzeugkasten für den Umgang mit Störungen im Produktionsanlauf gibt einen Überblick über die Eignung der unterschiedlichen Methoden für die Phasen des methodischen Umgangs mit Störungen und ist als übersichtliche Darstellung und Hilfe zur Methodenauswahl für die Praxis zu verstehen. Abbildung 45 zeigt den Werkzeugkasten für den Umgang mit Störungen im Produktionsanlauf.

Gemäß dem Modell für den methodischen Umgang mit Störungen im Produktionsanlauf können die Phasen Vorbereitung der Störungsbehebung, Durchführung des Produktionsanlaufs und Störungsbehebung unterschieden werden (siehe Abschnitt 6.1). Die Phase Störungsbehebung kann mit Hilfe des Prozesses für den Umgang mit Störungen weiter in die Teile Störungsmeldung, Koordinierung der Störungsbehebung, Maßnahmen zur Störungsbehebung, Wiederherstellung der Bereitschaft zur Störungsbehebung und Nachbereitung der Störung untergliedert werden. Die Methoden sind zur besseren Übersichtlichkeit strukturiert nach den Methoden, die in der Literatur zum Produktionsanlauf bereits beschrieben sind, und den Methoden, die von Einsatzorganisationen im Rahmen dieser Arbeit auf den Produktionsanlauf adaptiert wurden. Ist eine Methode für eine Phase geeignet, ist das im Werkzeugkasten jeweils gekennzeichnet.

Im Folgenden wird die Anwendung des Werkzeugkastens für jede Phase separat beschrieben. An passenden Stellen werden anhand von fiktiven Beispielen die Anwendung und die Anhängigkeiten der unterschiedlichen Methoden in den einzelnen Phasen veranschaulicht.

Methoden für den Umgang mit Störungen		Methode anwendbar in Phase...						
Phasen der Störungsbehebung		Vorbereitung der Störungsbehebung	Durchführung des Produktionsanlaufs	Störungsbehebung: Störungsmeldung	Störungsbehebung: Koordinierung der Störungsbehebung	Störungsbehebung: Maßnahmen zur Störungsbehebung	Störungsbehebung: Wiederherstellung der Bereitschaft zur Störungsbehebung	Störungsbehebung: Nachbereitung der Störung
Bestehende Methoden im Produktionsanlauf	Analyse von Störungen im PA					X		
	Änderungsmanagement im PA					X		
	Entscheidungsunterstützung im PA			X	X	X	X	X
	Externe Unterstützungsteams für den PA					X		
	Kontinuierliche Fehlerdiagnose im Produktionsanlauf		X					
	Krisenmanagement im PA			X	X	X	X	X
	Performancemessung im Produktionsanlauf		X					
	Problem- und Schnittstellencharakterisierung im PA					X		
	Problemlösung und Stabilisierung während des PA					X		
	Quality Gates im PA		X					
	Reaktionssystem in ProactAS			X	X	X	X	X
	Störungsmanagement			X	X	X	X	X
	Systematischer Produktionsanlaufprozess		X					
	Task-force für den PA					X		
	Turbulenzreaktion im PA			X	X	X	X	X
Methoden adaptiert von Einsatzorganisationen	Prozess zum Umgang mit Störungen			X	X	X	X	X
	Vorbereitung der Störungsbehebung	X						
	Führungsvorgang			X	X	X	X	X
	System zum Umgang mit Störungen			X	X	X	X	X
	Wechsel der Organisationsstruktur			X	X			X
	Doppelfunktion von Mitarbeitern			X	X			X
	Auftragstaktik			X	X	X	X	X
	Reservenbildung			X	X	X	X	X

Abbildung 45: Werkzeugkasten für den Umgang mit Störungen im Produktionsanlauf

6.4.1 Phase Vorbereitung der Störungsbehebung

Die Vorbereitung der Störungsbehebung wird mit Hilfe der in Abschnitt 6.2.2 beschriebenen, gleichnamigen Methode und deren Bausteinen durchgeführt. Das Ziel ist es, die notwendigen Voraussetzungen zu schaffen um gezielt auf unterschiedliche Störungen im Produktionsanlauf reagieren zu können, das für die Störungsbehebung notwendige Personal zu schulen und die Störungsbehebung aufgrund von Erfahrungen, die bei der Durchführung von Produktionsanläufen gesammelt wurden, anzupassen.

Es ist darauf hinzuweisen, dass für diese Phase keine der anderen Methoden explizit zum Einsatz kommt. Allerdings wird im Rahmen der Vorbereitung der Störungsbehebung die Anwendung der anderen Methoden geplant, geschult, geübt und angepasst.

6.4.1.1 Voraussetzungen schaffen

Bei der Vorbereitung der Störungsbehebung sind zunächst die notwendigen Voraussetzungen für den methodischen Umgang mit Störungen im Produktionsanlauf zu schaffen. Das bedeutet, dass die grundlegenden Standards in Form des Baukastens an *Optionen zur Behebung von Störungen* erarbeitet werden. Die Verantwortung dafür liegt beim Anlaufmanagement bzw. Anlaufteam. Zur jeweiligen Erarbeitung sind zusätzlich störungserfahrene Mitarbeiter hinzuzuziehen und folgende Leitfragen zu beantworten:

- Welche Störungen können im Produktionsanlauf auftreten?
- Wer wird benötigt, um diese Störungen zu beheben?
- Wie können diese Störungen behoben werden? (Hilfsmittel/ Konzepte/ Informationen)

Diese Leitfragen sind die Grundlage für das Vorgehen zum Schaffen von Voraussetzungen für die methodische Störungsbehebung im Produktionsanlauf (siehe Abbildung 46).

Zur *Strukturierung und Beschreibung von möglichen Störungen* wird der morphologische Kasten zur Klassifizierung von Störungen im Produktionsanlauf (in Tabelle 7 auf S. 47 bereits vorgestellt und in Tabelle 19 noch mal dargestellt) herangezogen.

Es werden die möglichen Störungsobjekte, Störungsarten und Störungsorte identifiziert. Die zugehörige Störungsursache kann dabei nicht immer eindeutig ermittelt werden, weil es für ein Störungsobjekt mehrere unterschiedliche Ursachen geben kann. Dennoch sollten die aus der Erfahrung heraus gängigen Ursachen festgehalten werden.

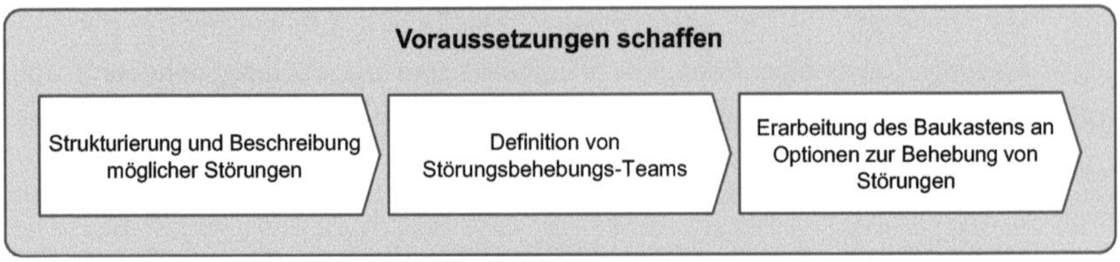

Voraussetzungen schaffen

Strukturierung und Beschreibung möglicher Störungen

Definition von Störungsbehebungs-Teams

Erarbeitung des Baukastens an Optionen zur Behebung von Störungen

Abbildung 46: Vorgehen zum Schaffen von Voraussetzungen für die methodische Störungsbehebung im Produktionsanlauf

Tabelle 19: Morphologischer Kasten zur Charakterisierung von Störungen im Produktionsanlauf

	Merkmale von Störungen	Merkmalsausprägungen			
Störungsobjekte	Technik	Produkt	Produktionsprozess		
	Organisation	Ablauforganisation	Aufbauorganisation	Methodeneinsatz	Umwelt
	Mensch	Individuum	Team		
Störungsarten	Beeinflussbarkeit	Beeinflussbar	Nicht beeinflussbar		
	Leistungsbereitschaft des Störungsobjekts	Eingeschränkte Leistungsbereitschaft	Keine Leistungsbereitschaft		
	Auswirkung auf Ziele	Terminüberschreitung (Zeit)	Ergebnisminderung (Stück)	Aufwandsteigerung (Kosten)	
Störungsorte	Systemgrenze	Organisationsintern	Organisationsextern		
	Organisationsbereich	Disposition, Einkauf, Entwicklung, Fertigung, Konstruktion, Kommissionierung, Kunde, Lager, Lieferant, Logistik, Montage, PPS, Qualitätssicherung, Verkauf, ...			
Störungsursachen	Störungsursachenobjekt	Technik	Organisation	Mensch	
	Störungsursachenart	Primäre Störung	Sekundäre Störung		
		Zufällige Störung	Systematische Störung		
	Systemgrenze	Produktionsanlaufintern	Produktionsanlaufextern		

Für die *Definition von Störungsbehebungs-Teams* sind die für die Behebung der Störung notwendigen Mitarbeiter zu identifizieren (siehe Abbildung 47). Welche Mitarbeiter für die Störungsbehebung notwendig sind, hängt davon ab, was gestört ist (Störungsobjekt und Störungsort) und wie es gestört ist (Störungsart und Störungsursache).

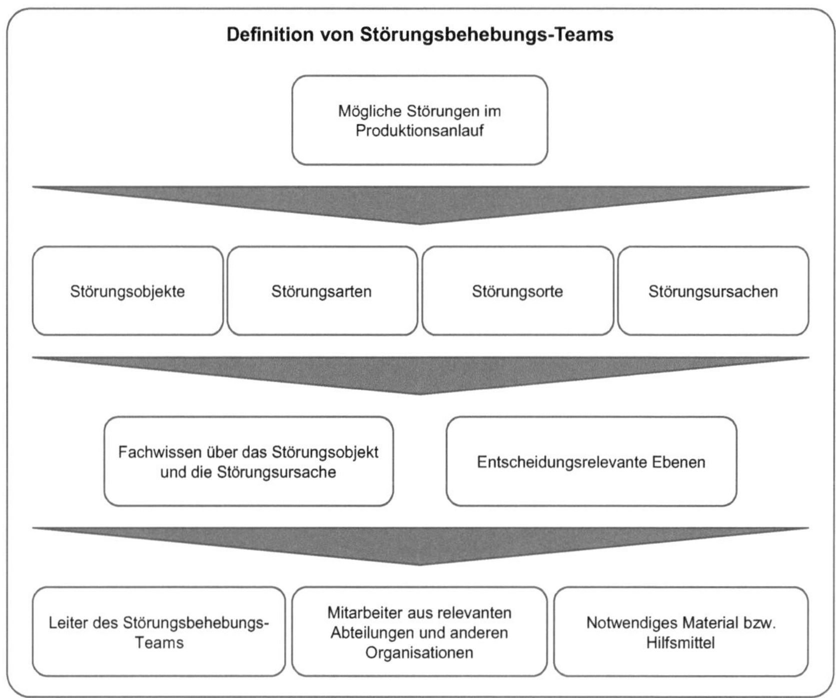

Abbildung 47: Definition von Störungsbehebungsteams

Die Mitglieder eines Störungsbehebungs-Teams müssen zum einen über das Störungsobjekt und über die Störungsursache großes Fachwissen haben und zum anderen die Störung auch beeinflussen können. Je dringlicher die Lage ist, desto schneller müssen Entscheidungen über die notwendigen Maßnahmen getroffen werden. Deshalb sind bei dringlichen Situationen die entscheidungsrelevanten Managementebenen zu berücksichtigen. Die Dringlichkeit leitet sich aus der Störungsart ab. Bei einer beeinflussbaren Störung mit großer Einschränkung der Leistungsbereitschaft und gleichzeitig drohender Terminüberschreitung, Ergebnisminderung sowie Aufwandssteigerung herrscht eine hohe Dringlichkeit. Entscheidungen müssen deshalb schnell getroffen werden. Es müssen also die Ebenen in das Störungsbehebungs-Team integriert werden, die sowohl Entscheidungen zur Beeinflussung des Störungsobjekts als auch der Störungsursache treffen können. Ein Störungsbehebungs-Team besteht aus einem Leiter, den notwendigen Mitarbeitern aus relevanten Abteilungen sowie anderen Organisationen und wird mit den für die Störungsbehebung notwendigen Materialien bzw. Hilfsmitteln ausgestattet (siehe auch Abschnitt 6.2.4).

Bei der *Erarbeitung des Baukastens an Optionen zur Störungsbehebung* wird beschrieben, wie die Störungen von den definierten Störungsbehebungs-Teams behoben werden können. Die identifizierten Störungsobjekte in Kombination mit den möglichen Störungsursachen stellen dabei die Störungsszenarien dar, anhand derer Lösungskonzepte erarbeitet werden. Die Lösungskonzepte sind durch geeignete Pläne, Checklisten, SOPs inkl. der notwendigen Hilfsmittel, Informationen und Voraussetzungen festzuhalten. Dabei sind die Methoden Analyse von Störungen im Produktionsanlauf, Änderungsmanagement im Produktionsanlauf, Problem- und Schnittstellencharakterisierung, Problemlösung und Stabilisierung sowie die Aspekte der Arbeitssicherheit zu berücksichtigen. Werden die möglichen Lösungskonzepte für mehrere unterschiedliche Szenarien der möglichen Störungsobjekte und deren Störungsursachen konsequent erarbeitet und dokumentiert, resultiert daraus ein Baukasten an Optionen zur Behebung von Störungen.

Anhand von zwei Beispielen wird im Folgenden beschrieben, wie durch die strukturierte Analyse von möglichen Störungen und das Durchlaufen des beschriebenen Vorgehens Störungsbehebungs-Teams definiert und ein Baukasten an Optionen zur Störungsbehebung erarbeitet werden können. Ziel der Beispiele ist es, nicht die Komplexität von Produktionsanläufen darzustellen, sondern die Vorgehensweise beim Schaffen von Voraussetzungen zu verdeutlichen. Aus diesem Grund sind die fiktiven Beispiele bewusst einfach gewählt. Beispiel A behandelt dabei eine technische Störung und Beispiel B eine organisatorische Störung im Produktionsanlauf.

Beispiel A:

Eine mögliche Störung in einem konkreten Produktionsanlauf ist, dass die Maßhaltigkeit eines Bauteils nach der spanenden Bearbeitung einer Fräsmaschine sehr stark variiert. Im Extremfall kann deshalb im weiteren Montageprozess das Endprodukt nicht mehr zusammengebaut werden. Es handelt sich dabei um die einzige

Fräsmaschine im Produktionssystem und alle Produkte müssen durch diese Fräsmaschine spanend bearbeitet werden.

Wenn Produktionsanlagen schlechte Qualität produzieren, ist das Störungsobjekt eine technische Störung im Produktionsprozess. Bezogen auf die Störungsart ist die Störung beeinflussbar, das Störungsobjekt (Fräsmaschine) weist eine eingeschränkte Leistungsbereitschaft auf und es drohen Terminüberschreitung, Ergebnisminderung sowie Aufwandssteigerung. Der Störungsort ist organisationsintern die Fertigung. Die Störungsursachen können Bedienfehler (Störungsursachenobjekt: Mensch; Störungsursachenart: primär, zufällig; Ort der Störungsursache: Produktionsanlaufintern), Materialschwankungen beim Rohmaterial (Störungsursachenobjekt: Technik; Störungsursachenart: primär, zufällig; Ort der Störungsursache: Produktionsanlaufextern), schlechte Qualität des Fräskopfes (Störungsursachenobjekt: Technik; Störungsursachenart: primär, zufällig; Ort der Störungsursache: Produktionsanlaufextern) oder fehlende Wartung der Fräsmaschine (Störungsursachenobjekt: Organisation; Störungsursachenart: primär, systematisch; Ort der Störungsursache: Produktionsanlaufintern) sein.

Das Störungsobjekt (Fräsmaschine) ist eine beeinflussbare technische Störung in der Fertigung, das eingeschränkt leistungsbereit ist. Deshalb sind für die Störungsbehebung Mitarbeiter aus der Fertigung notwendig, die mit dieser Fräsmaschine betraut sind.

Die Störungsursache kann unterschiedlich sein. Je nach Ursache sind unterschiedliche Mitarbeiter evtl. auch aus anderen Unternehmen notwendig. Liegen Bedienfehler vor, sind ggfs. Mitarbeiter der Produktionsplanung und -steuerung notwendig. Sind Materialschwankungen beim Rohmaterial oder der Fräskopf ausschlaggebend, so wird der Einkauf und evtl. der Zulieferer für die Behebung der Störung notwendig sein. Bei fehlender Wartung ist die Instandsetzung hinzuzuziehen.

Je nach Störungsursache gibt es also unterschiedliche Störungsbehebungs-Teams. Die Leitung der Störungsbehebungs-Teams hat aber immer ein Mitarbeiter der Fertigung inne.

Die Leistungsbereitschaft ist eingeschränkt und es drohen Terminüberschreitung, Ergebnisminderung sowie Aufwandssteigerung. Die Lage ist also dringlich. Der Produktionsanlauf steht allerdings noch nicht komplett. Das gilt es bei der Integration der

Managementebenen zu berücksichtigen; d.h. die höchste Eskalationsstufe muss noch nicht genutzt werden.

Für die unterschiedlichen Störungsursachen sind folgende Lösungskonzepte denkbar, die in geeigneter Form inkl. der notwendigen Hilfsmittel, Informationen und Voraussetzungen zu dokumentieren sind:

- *Bedienfehler: Schulungsmaßnahmen, zusätzliche Qualitätskontrollen*
- *Materialschwankungen: Zusätzliche Qualitätskontrollen, Verwendung eines anderen Rohmaterials, Wechsel des Zulieferers*
- *Fräskopf: Verwendung von besseren Fräsköpfen, häufigere Wartung des Fräskopfes, zusätzliche Qualitätskontrollen*
- *Fehlende Wartung: Durchführen der Wartung, neue Wartungspläne, wartungsärmere Fräsmaschine kaufen*

Beispiel B:

Eine weitere mögliche Störung in einem konkreten Produktionsanlauf ist, dass an der letzten Montagestation vor der Endkontrolle eines Produkts notwendige Schrauben nicht mehr verfügbar sind.

Wenn die Versorgung mit Kleinteilen bei der Montage nicht sichergestellt ist, ist das Störungsobjekt eine organisatorische Störung in der logistischen Ablauforganisation. Bezogen auf die Störungsart ist die Störung beeinflussbar, das Störungsobjekt (Versorgung der Montagestation mit Schrauben) weist keine Leistungsbereitschaft auf und es drohen Terminüberschreitung, Ergebnisminderung sowie Aufwandssteigerung. Der Störungsort ist organisationsintern die Logistik. Die Störungsursachen können Verzögerungen beim Zulieferer (Störungsursachenobjekt: Organisation; Störungsursachenart: sekundär, zufällig; Ort der Störungsursache: Produktionsanlaufextern), fehlende Bestellungsauslösungen (Störungsursachen-objekt: Organisation; Störungsursachenart: primär, systematisch; Ort der Störungsursache: Produktionsanlaufintern) oder Schwächen im Logistikprozess (Störungsursachenobjekt: Organisation; Störungsursachenart: primär, systematisch; Ort der Störungsursache: Produktionsanlaufintern) sein.

Das Störungsobjekt (Versorgung der Montagestation mit Schrauben) ist eine beeinflussbare organisatorische Störung in der Ablauforganisation der Logistik, das nicht leistungsbereit ist. Deshalb sind für die Störungsbehebung Mitarbeiter aus der Logistik notwendig, die für den Versorgungsprozess der Schrauben verantwortlich sind.

Die Störungsursache kann unterschiedlich sein. Je nach Ursache sind unterschiedliche Mitarbeiter evtl. auch aus anderen Unternehmen notwendig. Liegen Verzögerungen beim Zulieferer vor, sind Mitarbeiter aus dem Einkauf und evtl. vom Zulieferer notwendig. Bei fehlender Bestellungsauslösung sind Mitarbeiter der Produktionsplanung und –steuerung und der Fertigung notwendig. Hat der Logistikprozess Schwächen, reichen die Mitarbeiter der Logistik aus.

Je nach Störungsursache gibt es also unterschiedliche Störungsbehebungs-Teams. Die Leitung der Störungsbehebungs-Teams hat aber immer ein Mitarbeiter der Logistik inne.

Es ist keine Leistungsbereitschaft gegeben und es drohen Terminüberschreitung, Ergebnisminderung sowie Aufwandssteigerung. Die Lage ist also von höchster Dringlichkeit, weil der Produktionsanlauf unterbrochen ist und keinen Output mehr produziert. Es ist hier also in jedem Fall die volle Entscheidungskompetenz der relevanten Managementebenen notwendig; d.h. die höchste Eskalationsstufe sollte genutzt werden.

Für die unterschiedlichen Störungsursachen sind folgende Lösungskonzepte denkbar, die in geeigneter Form inkl. der notwendigen Hilfsmittel, Informationen und Voraussetzungen zu dokumentieren sind:

- *Verzögerungen beim Zulieferer: Erhöhung des Sicherheitsbestandes, Optimierung des Lieferprozesses des Zulieferers, Wechsel des Zulieferers*
- *Fehlende Bestellungsauslösung: Optimierung des Bestellprozesses*
- *Schwächen im Logistikprozess: Optimierung des Logistikprozesses*

6.4.1.2 Ausbildungen durchführen

Das Ziel der Ausbildung bei der Vorbereitung der Störungsbehebung ist es, den Mitarbeitern der Störungsbehebungs-Teams das notwendige Wissen zur Störungsbehebung zu vermitteln, um die Optionen zur Behebung von Störungen des Baukastens durchführen zu können. Die Verantwortung für die Durchführung der Ausbildung liegt beim Anlaufmanagement bzw. Anlaufteam. Abbildung 48 zeigt den Ablauf der

Ausbildungen in Form von Grund- und Zusatzausbildungen, Übungen und Trainings der Störungsbehebung sowie Nachbesprechungen und Fortbildungen.

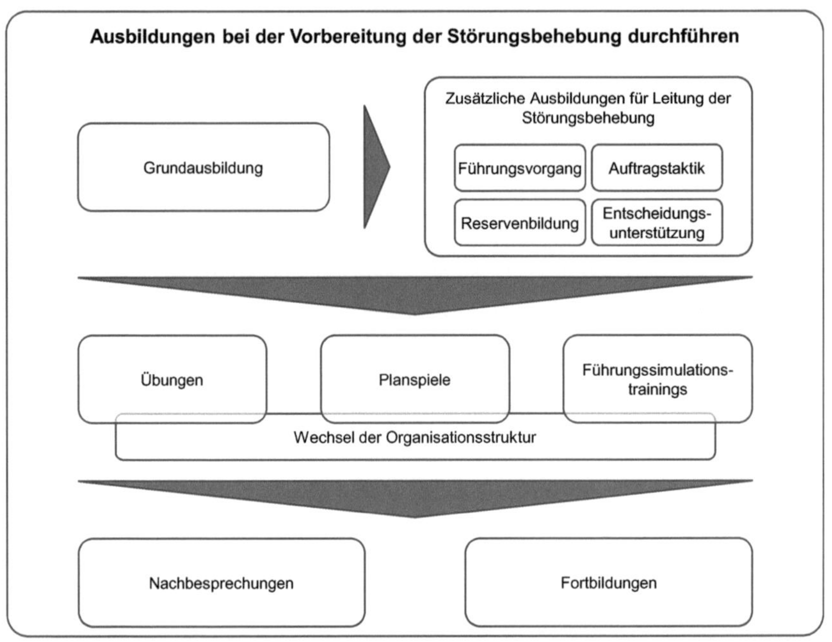

Abbildung 48: Ausbildungen bei der Vorbereitung der Störungsbehebung durchführen

In der Grundausbildung sind primär die Abläufe und Zuständigkeiten der Störungsbehebung zu schulen (siehe Abschnitt 6.2.2), weil durch die Doppelfunktion der Mitarbeiter der Störungsbehebungs-Teams (siehe Abschnitt 6.2.6) die fachliche Qualifikation ohnehin sichergestellt wird. Das betrifft hauptsächlich die unternehmensspezifische Ausgestaltung der Grundzüge, Zusammenhänge und wichtigsten Methoden des Modells für den methodischen Umgang mit Störungen im Produktionsanlauf. Wie bereits in Abschnitt 6.2.4 erläutert, ist für die Leitung der Störungsbehebung das Anlaufmanagement bzw. das Anlaufteam verantwortlich. Die potentiellen Mitarbeiter der Leitung der Störungsbehebung sind zusätzlich zur Grundausbildung noch in Bezug auf die Zuständigkeiten innerhalb der Leitung der Störungsbehebung (siehe Abschnitt 6.2.4), den Führungsvorgang (siehe Abschnitt 6.2.3), die Auftragstaktik (siehe Abschnitt 6.2.7), die Reservenbildung (siehe Abschnitt 6.2.8) und die Entscheidungsunterstützung (siehe Abschnitt 4.1.3) zu schulen.

Nach der Grundausbildung der Störungsbehebungs-Teams und der Mitarbeiter der Leitung der Störungsbehebung, ist die Störungsbehebung in Form von Übungen, Planspielen und Führungssimulationstrainings zu trainieren. Hier sind auch zusätzliche, in den Lösungskonzepten der Optionen zur Behebung von Störungen identifizierte, notwendige Hilfsmittel, Informationen und Voraussetzungen zu berücksichtigen. Außerdem muss insbesondere der Wechsel der Organisationsstruktur (siehe Abschnitt 6.2.5) geübt werden, weil dieser bei jeder Störungsbehebung durchgeführt wird.

In Übungen oder Planspielen werden Erfahrungen gesammelt, die helfen können, die Störungsbehebung zu verbessern. Deshalb sollten Nachbesprechungen innerhalb der Störungsbehebungs-Teams, der Leitung der Störungsbehebung und zwischen dem Leiter der Störungsbehebung und den Leitern der Störungsbehebungs-Teams durchgeführt werden. Analog zur Nachbereitung der Störung bei einer tatsächlichen Störungsbehebung werden positive und negative Aspekte der jeweils trainierten Störungsbehebung identifiziert. Falls notwendig werden Verbesserungen in Form von Lessons-Learned festgehalten und im Rahmen der Anpassung der Störungsbehebung umgesetzt.

Der Inhalt regelmäßiger Fortbildungen für alle an der Störungsbehebung beteiligten Mitarbeiter können z.B. bewährte Vorgehensweisen aus vergangenen Störungsbehebungen sein. Damit wird der Erfahrungsaustausch auch zwischen unterschiedlichen Störungsbehebungs-Teams sichergestellt.

6.4.1.3 Störungsbehebung anpassen

Die Anpassung der Störungsbehebung geschieht auf Basis der gewonnen Erkenntnisse aus den durchgeführten Übungen und Störungsbehebungen. Ziel ist es, die identifizierten Schwächen der Störungsbehebung zu beheben, bewährte Vorgehensweisen auf ähnliche Störungsfälle zu übertragen und Erfahrungen und Routinen zu dokumentieren und damit zu bewahren. Abbildung 49 zeigt den Ablauf der Anpassung der Störungsbehebung.

Wie bereits beschrieben, können anhand von Übungen und durchgeführten Störungsbehebungen im Produktionsanlauf Stärken und Schwächen identifiziert werden. Das geschieht im Rahmen der Nachbesprechung sowohl bei Übungen, Planspielen und Führungssimulationstrainings als auch bei der Nachbereitung von Störungen bei der Störungsbehebung im Produktionsanlauf. Aufgrund der darin gewonnenen Erkenntnisse, auch in Form von Lessons-Learned, ist der methodische Umgang mit Störungen im Produktionsanlauf anzupassen. Dafür wird das in Abschnitt 6.4.1.1 vorgestellte Verfahren zum Schaffen der Voraussetzungen für die Störungsbehebung angewandt. Es gliedert sich in die Schritte Strukturierung und Beschreibung möglicher Störungen, Definition von Störungsbehebungs-Teams und Erarbeitung des Baukastens an Optionen zur Behebung von Störungen. Je nach dem, wo Stärken übertragen bzw. ausgeweitet werden sollen oder wo Schwächen identifiziert wurden, müssen die einzelnen Bausteine angepasst werden. Die Verantwortung für die Durchführung liegt beim Anlaufmanagement bzw. Anlaufteam. Dieses Vorgehen entspricht dem in Abschnitt 6.2.2 beschriebenen Qualitätsmanagement.

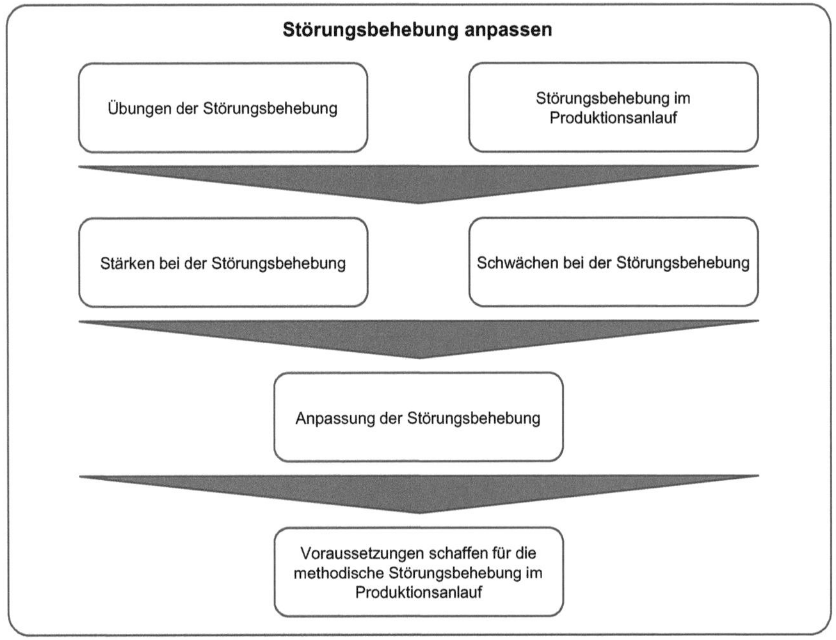

Abbildung 49: Störungsbehebung im Produktionsanlauf anpassen

6.4.2 Phase Durchführung des Produktionsanlaufs

Während der Durchführung von Produktionsanläufen können Störungen auftreten. Die Störungen können mit Hilfe von kontinuierlicher Fehlerdiagnose (siehe Abschnitt 4.1.5) und Performancemessung (siehe Abschnitt 4.1.7) identifiziert werden oder an einem Quality Gate (siehe Abschnitt 4.1.10) oder durch sonstige Beobachtungen während des Produktionsanlaufprozesses (siehe Abschnitt 4.1.13) festgestellt werden. Auf diese Störungen wird mit Hilfe der Störungsbehebung reagiert.

6.4.3 Phase Störungsbehebung

Die Phase der Störungsbehebung gliedert sich nach dem Prozess zum Umgang mit Störungen (siehe Abschnitt 6.2.1) und ist in Abbildung 50 dargestellt. Die korrespondierende Aufbauorganisation wird durch das System zum Umgang mit Störungen (siehe Abschnitt 6.2.4) dargestellt. Diese beiden Methoden werden somit während der gesamten Störungsbehebung angewandt.

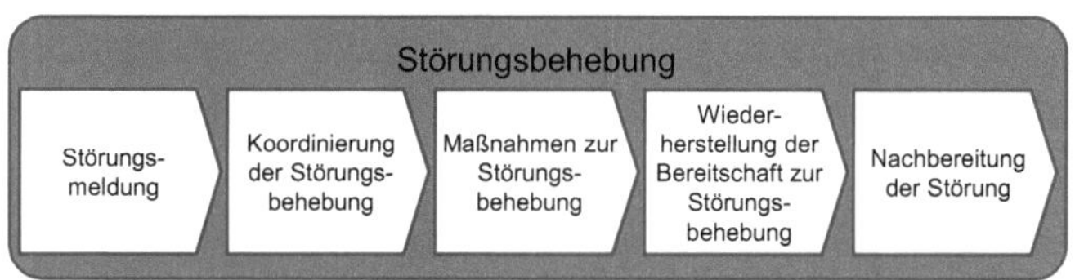

Abbildung 50: Phase Störungsbehebung im Produktionsanlauf

Tritt eine Störung auf, so wird die Störungsmeldestelle über eine *Störungsmeldung* informiert. Das stellt den ersten Schritt des Prozesses zum Umgang mit Störungen dar. Daraufhin findet der Wechsel der Organisationsstruktur (siehe Abschnitt 6.2.5) hin zum System zum Umgang mit Störungen (siehe Abschnitt 6.2.4) statt. Damit beginnen Mitarbeiter in Doppelfunktionen zu arbeiten (siehe Abschnitt 6.2.6).

Zunächst *koordiniert die Leitung der Störungsbehebung* auf Basis der eingegangenen Störungsmeldung die ersten Schritte der Störungsbehebung. Durch die Informationen über die Störung in Kombination mit dem im Rahmen der Vorbereitung der Störungsbehebung erarbeiteten Baukasten an Optionen zur Behebung von Störungen (siehe Abschnitt 6.2.2und 6.4.1.1) kann ein passendes Störungsbehebungs-Team inkl. evtl. notwendiger anderer Organisationen zusammengestellt und alarmiert werden. Also kommen auch hier die Methoden Wechsel der Organisationsstruktur und Mitarbeiter in Doppelfunktionen zum Einsatz.

Das jeweilige Störungsbehebungs-Team ist dann für die Durchführung der *Maßnahmen zur Störungsbehebung* zuständig. Die Maßnahmen stellen die konkrete Umsetzung der generischen Konzepte des Baukastens an Optionen zur Behebung von Störungen dar. Durch die vorherige Ausbildung und Übung dieser Optionen sind die Mitglieder eines Störungsbehebungs-Teams auf die Störungsbehebung vorbereitet und gewinnen durch die praktische Störungsbehebung zusätzliche Erfahrungen und Routine. Bei der Störungsbehebung noch unerfahrene Mitarbeiter können außerdem im Sinne von Training on the job (siehe Abschnitt 6.2.2) während der Störungsbehebung ausgebildet werden. Zur Unterstützung der Störungsbehebung können je nach Unternehmen und Einzelfall die Methoden Analyse von Störungen im Produktionsanlauf (siehe Abschnitt 4.1.1), Änderungsmanagement im Produktionsanlauf (siehe Abschnitt 4.1.2), externe Unterstützungsteams für den Produktionsanalauf (siehe Abschnitt 4.1.4), Problem- und Schnittstellencharakterisierung im Produktionsanlauf (siehe Abschnitt 4.1.8) und Task-force für den Produktionsanlauf (siehe Abschnitt 4.1.14) angewandt werden. Es ist zu berücksichtigen, dass die Methoden externe Unterstützungsteams für den Produktionsanalauf und Task-force für den Produktionsanlauf bereits durch die Anwendung von Störungsbehebungs-Teams berücksichtigt sind. Die Maßnahmen zur Störungsbehebung sind dann abgeschlossen, wenn die Störung nicht mehr festzustellen ist und die Störungsursache behoben ist.

Nachdem die Maßnahmen zur Störungsbehebung beendet sind, muss das Störungsbehebungs-Team die *Bereitschaft für eine erneute Störungsbehebung wiederherstellen*. Das bedeutet, dass verwendete Hilfsmittel auf Funktionsfähigkeit und Vollständigkeit zu prüfen sind und verbrauchte Materialien wieder beschafft werden müssen.

Im Anschluss daran ist die *Störung nachzubereiten*. Das beinhaltet die Dokumentation und den gezielten Rückfluss der Erfahrungen der gerade eben durchgeführten Störungsbehebung für die Vorbereitung auf mögliche zukünftige Störungen. Innerhalb der Leitung der Störungsbehebung und der Störungsbehebungs-Teams sollten Störungsnachbesprechungen stattfinden, in denen die positiven und negativen Aspekte der durchgeführten Störungsbehebung besprochen werden. Zusätzlich bietet sich auch eine ähnliche Nachbesprechung zwischen dem Leiter der Störungsbehebung und den Leitern der Störungsbehebungs-Teams an. Die Ergebnisse der Nachbesprechungen sollten in Form von Lessons-Learned der Ausgangspunkt sein, um die Störungsbehebung anzupassen (siehe Abschnitt 6.4.1.3).

Damit ist der Prozess zum Umgang mit Störungen durchlaufen und die Aufbau- und Ablauforganisation zur Störungsbehebung kann aufgelöst werden, um wieder zur regulären Durchführung des Produktionsanlaufs überzugehen.

Die Methoden Entscheidungsunterstützung im Produktionsanlauf (siehe Abschnitt 4.1.3), Krisenmanagement im Produktionsanlauf (siehe Abschnitt 4.1.6), Reaktionssystem in ProactAS (siehe Abschnitt 4.1.11), Störungsmanagement (siehe Abschnitt 4.1.12), Turbulenzreaktion (siehe Abschnitt 4.1.15), Führungsvorgang (siehe Abschnitt 6.2.3), Auftragstaktik (siehe Abschnitt 6.2.7) und Reservenbildung (siehe Abschnitt 6.2.8) können situativ in jedem Prozessschritt der Störungsbehebung angewandt werden. Sie stellen eher generelle Unterstützungen und Handlungshilfen dar.

Um die Phase der Störungsbehebung zu veranschaulichen, wird Beispiel A aus Abschnitt 6.4.1.1 wieder aufgegriffen:

Im Rahmen der kontinuierlichen Fehlerdiagnose einer Fräsmaschine werden Schwankungen der Maßhaltigkeit eines Bauteils beim Produktionshochlauf eines Produktionsanlaufs festgestellt. Ein Mitarbeiter der Fertigung meldet darauf hin diese Störung an die Störungsmeldestelle.

In diesem konkreten Fall ist für den Produktionsanlauf ein Anlaufteam installiert. Der Leiter des Anlaufteams, ist für die Entgegennahme von Störungsmeldungen zuständig und fungiert damit als Störungsmeldestelle. Zusätzlich ist der Leiter des Anlaufteams im Störungsfall auch der Leiter der Störungsbehebung.

Somit nimmt der Leiter des Anlaufteams mit der eingegangenen Störungsmeldung zusätzlich die Rolle des Leiters der Störungsbehebung ein.

Der Leiter der Störungsbehebung durchläuft den Führungsvorgang: Die Lagefeststellung kann er aufgrund der Meldung durchführen. Er weiß, dass es sich um eine beeinflussbare technische Störung im Produktionsprozess mit eingeschränkter Leistungsbereitschaft handelt. Es drohen Terminüberschreitung, Ergebnisminderung sowie Aufwandssteigerung für den gesamten Produktionsanlauf. Der Störungsort ist die eigene Fertigung.

Zudem sind im Vorfeld für beeinflussbare technische Störungen im Produktionsprozess der Fertigung unterschiedliche Optionen zur Behebung von Störungen im Baukasten definiert worden. Allerdings kann der Leiter der Störungsbehebung ohne Kenntnis der Störungsursache kein Störungsbehebungs-Team definieren. Jedoch ist für alle beeinflussbaren technischen Störungen im Produktionsprozess der Fertigung festgelegt, dass der Leiter der Fertigung auch der Leiter des jeweiligen

Störungsbehebungs-Teams ist. Dieser ist daher gut geschult und hat Kenntnis über die möglichen Störungen in diesem Bereich.

Der Leiter der Störungsbehebung entschließt sich daher (Ergebnis der Planung), den Leiter der Fertigung über die vorliegende Störung zu informieren und ihm den Auftrag zu geben, die Ursache der Störung zu identifizieren und eine schnelle Rückmeldung zu geben (Befehlsgebung). Damit nimmt auch der Leiter der Fertigung eine Doppelfunktion ein. Zudem wurde der Führungsvorgang einmal durchlaufen und die Auftragstaktik berücksichtigt. Zusätzlich beginnt der Leiter der Störungsbehebung den Störungsverlauf zu dokumentieren.

Auch der Leiter der Fertigung hat Kenntnis über den bisher erarbeiteten Baukasten an Optionen zur Behebung von Störungen und führt den Führungsvorgang durch:

Zunächst stellt er die Lage fest. Es handelt sich um eine CNC-Fräse, die automatisch spannt und mit Rohmaterial versorgt wird. Das verwendete Rohmaterial wird beim Wareneingang einer 100% Qualitätsprüfung unterzogen. Die betreffende Maschine wurde letzte Woche gewartet. Sie war seitdem 140 Stunden in Betrieb. Das Wartungsintervall liegt bei 7200 Betriebsstunden. Die verwendeten Fräsköpfe wurden bereits in der Vor- und Nullserie verwendet. Die Maschine produzierte bisher keinen Ausschuss.

Anschließend beurteilt er die Lage. Bedienfehler (CNC-Fräsmaschine), Schwankungen im Rohmaterial (100% Prüfung) und fehlende Wartung (Wartung letzte Woche) hält er für unwahrscheinlich. Also fasst er den Entschluss, dass es sich um Verschleiß der verwendeten Fräsköpfe handeln könnte.

Er gibt dem Leiter der Störungsbehebung umgehend Rückmeldung und fordert die Alarmierung des Störungsbehebungs-Teams für schlechte Qualität von Fräsköpfen. Das stellt die Befehlsgebung dar.

Der Leiter der Störungsbehebung alarmiert die Mitglieder des Störungsbehebungs-Teams. Das ist in diesem Fall der Werkstattmeister für die spanende Fertigung und ein Mitarbeiter aus dem Einkauf, der für Betriebsmittel zuständig ist. Der Mitarbeiter aus dem Einkauf hat einen jungen Kollegen, der bei einer realen Störungsbehebung noch nicht mitgewirkt hat. Der junge Kollege wird mit zur Störungsbehebung genommen, um Praxiserfahrung zu sammeln (Training on the job). Besondere Hilfsmittel müssen nicht organisiert werden.

Das Störungsbehebungs-Team beginnt damit, die Fehlerursache zu identifizieren. Die Ursache der Schwankungen der Maßhaltigkeit ist schnell gefunden. Die Fräsköpfe sind über der Verschleißgrenze.

Das Störungsbehebungs-Team erarbeitet unterschiedliche Lösungsoptionen:

1. *Ausgleich des Verschleißes der Fräsköpfe durch ein angepasstes CNC-Programm*
2. *Austausch der Fräsköpfe gegen neue*
3. *Runderneuerung der vorhandenen Fräsköpfe*

Nach Abwiegen der Vor- und Nachteile der unterschiedlichen Lösungen beschließt der Leiter des Störungsbehebungs-Teams, dass eine Kombination aus allen drei Lösungsoptionen am sinnvollsten ist:

Um die Produktion schnellst möglich wieder zu stabilisieren, legt der Leiter des Störungsbehebungs-Teams fest, dass das CNC-Programm der Fräsmaschine angepasst werden soll, um den vorhandenen Verschleiß der Fräsköpfe auszugleichen. Die Zuständigkeit dafür erhält der Werkstattmeister. Zusätzlich werden neue Fräsköpfe bestellt. Dafür ist der Kollege aus dem Einkauf zuständig. Wenn die neuen Fräsköpfe vorhanden sind, sollen die verschlissenen Fräsköpfe runderneuert werden. Für die Identifikation eines geeigneten Instandsetzungsunternehmens und den Vertragsabschluss ist ebenfalls der Einkauf zuständig. Zusätzlich wird ein Wartungsverfahren für die Fräsköpfe inkl. Arbeitsanweisung entwickelt, um die regelmäßige Wartung der Fräsköpfe zu gewährleisten. Für die Umsetzung ist der Leiter der Fertigung, also der Leiter des Störungsbehebungs-Teams, zuständig.

Für die Umsetzung der Einzellösungen sind die jeweils Zuständigen selbst verantwortlich. Der Leiter des Störungsbehebungs-Teams kontrolliert allerdings regelmäßig den Status der Umsetzungen und hält den Leiter der Störungsbehebung auf dem Laufenden.

Die Maßnahmen der Störungsbehebung sind abgeschlossen, wenn alle Einzellösungen umgesetzt sind.

Zur Wiederherstellung der Bereitschaft zur Störungsbehebung sind keine besonderen Tätigkeiten durchzuführen, weil keine Hilfsmittel zur Störungsbehebung notwendig waren, die verbraucht wurden.

Zur Nachbereitung der Störung werden der Verlauf und die Lösung der Störung vom Leiter der Störungsbehebung dokumentiert. Außerdem setzt der Leiter des Störungsbehebungs-Teams einen Termin mit dem gesamten Störungsbehebungs-Team an. In der Besprechung berichtet der Werkstattmeister, dass er für die Anpassung des CNC-Programms der Fräsmaschine einen Ingenieur der Entwicklungsabteilung hinzuziehen musste. Deshalb schlägt er vor, einen Vertreter der Entwicklungsabteilung in das Störungsbehebungs-Team zu integrieren. Dieser Vorschlag wird in Form einer Lessons-Learned festgehalten. Der Leiter der Störungsbehebung und der Leiter des Störungsbehebungs-Teams machen ebenfalls eine kurze Nachbesprechung. Sie können allerdings keine Lessons-Learned identifizieren.

Die Aufbau- und Ablauforganisation zur Störungsbehebung wird im Anschluss daran wieder aufgelöst.

7 Fazit

Das Ziel der vorliegenden Arbeit war, eine methodische Vorgehensweise für den gezielten Umgang mit Störungen im Produktionsanlauf zu entwickeln.

Um dieses Ziel zu erreichen, wurden zunächst die notwendigen Grundlagen des Produktionsanlaufs beschrieben. Insbesondere Störungen im Produktionsanlauf wurden ausführlich beleuchtet. Das beinhaltete auch eine Charakterisierung für Störungen im Produktionsanlauf auf Basis der bestehenden Literatur. Im Anschluss daran wurden die in der Literatur vorhandenen Methoden im Produktionsanlauf in Bezug auf den Umgang mit Störungen analysiert. Damit wurde **Forschungsfrage I** beantwortet: Welche Methoden werden im Produktionsanlauf verwendet, um mit Störungen umzugehen? Die 15 identifizierten Methoden, in denen der Umgang mit Störungen im Produktionsanlauf adressiert wird, wurden anhand von Zielsetzung und Inhalt kurz beschrieben.

Darauf aufbauend wurden Anforderungen an den Umgang mit Störungen erarbeitet. Dadurch konnten die Methoden für den Umgang mit Störungen bewertet und somit **Forschungsfrage II** beantwortet werden: Welche Schwachstellen sind im Umgang mit Störungen im Produktionsanlauf zu erkennen? Die Bewertung zeigte, dass die bestehenden Methoden hauptsächlich die Anforderungen Notwendigkeit von Information, Notwendigkeit für Vorbereitung und Reaktion sowie hohe notwendige Entscheidungskompetenz und Führung abdecken. Es wurden Schwächen in Bezug auf hohe Dynamik, unsichere Umwelt, hohen Leistungsdruck, hohen Zeitdruck, Notwendigkeit von Hierarchie und schnelle Handlungs- bzw. Einsatzbereitschaft festgestellt.

Um diese Schwachstellen zu beheben, wurde der am Anfang der Arbeit vorgestellte Ansatz, dass eine Adaption von Methoden zur Durchführung von Einsätzen den Umgang mit Störungen im Produktionsanlauf verbessern kann, verfolgt. Es wurde zunächst gezeigt, dass Einsätze von Einsatzorganisationen und Störungen im Produktionsanlauf anhand der Anforderungen an den Umgang und dem jeweiligen Verlauf vergleichbar sind. Im Anschluss daran wurden die Methoden für die Durchführung von Einsätzen mit Hilfe von Experteninterviews empirisch erhoben und beschrieben. Damit wurde **Forschungsfrage III** beantwortet: Welche Methoden verwenden Einsatzorganisationen bei der Durchführung von Einsätzen?

Forschungsfrage IV lautete: Welche Methoden von Einsatzorganisationen sind für eine Adaption auf den Produktionsanlauf geeignet? Um diese Frage zu beantworten, wurden die Methoden von Einsatzorganisationen zuerst analog zu den Methoden für den Umgang mit Störungen im Produktionsanlauf bewertet. Es wurde gezeigt, dass die Methoden für den Umgang mit Einsätzen die Anforderungen hohe Dynamik, unsichere Umwelt, hohen Leistungsdruck, hohen Zeitdruck, hohe notwendige Entscheidungskompetenz und Führung, Notwendigkeit für Vorbereitung und Reaktion, Notwendigkeit klarer Hierarchie sowie schnelle Handlungs- bzw. Einsatzbereitschaft sehr gut abdecken. Damit können die identifizierten Defizite der Methoden für den Umgang mit Störungen im Produktionsanlauf prinzipiell behoben werden. Um Forschungsfrage IV abschließend zu beantworten, musste noch überprüft werden, ob sich die Methoden für den Umgang mit Einsätzen für eine Adaption auf den Produktionsanlauf überhaupt eignen. Es wurde kontrolliert, ob für die Zielsetzungen der Methoden korrespondierende Herausforderungen im Produktionsanlauf existieren, ob die Methoden nur bei sehr spezifischen Situationen und Organisationen anwendbar sind und ob bestimmte Voraussetzungen für die Verwendung der Methoden vorhanden sein müssen. Das Ergebnis war, dass alle identifizierten Methoden von Einsatzorganisationen für die Adaption auf den Umgang mit Störungen im Produktionsanlauf geeignet sind, solange die notwendigen Voraussetzungen eingehalten werden.

Aufbauend auf diesen Vorarbeiten konnte **Forschungsfrage V** beantwortet werden: Wie muss ein Modell für den Umgang mit Störungen gestaltet sein, das die identifizierten Schwachstellen behebt? Es wurde ein Modell für den methodischen Umgang mit Störungen im Produktionsanlauf entwickelt, das die vorhandenen Methoden für den Umgang mit Störungen im Produktionsanlauf und die adaptierten Methoden für die Durchführung von Einsäten von Einsatzorganisationen miteinander vereint. Dadurch konnten die dargestellten Schwächen beim Umgang mit Störungen im Produktionsanlauf behoben werden. Die auf den Produktionsanlauf adaptierten Methoden von Einsatzorganisationen wurden beschrieben, Herausforderungen bei der Anwendung des Modells wurden dargestellt und der Werkzeugkasten für den Umgang mit Störungen im Produktionsanlauf wurde vorgestellt und anhand von fiktiven Beispielen veranschaulicht.

Abschließend kann festgestellt werden, dass alle fünf aufgestellten Forschungsfragen beantwortet wurden. Das Forschungsziel der vorliegenden Arbeit wurde somit erreicht.

Die Anwendung des entwickelten Modells für den methodischen Umgang mit Störungen im Produktionsanlauf in der Praxis und damit die Kontrolle, ob es für eine verbesserte Zielerreichung bei Produktionsanläufen sorgt, steht noch aus. Es kann aufgrund dieser Arbeit nicht beurteilt werden, ob sich in realen Produktionsanläufen eine bessere Termineinhaltung (Zeit), konstantere Ergebnisse (Stückzahl) und geringerer Aufwand (Kosten) aufgrund der Anwendung des Modells nachweisen lassen.

Für die sinnvolle Anwendung des Modells für den methodischen Umgang mit Störungen im Produktionsanlauf muss von einem Unternehmen zusätzlicher Aufwand betrieben werden. Im Rahmen der Vorbereitung der Störungsbehebung sind Voraussetzungen wie der Baukasten an Optionen zur Behebung von Störungen zu erarbeiten, Schulungen und Ausbildungen durchzuführen, Veränderungen von Zuständigkeiten im Unternehmen zu planen, notwendige Vertretungsregelungen für Mitarbeiter zu schaffen, etc. Wie bereits in Abschnitt 6.3 beschrieben ist noch nicht nachgewiesen, ob sich der Mehraufwand für die Vorbereitung der Störungsbehebung durch eine bessere Zielerreichung des Produktionsanlaufs kompensieren lässt. Bei dieser Bewertung sollten zudem die Folgen von langsamen Produktionsanläufen wie Unterversorgung des Absatzmarktes, Verschlechterung der Kostenposition im Wettbewerb und entgangene Deckungsbeiträge aufgrund von geringen Absatzmengen berücksichtigt werden (bereits in der Ausgangssituation in Abschnitt 1.1 beschrieben).

Dies lässt auch den weiteren Forschungsbedarf erkennen. Aufbauend auf dieser Arbeit ist die Untersuchung von Produktionsanläufen in der Praxis denkbar. Es wäre zu untersuchen, welche Störungen bei unterschiedlichen Produktionsanläufen auftreten und welche konkreten Auswirkungen auf die Anlaufziele diese Störungen haben. Des Weiteren sollte das im Rahmen dieser Arbeit entwickelte Modell für den methodischen Umgang mit Störungen im Produktionsanlauf in einem Unternehmen implementiert werden. Das ermöglicht es, die veränderten Auswirkungen auf den Umgang mit Störungen zu beobachten, und es ließe sich beurteilen, ob eine Verbesserung bei der Einhaltung von Anlaufzielen festzustellen ist und ob es möglich ist, den Mehraufwand für die Vorbereitung der Störungsbehebung durch eine bessere Zielerreichung des Produktionsanlaufs auszugleichen.

Anhang

Anhang 1 Merkmale des Produktionsanlaufs

Merkmale des Produktionsanlaufs:[423]

- Hohe Komplexität
- Hohen Neuigkeitsgrad
- Hohe Variabilität
- Hohe Dynamik
- Hohe Varianz
- Hohe Unsicherheit
- Hohe Flexibilität[424]
- Geringe Plan- und Strukturierbarkeit
- Geringen Standardisierungsgrad
- Geringe Wiederholhäufigkeit
- Auftreten von unvorhersehbaren Störungen
- Viele Störungen im Prozess, der Supply Chain oder der Produktqualität
- Auftreten von unvorhergesehen Änderungen
- Intransparenz der Situation
- Intransparenz der Wirkbeziehung
- Chaotische Prozesse
- Interdisziplinäre Zusammenarbeit
- Ausgeprägter Netzwerkcharakter
- Hoher Organisationsaufwand
- Begrenzte Ressourcen
- Hohe Belastung des Personals
- Zu Beginn wenig Wissen über das Produkt und über die Prozesse
- Stetiges aber schwieriges lernen
- Geringer Output der Produktion
- Geringer Ertrag
- Geringe Produktionskapazität
- Niedrige Produktionsraten

---

[423] Vgl. Berg 2007, S. 2; Gartzen 2012, S. 43; Gössinger und Lehner 2009, S. 110, Haller et al. 2003, S. 184–185, 2003, S. 183; Heins 2010, S. 12; Homuth 2008, S. 127; Näser 2007, S. 91; Renner 2012, S. A-3 45; Surbier 2010, S. 33; Terwiesch und Bohn 2001, S. 1; Weber 2006, S. 15–16.

[424] „Flexibilität bezeichnet die Eignung eines Systems, unter wechselnden Bedingungen vorgegebene Ziele zu erreichen.“ Siehe Gössinger und Lehner 2009, S. 110.

- Hohe Durchlaufzeit
- Nichtentsprechung zwischen lokalem und globalem Zielsystem
- Hohe Nachfrage

Anhang 2 Beispiele für Störungen im Produktionsanlauf

Tabelle 20 listet Beispiele von Störungen und Störungsursachen im Produktionsanlauf auf, die in der Literatur genannt werden.[425]

Tabelle 20: Störfaktoren im Produktionsanlauf

Störfaktoren	Quelle
• Fehler an Betriebsmitteln und ihren Komponenten	Ammermann und Lohse 2007, S. 6
• Unzureichendes Änderungsmanagement bzgl. Produkt bzw. Produktionssystem • Zögerliche Informationspolitik • Zu große Schnittstellenzahl • Mangelhafte Anlaufteamzusammensetzungen • Zu späte Einbeziehung der Lieferanten in den Anlaufprozess	Heins et al. 2007a, S. 55–56
• Einführung von Bauteiländerungen in die Produktion	Jürging 2008, S. 74, Schmahls 2001, S. 42
• Menge und Qualität von Zulieferteilen	Li et al. 2014, S. 3004
• Qualität • Maßhaltigkeit	Mannar und Ceglarek 2004, S. 39
• Anlagenausfälle • Logistische Störungen • Mangelnde Mitarbeiterverfügbarkeit • Fehlende Aufträge • Kurzfristige Änderung des Produktionsprogramms	Schulze und Opitz 2007a, S. 54
• Lieferantenauswahl o Steigende Beschaffungskomplexität o Lieferverzögerungen o Hohe Bestands-/ Änderungs- und Verwurfskosten o Erschwerte Lieferantenintegration • Lieferantensegmentierung o Einzelne Lieferanten bleiben längere Zeit unberücksichtigt o Begrenzte Kapazitäten der Abteilungen Einkauf und Logistik • Lieferantenbewertung o Ausweitung der Lieferantenbasis o Unvollständige Bewertung einzelner Lieferanten o Nachsichtige Bewertung einzelner Lieferanten • Lieferantenentwicklung	Schuster 2012, S. 287–289

[425] Es wird die Definition Störung nach Abschnitt 2.6.1 verwendet. Die zitierten Autoren verwenden teils andere Sammelbegriffe.

Störfaktoren	Quelle
o Kapazitäten nur begrenzt verfügbar o Angestrebte Verbesserungen werden nicht realisiert • Lieferantenintegration o Mehraufwand bei neu zu integrierenden Lieferanten o Mangelnde Integrationsbereitschaft einzelner Lieferanten o Defizite hinsichtlich der Informations- und Prozessabstimmung • Materialbedarfsplanung o Ermittlung der Primär- bzw. Sekundärbedarfe nur bedingt möglich o Kurzfristige Änderungen im Produktionsprogramm o Zunahme des Prognosefehlers • Bestellung und Auftragsbestätigung o Späte/kurzfristige Kommunikation von Bestellungen o Bestellvorgänge müssen manuell ausgeführt werden o Störungen von Montageprozessen aufgrund fehlender Materialien • Wareneingang o Wareneingangsprozesse müssen manuell ausgeführt werden o Störungen im Montageprozess aufgrund fehlerhafter und fehlender Materialien o Verzögerte Identifikation anfälliger Herstellungspro-zesse/ Änderungsbedarfe • Warenausgang o Lieferverzögerungen können Kundenbeziehungen stark belasten o Fehlerhafte Auslieferungen • Layoutplanung o Verwendung von Musterteilen und Versuchswerkzeugen o Kein Anlernen künftiger Mitarbeiter o Reduzierte Aussagekraft der Tests o Nachlässige Erstplanung • Prozessstabilisierung o Späte Prozessstabilisierung o Drohende Materialengpässe o Begrenzte Kapazitäten • Änderungsverlauf o Erste Grundlast bereits vorhanden o Einplanen der benötigten Kapazitäten erschwert • Änderungsdurchführung o Koordinationsaufwand o Überschneidungen bei Änderungen	
• Fehlmenge im Bestand • Verspätete Lieferungen seitens der Lieferanten • Unvollständige Lieferungen seitens der Lieferanten • Lieferungen mit verschmutzten Teilen seitens der Lieferanten • Lieferungen mit beschädigten Teilen seitens der Lieferanten	Stirzel 2008, S. 14

Störfaktoren	Quelle
• Lieferung mit defekten oder fehlerhaften Teilen seitens der Lieferanten • Lieferungen mit Teilen seitens der Lieferanten, die einem alten Konstruktionsstand entsprechen	
• Kommunikation zwischen Mitarbeitern aus unterschiedlichen fachlichen Disziplinen • Komplikationen bei technischen Produktänderungen zwischen Entwicklung und Produktion	Surbier et al. 2010, S. 247–248
• Unzureichende Schadensbewertung • Lange Reaktionszeit • Unklare Kompetenzen • Meilensteine nicht eingehalten • Kapazitive Engpässe • Schlechte Nutzung der vorhandenen Betriebsdaten • Schlechte Verfügbarkeit • Unzureichende Anlagen- und Prozessreife • Nicht einhalten von Terminen • Mangelhafte Motivation • Keine durchgängige Kommunikation • Fehlteile • Ungenügender Produktreifegrad • Technologieprobleme • Konstruktive Nacharbeit • Hohe Durchlaufzeiten • Lieferverzug/ Engpässe • Entfernung zu Ausrüstern • Mangelnde Kommunikation	Tücks 2010, S. 38

Anhang 3 Auflistung von Störungsobjekten im Produktionsanlauf

Tabelle 21: Auflistung von Störungsobjekten im Produktionsanlauf[426]

Störungsobjekte	Quelle
• Materialversorgung • Maschinen/ Equipment • Personal • Produkt/ Konzept	Almgren 2000, S. 4577
• Konstruktion • Organisation • Mitarbeiter • Steuerung/ Software • Material	Ammermann und Lohse 2007, S. 6
• Technik o Anlagen o Systeme o Produkt • Organisation o Aufbauorganisation o Prozessgestaltung o Methodeneinsatz • Mitarbeiter	Held 2009, S. 38
• Produkt und Prozess • Information und Kommunikation • Organisation • Human Resources • Netzwerk	Homuth 2008, S. 59
• Produkt • Information und Kommunikation • Organisation • Human Resources • Netzwerk	Krämer et al. 2007, S. 24
• Information • Betriebsmittel • Material • Mensch • Methode/ Prozess • Milieu/ Umwelt • Produkt	Meyer et al. 2013, S. 51
• Physische Komponenten • Personal • Werkzeuge und Dokumentation	Surbier 2010, S. 65

[426] Es wird die Definition von Störungsobjekt nach Abschnitt 2.6.3 verwendet. Die zitierten Autoren verwenden teils andere Begriffe.

Anhang 4 Auflistung von Störungsarten im Produktionsanlauf

Tabelle 22: Auflistung von Störungsarten im Produktionsanlauf[427]

Störungsarten	Quelle
• Belastung des Produktionsanlaufs • Kapazität des Produktionsanlaufs	Almgren 2000, S. 4581
• Verfügbarkeitsverluste • Leistungsverluste • Qualitätsverluste	Gartzen 2012, S. 166
Ein Objekt stellt seine Eigenschaften • gar nicht (Bereitstellung) oder • nur unzureichend (Beschaffenheit) zur Verfügung.	Meyer et al. 2013, S. 51
• Beinflussbar • Nicht beeinflussbar	Schulze und Opitz 2007a, S. 54
• Ergebnisminderung • Terminüberschreitung • Aufwandssteigerung	Winkler 2007, S. 22

[427] Es wird die Definition von Störungsart nach Abschnitt 2.6.3 verwendet. Die zitierten Autoren verwenden teils andere Begriffe.

Anhang 5 Auflistung von Störungsorten im Produktionsanlauf

Tabelle 23: Auflistung von Störungsorten im Produktionsanlauf[428]

Störungsorte	Quelle
• Unternehmensintern • Unternehmensextern	Fritsche 1998, S. 17; Heil 1995, S. 91; Unger und Spanner-Ulmer 2007, S. 130
• Konstruktion/ Entwicklung • Disposition/ Einkauf • Produktionsplanung und -steuerung • Lieferant • Lager • Logistik/ Kommissionierung • Fertigung • Montage • Qualitätssicherung • Verkauf/ Kunde	Meyer et al. 2013, S. 51

[428] Es wird die Definition von Störungsort nach Abschnitt 2.6.3 verwendet. Die zitierten Autoren verwenden teils andere Begriffe.

Anhang 6 Auflistung von Störungsursachen im Produktionsanlauf

Tabelle 24: Auflistung Störungsursachen im Produktionsanlauf[429]

Störungsursache	Quelle
• Betriebsmittel • Produktentwicklung • Zulieferer • Personal • Organisation • Produktplanung • Sonstige	Abele et al. 2003, S. 174
• Produktkonzept • Materialfluss • Produktionstechnologie • Arbeitsorganisation	Almgren 2000, S. 4581
• Nachfrage Schwankungen	Berg 2007, S. 3
• Interne/ Externe Ursache • Primäre/ Sekundäre Ursache • Zufällige/ Systematische Ursache	Bockholt 2012, S. 43
• Betriebsmittelbedingte Potentialfaktorstörung • Personalbedingte Potentialfaktorstörung • Repetierfaktorstörung • Informationsstörung • Auftragsstörung	Bockholt 2012, S. 44
• Änderungen am Produkt • Kommunikation und Koordination • Ressourcenverfügbarkeit	Fleischer et al. 2007a, S. 43
• Technische Ursache • Arbeitskräftebedingte Ursache	Gustmann et al. 1989, S. 35

[429] Es wird die Definition von Störungsursache nach Abschnitt 2.6.3 verwendet. Die zitierten Autoren verwenden teils andere Begriffe.

Störungsursache	Quelle

• Bedienungsursachen
  o Aufbauorganisation
  o Ablauforganisation
  o Planung
  o Führung
  o Ausstattungsfaktoren
• Aktionsursachen
  o Betriebsmittel
  o Personal
  o Material
  o Information
  o Lenkung
• Entstehungssphäre
  o Intern
  o Extern
	Heil 1995, S. 87

Ursachen für logistische Probleme: • Falscher Anlieferungsort • Falsche Menge • Unzureichende Qualität • Falscher Zeitpunkt	Heins 2010, S. 23
• Material • Produktdesign • Projektmanagement • Maschinen und Ausstattung • Fehlende Ressourcen • Kompetenz • Wartung • Motivation	Johnson und Karlsson 1998, S. 46

Störungsursache	Quelle
• Mangelnde Planung und Steuerung • Ungenügende Simultaneous-Engineering Befähigung • Unzureichende und zu späte Integration aller notwendigen Unternehmensfunktionen und Supply Chain Partner • Fehlende Berücksichtigung der Produzierbarkeit und der verbundenen Anforderungen • Unzureichend definierte und unkoordinierte Schnittstellen zwischen den Beteiligten • Kommunikationsdefizite zwischen den Beteiligten • Fehlende Informationsstrategien innerhalb des Netzwerkes • Ungeklärte Verantwortlichkeiten • Fehlende Unterstützung durch ein geeignetes Projektmanagement • Unzureichende Implementierung von standardisierten Prozessabläufe mit hohem Parallelisierungsgrad • Unklare Priorisierungen von Projekten • Mangelhafte Dokumentation • Mangelnde Verfügbarkeit qualifizierter Mitarbeiter • Unflexible Organisationsformen • Fehlende Rahmenbedingungen • Mangelnde methodische Unterstützung	Monego et al. 2011, S. 188–189
Störungsursache kommt aus • dem Produktionsanlauf, oder • vorgelagerten oder zeitlich parallelen Prozessen.	Nagel 2011, S. 41
• Anlagenausfälle • Logistische Störungen • Mangelnde Mitarbeiterverfügbarkeit • Fehlende Aufträge • Kurzfristige Änderung des Produktionsprogramms	Opitz et al. 2006, S. 356
• Prozess • Methode • Material • Management • Umfeld • Mitwelt • Mensch • Maschine	Scholz-Reiter und Krohne 2010, S. 13
• Organisation • Technik • Mensch	Schulze und Opitz 2007a, S. 54

Störungsursache	Quelle
• Kooperation • Information und Wissen • Management • Andere Ursachen	Surbier 2010, S. 70
Interne • Steuerungsfehler • Kommunikationsfehler • Ausführungsfehler	Winkler 2007, S. 27
• Koordination der Projektpartner • Mangelhafte Planung/ Entwicklung • Nicht systematische Störungen • Unachtsamkeit • Unzureichende Schulung/ Qualifikation	Witte und Madak 2007, S. 18
• Produkt und Produktionsprozess • Information und Kommunikation • Human Resources • Organisation • Netzwerk	Zimolong et al. 2006, S. 36–38

Anhang 7 Zuordnung der identifizierten Störungsursachen zur erarbeiteten Klassifizierung

Tabelle 25: Zuordnung der identifizierten Störungsursachen im Produktionsanlauf zur Klasse Störungsursachenobjekt

	Störungsursachenobjekt		
Quelle	**Technik**	**Organisation**	**Mensch**
Abele et al. 2003, S. 174	• Betriebsmittel	• Organisation • Produkt-entwicklung • Produktplanung • Zulieferer	• Personal
Almgren 2000, S. 4581	• Produktkonzept • Produktions-technologie	• Arbeits-organisation • Materialfluss	
Berg 2007, S. 3		• Nachfrage Schwankungen	
Bockholt 2012, S. 44	• Betriebs-mittelbedingte Potential-faktorstörung	• Informations-störung • Repetier-faktorstörung • Auftragsstörung	• Personalbedingte Potential-faktorstörung
Fleischer et al. 2007a, S. 43	• Änderungen am Produkt	• Kommunikation und Koordination • Ressourcen-verfügbarkeit	
Gustmann et al. 1989, S. 35	• Technische Ursache		• Arbeits-kräftebedingte Ursache
Heil 1995, S. 87	• Aktionsursachen o Betriebsmittel o Material	• Bedienungs-ursachen o Aufbau-organisation o Ablauf-organisation o Planung o Führung o Ausstattungs-faktoren • Aktionsursachen o Information o Lenkung	• Aktionsursachen o Personal
Heins 2010, S. 23	• Unzureichende Qualität	• Falscher Anlieferungsort • Falsche Menge • Falscher Zeitpunkt	

Johnson und Karlsson 1998, S. 46	• Material • Produktdesign • Maschinen und Ausstattung • Wartung	• Projekt-management • Fehlende Ressourcen	• Kompetenz • Motivation
Monego et al. 2011, S. 188–189	• Fehlende Berücksichtigung der Produzier-barkeit und der verbundenen Anforderungen	• Mangelnde Planung und Steuerung • Ungenügende Simultaneous-Engineering Befähigung • Unzureichende und zu späte Integration aller notwendigen Unternehmens-funktionen und Supply Chain Partner • Unzureichend definierte und unkoordinierte Schnittstellen zwischen den Beteiligten • Kommunikations-defizite zwischen den Beteiligten • Fehlende Informations-strategien innerhalb des Netzwerkes • Ungeklärte Verantwortlich-keiten • Fehlende Unterstützung durch ein geeignetes Projekt-management • Unzureichende Implementierung von standardisierten Prozessabläufe mit hohem Parallelisierungs-grad	• Mangelnde Verfügbarkeit qualifizierter Mitarbeiter

		• Unklare Priorisierungen von Projekten • Mangelhafte Dokumentation • Unflexible Organisations-formen • Fehlende Rahmen-bedingungen • Mangelnde methodische Unterstützung	
Opitz et al. 2006, S. 356	• Anlagenausfälle	• Logistische Störungen • Fehlende Aufträge • Kurzfristige Änderung des Produktions-programms	• Mangelnde Mitarbeiter-verfügbarkeit
Scholz-Reiter und Krohne 2010, S. 13	• Material • Maschine	• Prozess • Methode • Management • Umfeld • Mitwelt	• Mensch
Schulze und Opitz 2007a, S. 54	• Technik	• Organisation	• Mensch
Surbier 2010, S. 70		• Kooperation • Information und Wissen • Management • Andere Ursachen	
• Winkler 2007, S. 27		• Steuerungsfehler • Kommunikations-fehler	• Ausführungs-fehler
Witte und Madak 2007, S. 18		• Koordination der Projektpartner • Mangelhafte Planung/ Entwicklung	• Unachtsamkeit • Unzureichende Schulung/ Qualifikation
Zimolong et al. 2006, S. 36–38	• Produkt und Produktions-prozess	• Organisation • Information und Kommunikation • Netzwerk	• Human Resources

Tabelle 26: Zuordnung der identifizierten Störungsursachen im Produktionsanlauf zur Klasse Systemgrenze

	Systemgrenze	
Quelle	**Produktionsanlaufintern**	**Produktionsanlaufextern**
Bockholt 2012, S. 43	Interne Ursache	Externe Ursache
Heil 1995, S. 87	Entstehungssphäre intern	Entstehungssphäre extern
Nagel 2011, S. 41	Störungsursache kommt aus dem Produktionsanlauf.	Störungsursache kommt aus vorgelagerten oder zeitlich parallelen Prozessen.

Tabelle 27: Zuordnung der identifizierten Störungsursachen im Produktionsanlauf zur Klasse Störungsursachenart

	Störungsursachenart			
Quelle	**primäre Störung**	**sekundäre Störung**	**zufällige Störung**	**systematische Störung**
Bockholt 2012, S. 43	Primäre Ursache	Sekundäre Ursache	Zufällige Ursache	Systematische Ursache
Witte und Madak 2007, S. 18			Nicht systematische Störungen	Systematische Störungen

Anhang 8 Interviewleitfaden für die Experteninterviews bei Einsatzorganisationen

Vorbemerkung vor jedem Interview

Das Ziel der Untersuchung besteht darin den methodischen Umgang mit Störungen im Produktionsanlauf zu verbessern. Unser Ansatz ist, das mit Hilfe von einem Übertrag von Methoden von Einsatzorganisationen auf den Produktionsanlauf zu realisieren.

Das Ziel dieses Interviews ist es, den die Methoden von Einsatzorganisationen zu erheben, die es ermöglichen mit unvorhergesehenen Einsätzen umzugehen.

Die Ergebnisse werden anonymisiert.

Besteht Einverständnis mit einer Tonbandaufzeichnung?

Datum:
Name:
Einsatzorganisation:
Position inkl. kurzer Aufgabenbeschreibung:
Wie lange üben Sie diese Tätigkeit schon aus?

- **Frage 1:**
  Mit welchen Einsätzen sind sie regelmäßig konfrontiert?
    - Feuerwehr: Brand, Technische Hilfe, Verkehrsunfälle, etc.
    - Polizei: Überfall, Fahndung, Anschläge, etc.
    - Rettungsdienst: Verkehrsunfälle, Notrufe, etc.
    - THW: Technische Hilfe, Überschwemmung, Sturm, etc.

- **Frage 2:**
  Welche Methoden verwenden Sie, um mit Einsätzen umgehen zu können?
    - Reaktive Methoden im Einsatz: Leitung von Einsätzen, Führen im Einsatz, Wechsel von Zuständigkeiten, Alarmierung, Standards bei Besetzung von Einsatzmitteln, etc.
    - Methoden für die Herstellung der Einsatzbereitschaft: Übungen, Analyse der Gefahrenpotentiale

  - Methoden zur Gefahrenprävention werden nicht betrachtet

- **Frage 3:**
  Verwenden Sie bestimmte Methoden für bestimmte Typen von Einsätzen?
  - Bestimmte Methoden nur für bestimmte Typen von Einsätzen.
  - Methode beeinflusst Technik/ Organisation/ Mensch

Anhang 9 Aufgaben der Sachgebiete der Einsatzleitung

Anhang 9.1 Aufgaben S1 Personal/ Innerer Dienst

- Bereitstellen der Einsatzkräfte
    - Alarmieren von Einsatzkräften
    - Heranziehen von Hilfskräften
    - Alarmieren und anfordern von Ämtern und Behörden, Organisationen
    - Anfordern von fach-, orts- und betriebskundigen Personen
    - Bereitstellen von Reserven
    - Einrichten von Lotsenstellen für ortsunkundige Kräfte
    - Einrichten von Bereitstellungsräumen
    - Führen von Kräfteübersichten
- Führen des inneren Stabsdienstes
    - Festlegen und sicherstellen des Geschäftsablaufs
    - Einrichten und sichern der Führungsräume
    - Bereitstellen der Ausstattung[430]
- Verbindung zu den Bezirksverbänden
- Alarmierung der Fachdienste
- Verbindung zu KAB / GAST[431]

Anhang 9.2 Aufgaben S2 Lage

- Lagefeststellung
    - Beschaffen von Informationen
        - Einsetzen von Erkunderinnen oder Erkundern
        - Anfordern von Lagemeldungen
    - Auswerten und bewerten von Informationen
- Lagedarstellung
    - Führen einer Lagekarte
    - Führen von Einsatzübersichten
        - Beschreiben der Gefahrenlage
        - Darstellen von Anzahl, Art und Umfang der Schäden
        - Darstellen der Einsatzabschnitte und -schwerpunkte

---

430 Bayrisches Rotes Kreuz 2009, Anlage 2, S. 1; Staatliche Feuerwehrschule Würzburg 1999, S. 50.
431 Bayrisches Rotes Kreuz 2009, Anlage 2, S. 1.

        - Darstellen der eingesetzten, bereitgestellten und noch erforderlichen Einsatzmittel und -kräfte
    - Vorbereiten von Lagebesprechungen und Lagemeldungen
- Information
    - Melden an vorgesetzte Stellen
    - Unterrichten nachgeordneter Stellen
    - Unterrichten anderer Stellen
    - Unterrichten der Bevölkerung
- Einsatzdokumentation
    - Führen des Einsatztagebuches
    - Sammeln, registrieren und sicherstellen aller Informationsträger (Vordrucke, Tonbänder, Datenträger)
    - Erstellen des Abschlussberichts[432]
- Erstellen der WE-Meldung (WE: "Wichtiges Ereignis")
- Verbindung zu den Leitstellen
- Kontrolle der Einsatzdurchführung
- Anforderung von Sonderkanälen
- Sicherstellung der Kontakte mit den Informations- und Kommunikationsstellen der Behörden und Organisationen[433]

„Die Lagedarstellung erfasst übersichtlich und verständlich alle für die Planung und Durchführung des Einsatzes wesentlichen Faktoren und Informationen."[434]

Anhang 9.3 Aufgaben S3 Einsatz

- Beurteilen der Lage
- Fassen des Entschlusses über die Einsatzdurchführung, zum Beispiel festlegen von Einsatzschwerpunkten, bestimmen erforderlicher Einsatzkräfte, Einsatzmittel und Reserven, festlegen der Befehlsstelle
- Bestimmen und einweisen von Führungskräften, zum Beispiel Einsatzabschnittsleiterinnen oder Einsatzabschnittsleiter
- Ordnen des Schadengebietes, zum Beispiel

---

[432] Bayrisches Rotes Kreuz 2009, Anlage 2, S. 1-2; Staatliche Feuerwehrschule Würzburg 1999, S. 50–51.

[433] Bayrisches Rotes Kreuz 2009, Anlage 2, S. 1.

[434] Bundesanstalt Technisches Hilfswerk 1999, S. 43–44.

  - Festlegen der Führungsorganisation
  - Festlegen der Befehlsstelle
  - Festlegen von Bereitstellungsräumen
  - Einrichten von Sammelstellen, zum Beispiel Verletztensammelstelle, Leichensammelstelle
- Durchführen von Lagebesprechungen
- Beaufsichtigen und kontrollieren der Einsatzdurchführung[435]
- Anordnen von Absperrmaßnahmen
- Festlegen und freihalten von An- und Abmarschwegen
- Zusammenarbeiten mit anderen Ämtern, Behörden und Organisationen
- Erteilen der Befehle
- Veranlassen von Sofortmaßnahmen für gefährdete Bevölkerung, zum Beispiel Warnung, Unterbringung, Räumung, Versorgung, Transport und Instandsetzung
- Mithilfe bei der Sicherung geborgener Sachwerte, beim Ermitteln der Schadenursache und der Täter, bei der Zeugenfeststellung und bei der Beweismittelsicherung[436]

Anhang 9.4 Aufgaben S4 Versorgung

- Anfordern weiterer Einsatzmittel
- Heranziehen von Hilfsmitteln, zum Beispiel Baustoffe, Abstützmaterial, Lastkraftwagen, Tankkraftwagen, Räum- und Hebegeräte, Spezialcontainer, Notstrom, etc.
- Bereitstellen von Verbrauchsgütern und Einsatzmitteln, zum Beispiel Wasserversorgung, Löschmittel, Atemschutzgeräte, Kraftstoffe
- Bereitstellen und zuführen der Verpflegung
- Sicherstellen der Materialerhaltung für das Gerät
- Festlegen der Versorgungsorganisation
- Bereitstellen von Rettungsmitteln zum Eigenschutz der Einsatzkräfte
- Bereitstellen von Unterkünften für Einsatzkräfte[437]

---

435 Bayrisches Rotes Kreuz 2009, Anlage 2, S. 2; Staatliche Feuerwehrschule Würzburg 1999, S. 51–52.
436 Staatliche Feuerwehrschule Würzburg 1999, S. 51–52.
437 Bayrisches Rotes Kreuz 2009, Anlage 2, S. 2; Staatliche Feuerwehrschule Würzburg 1999, S. 52.

Anhang 9.5 Aufgaben S5 Presse- und Medienarbeit

- Presse- und Medieninformationen
    - Sammeln, auswählen und aufbereiten von Informationen aus dem Einsatz
    - Erfassen, dokumentieren und auswerten der Presse- und Medienlage
    - Erstellen von Presse- und Medieninformationen
- Presse- und Medienbetreuung
    - Informieren, führen und unterbringen der Presse- und Medienvertreterinnen und -vertreter
    - Vorbereiten und durchführen von Presse- und Medienkonferenzen
- Presse- und Medienkoordination
    - Bündeln, abstimmen und steuern der Presse- und Medienarbeit, zum Beispiel mit den Pressesprecherinnen und -sprechern von anderen beteiligten Behörden, betroffener Betriebe und insbesondere der Polizei
    - Halten des ständigen Kontakts mit Presse und Medien
- Presse- und Medieneinbindung in die Schadenbekämpfung
- Veranlassen und betreuen von Informationstelefonen[438]
- Veranlassen von Warn- und Suchhinweisen für die Bevölkerung[439]
- Errichtung einer (mobilen) Pressestelle[440]

Anhang 9.6 Aufgaben S6 Informations- und Kommunikationswesen

- Planen des Informations- und Kommunikationseinsatzes
    - Feststellen des Ist-Zustands der Führungsorganisation
    - Feststellen des Ist-Zustands der Fernmeldeorganisation
    - Absprechen der Führungsorganisation mit S 3
    - Aufteilen der zugewiesenen Kanäle
    - Anfordern von Sonderkanälen
    - Ermitteln des Kräftebedarfs für den Kommunikationsbetrieb
    - Ermitteln des Materialbedarfs für den Kommunikationsbetrieb
    - Feststellen der Einsatzmöglichkeiten von Funktelefonen

---

438 Bayrisches Rotes Kreuz 2009, Anlage 2, S. 2-3; Staatliche Feuerwehrschule Würzburg 1999, S. 52–53.

439 Staatliche Feuerwehrschule Würzburg 1999, S. 52–53.

440 Bayrisches Rotes Kreuz 2009, Anlage 2, S. 2-3.

- Ermitteln der Einsatzmöglichkeiten von Kommunikationsverbindungen über Feldkabel und anderer drahtgebundener Netze
    - Erarbeiten eines Kommunikationskonzeptes einschließlich Fernmeldeskizze
    - Sicherstellen der Kontakte mit den Informations- und Kommunikationsdiensten anderer Behörden, Organisationen und Institutionen
- Durchführen des Informations- und Kommunikationseinsatzes
- Umsetzen der Planung[441]
- Führen der Informations- und Kommunikationseinheiten
- Gewährleisten der Kommunikationssicherheit (Redundanz)
- Übermitteln von Befehlen, Meldungen und Informationen
- Überwachen des Kommunikationsbetriebes
- Dokumentieren des Kommunikationsbetriebes (Nachweisung)
- Ausstattung der Befehlsstellen mit Bürokommunikation
- Einrichten von Meldediensten[442]

Anhang 9.7 Aufgaben S7 Notfallnachsorge

- Bereitstellung von Kriseninterventionsteams
- Bereitstellung von CISM-Teams für Einsatzkräfte
- Debriefing nach Beendigung des Einsatzes
- Kontakt zu anderen PSU-Einheiten und Notfallseelsorgeeinrichtungen

Das Sachgebiet S7 ist einzurichten wenn

- unmittelbar Betroffene des Ereignisses oder deren Angehörige,
- Angehörige von Todesopfern,
- am Einsatz beteiligte oder deren Angehörige,

durch das Ereignis besonderen seelischen Belastungen ausgesetzt sind.[443]

---

441 Bayrisches Rotes Kreuz 2009, Anlage 2, S. 3; Staatliche Feuerwehrschule Würzburg 1999, S. 53.
442 Staatliche Feuerwehrschule Würzburg 1999, S. 53.
443 Bayrisches Rotes Kreuz 2009, Anlage 2, S. 3.

Anhang 10 Wechsel der Organisationsstruktur beim Rettungsdienst in Bayern

Bei einer Lage über dem gewöhnlichen Einsatzgeschehen, bei der die Koordinierung des Sanitätsdienstes unter der Führung einer Sanitäts-Einsatzleitung notwendig ist, hat diese die Aufgabe der Einsatzleitung und -koordinierung (siehe Abbildung 51).

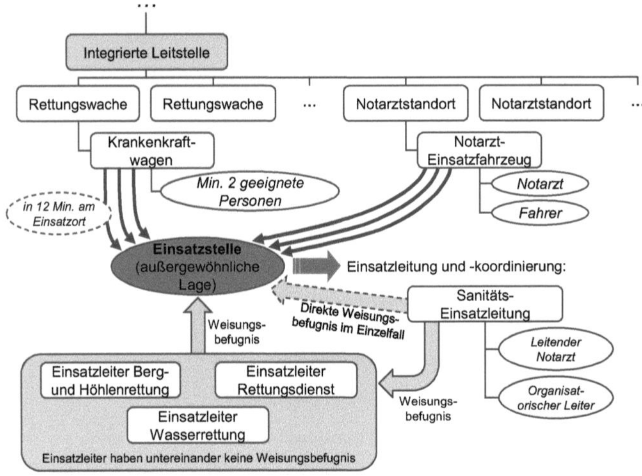

Abbildung 51: Wechsel der Einsatzleitung im Rettungsdienst in Bayern bei Lagen, die über dem gewöhnlichen Einsatzgeschehen liegen und eine besondere Vorgehensweise des Rettungsdienstes oder eine Koordinierung mit Kräften des Sanitätsdienstes unter der Führung einer Sanitäts-Einsatzleitung erforderlich machen[444]

Die Sanitätseinsatzleitung besteht aus dem leitenden Notarzt sowie dem organisatorischen Leiter und hat Weisungsbefugnis gegenüber den Einsatzleitern Rettungsdienst/ Höhlenrettung/ Wasserrettung. Außerdem hat sie auch an der Einsatzstelle im Einzelfall direkte Weisungsbefugnis.

Abbildung 52 zeigt den Wechsel der Einsatzleitung im Rettungsdienst in Bayern bei einer Lage im Katastrophenfall. Dies ist eine Lage, bei der das Leben oder die Ge-

---

[444] Eigene Darstellung. Vgl. Bayerische Staatsregierung 2010, 2013.

sundheit einer Vielzahl von Menschen gefährdet oder geschädigt wird[445] oder wenn aufgrund des Ausmaßes des Schadensereignisses durch das geordnete Zusammenwirken von Einsatzkräften am Einsatzort die Lage wesentlich erleichtert wird.[446]

Wechsel der Einsatzleitung

Lage im Katastrophenfall*

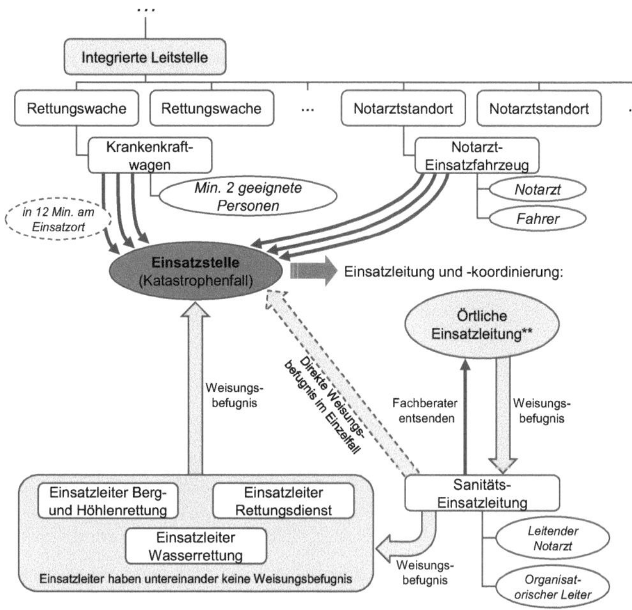

* Lage bei der das Leben oder die Gesundheit einer Vielzahl von Menschen gefährdet oder geschädigt wird (vgl. BayKSG Art. 1 Abs. 2) oder wenn aufgrund des Ausmaßes des Schadensereignisses durch das geordnete Zusammenwirken von Einsatzkräften am Einsatzort die Lage wesentlich erleichtert wird. (Vgl. BayKSG Art. 15 Abs. 1)

** Die Örtliche Einsatzleitung übernimmt in der Regel der Kommandant der Freiwilligen- oder der Pflichtfeuerwehr des Schadensorts, mit Eintreffen von Einsatzkräften der Berufsfeuerwehr des Schadensorts der Leiter dieser Einsatzkräfte. Die Örtliche Einsatzleitung hat den Einsatz der Feuerwehren und allen Hilfskräften an der Schadensstelle zu leiten, diese zu versorgen und abzulösen und wenn notwendig weitere Feuerwehren und Hilfskräfte anzufordern. (Vgl. AVBayFwG § 7 Abs. 1)

Abbildung 52: Wechsel der Einsatzleitung im Rettungsdienst in Bayern bei einer Lage im Katastrophenfall[447]

Bei einer Lage im Katastrophenfall liegt die Einsatzleitung und -koordinierung bei der örtlichen Einsatzleitung. In der Regel übernimmt die örtliche Einsatzleitung der Kommandant der Freiwilligen- oder der Pflichtfeuerwehr des Schadensorts und mit Eintreffen von Einsatzkräften der Berufsfeuerwehr des Schadensorts der Leiter dieser Einsatzkräfte. Die örtliche Einsatzleitung hat den Einsatz der Feuerwehren und allen

445 Vgl. Bayerische Staatsregierung 1996, Art. 1 Abs. 2.
446 Vgl. Bayerische Staatsregierung 1996, Art. 15 Abs.1.
447 Eigene Darstellung. Vgl. Bayerische Staatsregierung 2010, 2013.

Hilfskräften an der Schadensstelle zu leiten, diese zu versorgen und abzulösen und wenn notwendig weitere Feuerwehren und Hilfskräfte anzufordern.[448]

Die Weisungsbefugnisse der Sanitäts-Einsatzleitung sind dabei wie in Abbildung 51 geregelt. Zusätzlich entsendet die Sanitäts-Einsatzleitung Fachberater zur örtlichen Einsatzleitung.

[448] Vgl. Bayerische Staatsregierung 2009, §7 Abs. 1.

Literaturverzeichnis

Abele, Eberhard; Elzenheimer, Jens; Rüstig, Alexander (2003): Anlaufmanagement in der Serienproduktion. In: *Zeitschrift für wirtschaftlichen Fabrikbetrieb* 98 (4), S. 172–176. Online verfügbar unter http://www.wiso-net.de/webcgi?START=A60&DOKV_DB=ZECH&DOKV_NO=ZWFF6C95FBC8BC6870E1DA820151C7257C7&DOKV_HS=0&PP=1, zuletzt geprüft am 18.07.2012.

Akamphon, Sappinandana (2008): Enabling Effective Product Launch Decisions. Dissertation. Massachusetts Institute of Technology, Massachusetts.

Akkermans, H. A. (2007): Beyond rounding up the usual suspects. Towards effective quality management policies for production ramp-ups in supply chains. In: J. Sterman (Hg.): Proceedings of the 25th International Conference of the System Dynamics Society. Bristol, U.K: Curran Associates.

Almgren, Henrik (2000): Pilot production and manufacturing start-up: the case of Volvo S80. In: *International Journal of Production Research* 38 (17), S. 4577–4588.

Althaler, Joachim; Peterseil, Roland (2007): Erfolgsfaktor Produktüberleitung. Eine Bestandsaufnahme der Österreichischen Elektronik/Maschinenbaubranche. In: *Industrie Management* (3), S. 59–62. Online verfügbar unter http://www.wiso-net.de/webcgi?START=A60&DOKV_DB=ZECO&DOKV_NO=IM20073042&DOKV_HS=0&PP=1.

Ammermann, Christoph; Lohse, Wolfram (2007): Virtueller Fertigungslauf. In: Berend Denkena und Christian Brecher (Hg.): Ramp-Up-2-Anlaufoptimierung durch Einsatz virtueller Fertigungssysteme. Frankfurt: VDMA-Verlag, S. 1–20.

Apel, Jochen (2011): Daten und Phänomene. Ein Beitrag zur wissenschaftstheoretischen Realismusdebatte. Heusenstamm: ontos (Epistemische Studien, Bd. 22).

Ball, P. D.; Roberts, S.; Natalicchio, A.; Scorzafave, C. (2011): Modelling production ramp-up of engineering products. In: *Proceedings of the Institution of Mechanical Engineers, Part B: Journal of Engineering Manufacture* 225 (6), S. 959–971. DOI: 10.1177/09544054JEM2071.

Banaschek, J. (1995): Die Zeit als treibende Kraft für die Steigerung der Produktivität. In: *ZfB-Ergänzungsheft* 65 (2), S. 13–23.

Bayerische Staatsregierung (1996): Bayerisches Katastrophenschutzgesetz. BayKSG. Fundstelle: GVBl 1996, S. 282.

Bayerische Staatsregierung (2008): Bayerisches Feuerwehrgesetz. BayFwG, vom 23.12.1981 (GVBl S. 526) zuletzt geändert durch das Gesetz zur Änderung des Bayerischen Feuerwehrgesetzes vom 14.02.2008 (GVBl S. 40). Online verfügbar unter http://www.lfv-bayern.de/fileadmin/download/fachthemen/fb02/1001_bayfwg_avbayfwg.pdf, zuletzt geprüft am 12.06.2013.

Bayerische Staatsregierung (2009): Verordnung zur Ausführung des Bayerischen Feuerwehrgesetzes. AVBayFwG, vom 29.12.1981 zuletzt geändert durch Verordnung vom 30.09.2009 (GVBl S. 530). Online verfügbar unter http://www.lfv-bayern.de/fileadmin/download/fachthemen/fb02/1001_bayfwg_avbayfwg.pdf, zuletzt geprüft am 12.06.2013.

Bayerische Staatsregierung (2010): Verordnung zur Ausführung des Bayerischen Rettungsdienstgesetzes. AVBayRDG, vom 30.11.2010. Fundstelle: GVBl 2010, S. 786.

Bayerische Staatsregierung (2013): Bayerisches Rettungsdienstgesetz. BayRDG, vom 22.07.2008 zuletzt mehrfach geändert (G v. 22.03.2013, 71). Fundstelle: GVBl 2008, S. 429. Online verfügbar unter http://www.gesetze-bayern.de/jportal/portal/page/bsbayprod.psml?showdoccase=1&doc.id=jlr-RettDGBY2008rahmen&doc.part=X, zuletzt geprüft am 17.06.2013.

Bayrisches Rotes Kreuz (2009): Die BRK-Dienstvorschrift 100. BRK-DV-100. München: Bayrisches Rotes Kreuz. Online verfügbar unter http://www.brk-rosenheim.de/media/media_0410320.PDF, zuletzt geprüft am 01.08.2013.

Benz, Axel (2004): Entwicklung einer softwareunterstützten Methode für die statistische Prozesssteuerung beim Produktionslauf. Heimsheim: Jost-Jetter.

Berg, Magnus (Hg.) (2007): Inadequacy of material supplies during production ramp-up. Swedish Production Symposium. Department of Industrial Engineering and Management, Jönköping University, Sweden.

Bischoff, Raphael (2007): Anlaufmanagement. Schnittstelle zwischen Projekt und Serie. 1. Aufl. Konstanz: HTWG.

Blessing, Lucienne T. M.; Chakrabarti, Amaresh (2009): DRM, a design research methodology. Dordrecht, New York: Springer.

Bockholt, Felix (2012): Operatives Störungsmanagement für globale Logistiknetzwerke. Ökonomie- und ökologieorientiertes Referenzmodell für den Einsatz in der Automobilindistrie. Dortmund: Verlag Praxiswissen (Unternehmenslogistik).

Böger, Mareike (2010): Gestaltungsansätze und Determinanten des Supply Chain Risk Managements. Eine explorative Analyse am Beispiel von Deutschland und den USA. 1. Aufl. Lohmar: EUL Verlag (Supply Chain, Logistics and Operations Management, Bd. 1).

Böhler, Tino (2007): Von Anfang an richtig. In: *MM MaschinenMarkt* (47), S. 38. Online verfügbar unter http://www.wiso-net.de/webcgi?START=A60&DOKV_DB=ZECO&DOKV_NO=MAMA111907029&DOKV_HS=0&PP=1.

Borowski, Esther (2011): Agiles Vorgehensmodell zum Management komplexer Produktionsanläufe mechatronischer Produkte in Unternehmen mit mittelständischen Strukturen. Düsseldorf: VDI Verlag.

Brischwein, Sandra (2011): Anlaufmanagement in der Automobilzulieferindustrie - systematisches, effektives und effizientes Umsetzen in Gießereiunternehmen. In: *Giesserei* 98 (6), S. 146–152.

Brockhaus Enzyklopädie (2006): Band 21. 21. Aufl. Leipzig: Brockhaus.

Bruderer, Hansueli (1978): Organisationsformen sozio-technischer Systeme mit Milizcharakter. Dissertation. Eidgenössische Technische Hochschule Zürich, Zürich.

Bruns, Heinz (2010): Organisation des Anlaufmanagements. Essen: Vulkan.

Buchholz, Wolfgang (1996): Time-to-market-Management. Zeitorientierte Gestaltung von Produktinnovationsprozessen. Stuttgart, Berlin, Köln: Kohlhammer.

Buescher, Christian; Hauck, Eckart; Schilberg, Daniel; Jeschke, Sabina (2012): Key Performance Indicators for the Impact of Cognitive Assembly Planning on Ramp-Up Process. In: *Advances in Decision Sciences* 2012 (1), S. 1–19. DOI: 10.1155/2012/798286.

Bullinger, Hans-Jörg; Prieto, Juan; Wörner, Kai (1997): Wissensmanagement heute: Daten, Fakten, Trends: Fraunhofer-Institut für Arbeitswirtschaft und Organisation (IAO).

Bullinger, Hans-Jörg; Wörner, Kai; Prieto, Juan (1998): Wissensmanagement – Modelle und Strategien für die Praxis. In: Hans Dietmar Bürgel (Hg.): Wissensmanagement. Schritte zum intelligenten Unternehmen. Berlin, Heidelberg, New York, Barcelona, Budapest, Hongkong, London, Mailand, Paris, Santa Clara, Singapur, Tokio: Springer (Edition ALCATEL-SEL-Stiftung), S. 21–39.

Bundesanstalt Technisches Hilfswerk (1999): Führung und Einsatz. THW DV 1 - 100.

Bundesanstalt Technisches Hilfswerk (2006): Handbuch Führen im Technischen Hilfswerk. THW DV 1 - 101.

Bundesministerium des Inneren (2012): Führung und Einsatz der Polizei. PDV 100.

Bundesregierung der Bundesrepublik Deutschland (2009): Gesetz über das Technische Hilfswerk. THW-Helferrechtsgesetz, vom 22.01.1990 (BGBl. I S. 118), das zuletzt durch Artikel 1 des Gesetzes vom 29.07.2009 (BGBl. I S. 2350) geändert worden ist. Online verfügbar unter http://www.gesetze-im-internet.de/bundesrecht/thw-helfrg/gesamt.pdf, zuletzt geprüft am 13.06.2013.

Casamento, James William (1992): A model for predicting and managing a production ramp-up of a new product. MSc Thesis in Management and Mechanical Engineering. Massachusetts Institute of Technology.

Chen, Rui; Sharman, Raj; Rao, H. Raghav; Upadhyaya, Shambhu J. (2008): Coordination in Emergency Response Management. In: *Communications of the ACM* 51 (5), S. 66–73. DOI: 10.1145/1342327.1342340.

Chen, Y. M. J.; Lee, Tzong-ru; Wang, Jau-wen (2011): Two-stage decision support for production ramp-up. In: *International journal of agile systems and management : IJASM* 4 (4), S. 364–378.

Chmielewicz, Klaus (1994): Forschungskonzeptionen der Wirtschaftswissenschaft. 3. Aufl. Stuttgart: Schäffer-Poeschel.

Clark, Kim B.; Fujimoto, Takahiro (1989): Lead time in automobile product development explaining the Japanese advantage. In: *Journal of Engineering and Technology Management* 6 (1), S. 25–58. DOI: 10.1016/0923-4748(89)90013-1.

Clark, Kim B.; Fujimoto, Takahiro (1991): Product development performance. Strategy, organization, and management in the world auto industry. Boston: Harvard Business School Press.

Decker, Franz (1996): Führen im Rettungsdienst. Einsatz, Bereitschaft, Ausbildung. Ein Handbuch für Führungskräfte im Rettungswesen. 2. Aufl. Heidelberg: Springer.

Denkena, Berend; Brecher, Christian (Hg.) (2007): Ramp-Up-2-Anlaufoptimierung durch Einsatz virtueller Fertigungssysteme. Frankfurt: VDMA-Verlag.

Denzler, Frank (2007): Modellanalyse von Lieferantenbeziehungen in Anlaufprozessen. Einflussgrößen, Gestaltungsparameter und Methoden für die Koordination des Anlaufmangements von Abnehmern und Lieferanten: eine empirische Modellanalyse. 1. Aufl. München: TCW-Verlag.

Deutsche Nationalbibliothek (2015): Katalog der Deutschen Nationalbibliothek. Online verfügbar unter https://portal.dnb.de/opac.htm?view=redirect%3A%2Fopac.htm&dodServiceUrl=https%3A%2F%2Fportal.dnb.de%2Fdod, zuletzt geprüft am 22.04.2015.

Dill, Christoph (2003): Turbulenzreaktionsprozesse. Ein Ansatz zur Steigerung der Reaktionsfähigkeit auf Turbulenzen am Beispiel des Produktionshochlaufs. Karlsruhe: Institut für Werkzeugmaschinen und Betriebstechnik der Universität Karlsruhe (TH) (Forschungsberichte aus dem Institut für Werkzeugmaschinen und Betriebstechnik der Universität Karlsruhe, Bd. 114).

Doltsinis, Stefanos; Ratchev, Svetan; Lohse, Niels (2013): A framework for performance measurement during production ramp-up of assembly stations. In: *European journal of operational research : EJOR* 229 (1), S. 85–94.

Dombrowski, Uwe; Hanke, Tobias (2009): Lean Ramp-up: Ein Organisationsmodell für den effizienten Serienanlauf in KMU. In: *Zeitschrift für wirtschaftlichen Fabrikbetrieb* 104 (10), S. 877–883. Online verfügbar unter http://www.wiso-net.de/webcgi?START=A60&DOKV_DB=ZECO&DOKV_NO=ZWFZWF200910 2387721141023271022253O&DOKV_HS=0&PP=1, zuletzt geprüft am 03.10.2012.

Dombrowski, Uwe; Hanke, Tobias (2011a): Lean Ramp-up: Handlungs-und Gestaltungsfelder. In: *Zeitschrift für wirtschaftlichen Fabrikbetrieb* 106 (5), S. 332–336.

Dombrowski, Uwe; Hanke, Tobias (2011b): Lean Ramp-up: Schwerpunkte im Anlaufmanagement. Ziele und Zieltypen im Produktionsanlauf. In: *Zeitschrift für wirtschaftlichen Fabrikbetrieb* 106 (7-8), S. 531–535.

Dyckhoff, Harald; Müser, Mark; Renner, Tim (2012): Ansätze einer Produktionstheorie des Serienanlaufs. In: *Zeitschrift für Betriebswirtschaft* 82 (12), S. 1427–1456. DOI: 10.1007/s11573-012-0631-7.

EBSCOhost (2015): Business Source Premier. Online verfügbar unter https://www.ebscohost.com/academic/business-source-premier, zuletzt geprüft am 22.04.2015.

Edmondson, Amy C.; McManus, Stacy E. (2007): Methodological Fit in Management Field Research. In: *Academy of Management Review* 32 (4), S. 1155–1179. Online verfügbar unter http://www.jstor.org/stable/20159361.

Egger, Anton; Winterheller, Manfred (2001): Kurzfristige Unternehmensplanung. Budgetierung. 11. Aufl. Wien: Linde (Betriebswirtschaft).

Elfgen, Ralph; Hölscher, Reinhold (2002): Herausforderung Risikomanagement. Identifikation, Bewertung und Steuerung industrieller Risiken. 1. Aufl. Wiesbaden: Gabler.

Elstner, Steffen; Biele, Alexander; Krause, Dieter; Ischdonat, Nils (2013): Erhöhung der Flexibilität im Umgang mit späten Änderungen im Serienanlauf. In: *Zeitschrift für wirtschaftlichen Fabrikbetrieb* (12), S. 962–966.

Ender, Thomas (2009): Prognose von Personalbedarfen im Produktionsanlauf unter Berücksichtigung dynamischer Planungsgrössen. Aachen: Shaker.

Fauth, G.; Winkelbauer, W.; Pfeifer, T.; Prefi, T. (1999): Den Anlauf im Griff. Quality Gates in der Produktion sichern Markenqualität. In: *QZ Qualität und Zuverlässigkeit* 44 (6), S. 756–760.

Fischer, Jochen (2001): Zeitwettbewerb. Grundlagen, strategische Ausrichtung und ökonomische Bewertung zeitbasierter Wettbewerbsstrategien. Dissertation. München: Vahlen (Controlling-Praxis).

Fitzek, Daniel (2005): Anlaufmanagement in interorganisationalen Netzwerken. Eine empirische Analyse von Erfolgsdeterminanten in der Automobilindustrie. Bamberg: Difo-Druck GmbH.

Fjällström, Sabina; Säfsten, Kristina; Harlin, Ulrika; Stahre, Johan (2009): Information enabling production ramp-up. In: *Journal of Manufacturing Technology Management* 20 (2), S. 178–196. DOI: 10.1108/17410380910929619.

Fleischer, Jürgen; Ender, Thomas; Mössner, Andreas (2007a): Ressourcenmanagement für erfolgreiche Produktionsanläufe. In: *Zeitschrift für wirtschaftlichen Fabrikbetrieb* 102 (1-2), S. 42–45. Online verfügbar unter http://www.wiso-net.de/webcgi?START=A60&DOKV_DB=ZECO&DOKV_NO=ZWFZWF200702234227142828243027121 42&DOKV_HS=0&PP=1, zuletzt geprüft am 18.07.2012.

Fleischer, Jürgen; Ender, Thomas; Rühmann, Nora (2006a): Wissensmanagement und Simulation steigern die Effizienz im Produktionsanlauf. In: *Zeitschrift für wirtschaftlichen Fabrikbetrieb* (7-8), S. 412–415.

Fleischer, Jürgen; Ender, Thomas; Schopp, Matthias; Peters, Joachim (2006b): Technische Dienstleistungsstrategien im Produktionsanlauf. Eine Fallstudie. In: *Zeitschrift für wirtschaftlichen Fabrikbetrieb* (12), S. 694–697.

Fleischer, Jürgen; Ender, Thomas; Wagner, Michael (2005a): Die Reifeprüfung. Eine Reifekennzahl ergänzt die Leistungskennzahlen im Produktionsanlauf. In: *Zeitschrift für wirtschaftlichen Fabrikbetrieb* (5), S. 261–265.

Fleischer, Jürgen; Lanza, Gisela; Ender, Thomas (2005b): Prozessinnovation durch prozessbasierte Qualitätsprognose im Produktionsanlauf. In: *Zeitschrift für wirtschaftlichen Fabrikbetrieb* (9), S. 510–516.

Fleischer, Jürgen; Nyhuis, P.; Schuh, G.; Serwotka, H. (Hg.) (2007b): Proaktive Anlaufsteuerung entlang der Wertschöpfungskette von Produktionssystemen (ProactAS). Frankfurt: VDMA-Verlag.

Fleischer, Jürgen; Wawerla, Marc; Nyhuis, Peter; Winkler, Helge; Liestmann, Volker (2004): Proaktive Anlaufsteuerung von Produktionssystemen entlang der Wertschöpfungskette. In: *Industrie Management* (4), S. 29–32.

Franzkoch, Bastian; Gottschalk, Sebastian (2008): Anlauforganisation. In: Günther Schuh, Wolfgang Stölzle und Frank Straube (Hg.): Anlaufmanagement in der Automobilindustrie erfolgreich umsetzen. Ein Leitfaden für die Praxis. 1. Aufl. Berlin: Springer, S. 55–64.

Fritsche, Ronald (1998): Bewertung und Verkürzung von Anlaufprozessen für Betriebsmittel. Berlin: IPK.

Führer, Kaj (2008): Qualitätsbasiertes Anlaufmanagement von Dienstleistungen. Theoretische und empirische Modellanalyse des Anlaufs einer Dienstleistungsproduktion mit hohem Outputvolumen. 1. Aufl. Hamburg: Kovac.

Garth, Arnd Joachim (2008): Krisenmanagement und Kommunikation. Das Wort ist ein Schwert - die Wahrheit ein Schild. 1. Aufl. Wiesbaden: Gabler.

Gartzen, Thomas (2012): Diskrete Migration als Anlaufstrategie für Montagesysteme. 1. Aufl. Aachen: Apprimus (Produktionssystematik, Bd. 2012,31).

Gentner, Andreas (1994): Entwurf eines Kennzahlensystems zur Effektivitäts- und Effizienzsteigerung von Entwicklungsprojekten. Dargestellt am Beispiel der Entwicklungs- und Anlaufphasen in der Automobilindustrie. München: Vahlen (Controlling-Praxis).

Geschka, Horst (1993): Wettbewerbsfaktor Zeit. Beschleunigung von Innovationsprozessen. Landsberg: Verlag Moderne Industrie.

Gläser, Jochen; Laudel, Grit (2010): Experteninterviews und qualitative Inhaltsanalyse. 4. Aufl. Wiesbaden: Verlag für Sozialwissenschaften.

Gong, Yufeng (2007): Lieferantenmanagement in der Produktionsanlaufphase. Ein systematisches Konzept zur Integration der Lieferanten in die ramp-up-Phase. Saarbrücken: VDM-Verlag.

Google Books (2015): Über Google Buchsuche. Online verfügbar unter https://books.google.de/intl/de/googlebooks/about.html, zuletzt geprüft am 22.04.2015.

Google Scholar (2015): Über Google Scholar. Online verfügbar unter https://scholar.google.de/intl/de/scholar/about.html, zuletzt geprüft am 22.04.2015.

Gössinger, Ralf; Lehner, Florian (2009): Kundenintegration im Produktionsanlauf. Analyse der Ansatzpunkte für eine flexibilitätsorientierte Koordination. In: Katja Gelbrich (Hg.): Kundenintegration und Kundenbindung. Wie Unternehmen von ihren Kunden profitieren. 1. Aufl. Wiesbaden: Gabler, S. 109–123.

Gustmann, Karl-Heinz; Rettschlag, Günther; Wolff, Hans Peter (1989): Produktionsanlauf neuer Erzeugnisse und Anlagen. 1. Aufl. Berlin: Verlag Die Wirtschaft.

Hab, Gerhard; Wagner, Reinhard (2004): Projektmanagement in der Automobilindustrie. Effizientes Management von Fahrzeugprojekten entlang der Wertschöpfungskette. 1. Aufl. Wiesbaden: Gabler.

Hackstein, Achim (2009): Einsatztaktik und Einsatzorganisation. In: Jürgen Luxem, Dietmar Kühn und Klaus Runggaldier (Hg.): Rettungsdienst. RS/RH. 2. Aufl. München: Urban & Fischer Verlag/ Elsevier GmbH, S. 461–468.

Haller, Martin; Peikert, Andreas; Thoma, Josef (2003): Cycle time management during production ramp-up. In: *Robotics and Computer-Integrated Manufacturing* 19 (1-2), S. 183–188. DOI: 10.1016/S0736-5845(02)00078-9.

Harper, Jeffrey S.; Rainer, R. Kelly (2000): Analysis and Classification of Problem Statements in Technology Transfer. In: *The Journal of Technology Transfer* 25 (2), S. 135–156. DOI: 10.1023/A:1007820606112.

Harvard Business Review (2010): Leadership Lessons From the Military. In: *Harvard Business Review* (11), S. 65.

Heil, Manfred (1995): Entstörung betrieblicher Abläufe. Wiesbaden: Deutscher Universitätsverlag.

Heimann, Rudi (2009): Entscheidungsfindung in polizeilichen Einsatzlagen. Softwareunterstütztes Informations- und Kommunikationsmanagement. In: Gesellschaft für Informatik Jahrestagung 2009. Lübeck. Gesellschaft für Informatik, S. 1378–1392.

Heins, Michael (2010): Anlauffähigkeit von Montagesystemen. Garbsen: PZH, Produktionstechnisches Zentrum.

Heins, Michael; Grosshennig, Patrick; Nyhuis, Peter (2007a): Hochlauf globaler Produktionsstufen. In: *Industrie Management* (3), S. 55–58.

Heins, Michael; Serwotka, H.; Trebels, Jörg (2007b): Zielorientierte Anlaufsteuerung. In: Peter Nyhuis, Günther Schuh und H. Serwotka (Hg.): Anlaufleitfaden für Produktionssysteme. Frankfurt: VDMA-Verlag, S. 39–86.

Held, Tobias (2009): Anlaufmanagement in der Fast Moving Consumer Goods Industrie. Herausforderungen und Erfolgsfaktoren. In: *PPS Management* 14 (1), S. 37–40. Online verfügbar unter http://www.wiso-net.de/webcgi?START=A60&DOKV_DB=ZECO&DOKV_NO=PPS20091008&DOKV_HS=0&PP=1, zuletzt geprüft am 18.07.2012.

Helmold, Marc (2012): Störungen frühzeitig begegnen. In: *Logistik Heute* (6), S. 34–35.

Herrmann, Christoph (2010): Ganzheitliches Life Cycle Management. Nachhaltigkeit und Lebenszyklusorientierung in Unternehmen. Habilitation. Berlin: Springer (VDI).

Herrmann, Christoph; Wenda, Andreas; Bruns, Heinz (2008): Einsatz des Viable System Model im Anlaufmanagement. In: *Zeitschrift für wirtschaftlichen Fabrikbetrieb* (10), S. 691–695.

Homuth, Michael (2008): Unternehmensübergreifende Steuerung des Serienanlaufs in Produktionsnetzwerken. Aachen: Shaker.

Hüntelmann, Jörg (2010): Terminplanung und -überwachung von Produktionsanläufen in Wertschöpfungsnetzwerken. Garbsen: PZH, Produktionstechnisches Zentrum.

Jachs, Siegfried (2011): Einführung in das Katastrophenmanagement. Hamburg: tredition.

Johnson, Fredrik; Karlsson, Martin (1998): Ramp-up in manufacturing. Conceptual framework, measurement system, and practical experiences from 48 cases in the Swedish industry. Master's Thesis. Chalmers University of Technology, Göteborg. Department of Operations Management and Work Organization.

Jürging, Jan (2008): Systemdynamische Analyse des Serienanlaufs in der Automobilindustrie. Hamburg: Kovac.

Kämper, Gregor (2002): Organisation und Aufgaben der Polizei in Deutschland. Ein aktueller Uberblick. In: *Kriminalistik* 56 (2), S. 102–111.

Kampker, Achim; Tücks, Gregor (2008): Schnell und einfach Hochfahren. In: Günther Schuh, Wolfgang Stölzle und Frank Straube (Hg.): Anlaufmanagement in der Automobilindustrie erfolgreich umsetzen. Ein Leitfaden für die Praxis. 1. Aufl. Berlin: Springer, S. 203–212.

Kapici, Senol (2005): Ein stochastisches Risikomodell für komplexe Projekte. Universität Magedeburg, Fakultät für Informatik, Magdeburg.

Karlsruher Virtueller Katalog (2015): Über KVK. Online verfügbar unter http://www.ubka.uni-karlsruhe.de/kvk/kvk/kvk_hilfe.html, zuletzt geprüft am 22.04.2015.

Kasah, Tarek; Kujas, Marc; Renner, Tim (2013): Produktlebenszyklusmodelle in der Übersicht. In: *PRODUCTIVITY Management* 18 (1), S. 61–63.

Kern, Eva-Maria; Hartung, Thomas (2013): Zielorientiertes Risikomanagement bei Einsatzorganisationen. In: Wolfgang Kersten und Jochen Wittmann (Hg.): Kompetenz, Interdisziplinarität und Komplexität in der Betriebswirtschaftslehre. Festgabe für Klaus Bellmann zum 70. Geburtstag. Wiesbaden: Springer Fachmedien Wiesbaden, S. 113–132.

Klenter, Guido (1995): Zeit, strategischer Erfolgsfaktor von Industrieunternehmen. Hamburg: Steuer- und Wirtschaftsverlag (Duisburger betriebswirtschaftliche Schriften, Bd. 9).

Klinkner, Raimund; Risse, Jörg (2002): Time-to-Market im Maschinenbau. Auf den Anlauf kommt es an. In: *Logistik Heute* (3), S. 38–39. Online verfügbar unter http://www.wiso-net.de/webcgi?START=A60&DOKV_DB=ZECU&DOKV_NO=LOGI200203000382&DOKV_HS=0&PP=1, zuletzt geprüft am 18.07.2012.

Knüppel, Konja; Tschöpe, Sebastian; Nyhuis, Peter (2012): Reifegradbasierte Bewertung der Anlauffähigkeit. Methodik zur situationsspezifischen Gestaltung der Anlauffähigkeit von KMU. In: *Zeitschrift für wirtschaftlichen Fabrikbetrieb* 107 (6), S. 427–431.

Knüppel, Konja; Tschöpe, Sebastian; Nyhuis, Peter (2013): Anlauffähigkeit von Produktionssystemen. In: *Zeitschrift für wirtschaftlichen Fabrikbetrieb* (04), S. 234–238.

Konrad, Konstantin (2012): Verfahren zum semantisch unterstützten Anlagenanlauf von Montagesystemen. Stuttgart: Fraunhofer-Verlag (Stuttgarter Beiträge zur Produktionsforschung, Bd. 5).

Kontio, Jyri; Haapasalo, Haari (2005): A project model in manageing production ramp-up. A case study in wire harness industry. In: *International Journal of Innovation and Technology Management* 02 (01), S. 101–117. DOI: 10.1142/S021987700500037X.

Kornmeier, Martin (2007): Wissenschaftstheorie und wissenschaftliches Arbeiten. Eine Einführung für Wirtschaftswissenschaftler. Heidelberg: Physica (BA kompakt).

Krämer, Björn; Homuth, Michael; Steinborn, Andreas; Heller, Klaus-Hasso (2007): Analyse der Optimierungspotenziale bei Produktionsanläufen. In: Horst Meier und Bernhard Zimolong (Hg.): Workflowbasierte Steuerung unternehmensübergreifender Serienanläufe (ELAN). Frankfurt: VDMA-Verlag.

Krüger, Christian; Klemke, Tim; Heins, Michael; Nyhuis, Peter (2010): Development of a Methodology to assess the Capability of Production Ramp-up. In: IAENG (Hg.): World Congress on Engineering and Computer Science. WCECS 2010 : 20-22 October, 2010, San Francisco, USA. Hong Kong: Newswood Ltd., International Association of Engineers (Lecture notes in engineering and computer science, 2187). Online verfügbar unter http://www.iaeng.org/publication/WCECS2010/WCECS2010_pp1205-1209.pdf, zuletzt geprüft am 24.07.2014.

Kuhn, Axel (2002): Schneller Produktionsanlauf von Serienprodukten. Ergebnisbericht der Untersuchung "fast ramp up". Dortmund: Verlag Praxiswissen.

Küpper, Hans-Ulrich (1995): Controlling. Konzeption, Aufgaben und Instrumente. Stuttgart: Schäffer-Poeschel (Controlling-Konzepte).

Labriola, Fabio (2006): Ganzheitliches Time-to-market-Management. Planung und Umsetzung von Produktinnovationen unter besonderer Berücksichtigung des Wettbewerbsfaktors Zeit. Waabs: GCA-Verlag.

Laick, Thomas (2003): Hochlaufmanagement. Sicherer Produktionshochlauf durch zielorientierte Gestaltung und Lenkung des Produktionsprozesssystems. Kaiserslautern: Universität Kaiserslautern, Lehrstuhl für Fertigungstechnik und Betriebsorganisation.

Lanza, Gisela (2005): Simulationsbasierte Anlaufunterstützung auf Basis der Qualitätsfähigkeiten von Produktionsprozessen. Universität Karlsruhe, Karlsruhe.

Lanza, Gisela; Sauer, Anna (2012): Simulation of personnel requirements during production ramp-up. In: *Production Engineering* 6 (4-5), S. 395–402. DOI: 10.1007/s11740-012-0394-6.

Leidig, Fred; Schmidt, Gerald (2007): Bewertung der Projektergebnisse und Anlaufmodell. In: Manfred Oesterle und Fred Leidig (Hg.): Methodisch sichere, schnelle Produktionsanläufe in der Mechatronik (MESSPRO). Frankfurt: VDMA-Verlag, S. 103–121.

Lenfle, Sylvain; Midler, Christophe (2009): The launch of innovative product-related services. Lessons from automotive telematics. In: *Research Policy* 38 (1), S. 156–169. DOI: 10.1016/j.respol.2008.10.020.

Li, Hui-Hong J. K.; Shi, Yong Jiang; Gregory, Mike; Tan, Kim Hua (2014): Rapid production ramp-up capability: a collaborative supply network perspective. In: *International Journal of Production Research* 52 (10), S. 2999–3013. DOI: 10.1080/00207543.2013.858837.

Lincke, Wolfgang (1995): Simultaneous engineering. Neue Wege zu überlegenen Produkten. München, Wien: Hanser.

Lührig, Tobias (2006): Risikomanagement in der Produktentwicklung der deutschen Automobilindustrie. Von der Konzeptentwicklung bis zum Produktionsanlauf. Aachen: Shaker.

Mannar, K.; Ceglarek, D. (2004): Continuous Failure Diagnosis for Assembly Systems using Rough Set Approach. In: *CIRP Annals - Manufacturing Technology* 53 (1), S. 39–42. DOI: 10.1016/S0007-8506(07)60640-4.

Mateika, Marc (2005): Unterstützung der lebenszyklusorientierten Produktplanung am Beispiel des Maschinen- und Anlagenbaus. Dissertation. Essen: Vulkan (Schriftenreihe des IWF).

Matthes, Jürgen; Voggenreiter, Dietmar (1998): Änderungsmanagement und Änderungscontrolling in der Produktentstehung. In: Péter Horváth und Günther Fleig (Hg.): Integrationsmanagement für neue Produkte. Stuttgart: Schäffer-Poeschel, S. 104–120.

Mayring, Philipp (2008): Qualitative Inhaltsanalyse. Grundlagen und Techniken. 10. Aufl. Weinheim, Basel: Beltz (Pädagogik).

Meier, Horst; Zimolong, Bernhard (Hg.) (2007): Workflowbasierte Steuerung unternehmensübergreifender Serienanläufe (ELAN). Frankfurt: VDMA-Verlag.

Mello, John; Flint, Daniel J. (2009): A Refined View of Grounded Theory and its Application to Logistics Research. In: *Journal of Business Logistics* 30 (1), S. 107–125. DOI: 10.1002/j.2158-1592.2009.tb00101.x.

Meyer, Gerrit; Knüppel, Konja; Busch, Jan; Jakob, Marko; Nyhuis, Peter (2013): Effizientes Störgrößenmanagement. Ansatz zur Kategorisierung von Störgrößen in der Produktion. In: *PRODUCTIVITY Management* (5), S. 49–52, zuletzt geprüft am 30.07.2014.

Meyers enzyklopädisches Lexikon (1981): Deutsches Wörterbuch O-Z. Band 32. 9. Aufl. Mannheim: Bibliographisches Institut.

Milling, Peter (1981): Systemtheoretische Grundlagen zur Planung der Unternehmenspolitik. Berlin: Duncker & Humblot (Abhandlungen aus dem Industrieseminar der Universität Mannheim, Heft 31).

Mistele, Peter (2007): Faktoren des verlässlichen Handelns. Leistungspotenziale von Organisationen in Hochrisikoumwelten. 1. Aufl. Wiesbaden: Deutscher Universitätsverlag.

Mistele, Peter; Kirpal, Simone (2006): Mitarbeiterengagement und Zielorientierung als Erfolgsfaktoren. Ergebnisse einer empirischen Studie in Hochleistungssystemen. In: *FOKUS prints* (01), S. 1–21. Online verfügbar unter https://www.tu-chemnitz.de/wirtschaft/bwl6/publikationen/publikation_download.php?NR=173, zuletzt geprüft am 28.04.2015.

Möller, Klaus (2002): Lebenszyklusorientierte Planung und Kalkulation des Serienanlaufs. In: *Zeitschrift für Planung* 13 (4), S. 431–457.

Möller, Klaus (2005): Anlaufkosten in der Serienfertigung. Management und Controlling im Rahmen eines Lebenszyklus. In: Horst Wildemann (Hg.): Synchronisation von Produktentwicklung und Produktionsprozess. Produktreife - Produktneuanläufe - Produktionsauslauf. München: TCW, Transfer-Centrum, S. 137–172.

Moltke, Helmuth von (1810): Militärische Werke. II. Band. 2. Teil. Berlin.

Monego, Tina-Maria; Engelhardt-Nowitzki, Corinna; Schönwetter, Gerald (2011): Der Serienanlauf als Teil des Innovationsprozesses: Eine empirische Studie in österreichischen Industrieunternehmen. In: Corinna Engelhardt-Nowitzki, Romana Kohlberger und Romana Traxler (Hg.): Forschungsinitiative AGTIL 2011. Beiträge zur Stärkung der Veränderungsfähigkeit von Unternehmen. Aachen: Shaker, S. 183–200.

Müller, Egon (Hg.) (2007): High Performance Ramp-up. Gestaltungsstrategien für beschleunigte Serienanläufe (HIPER). Frankfurt: VDMA-Verlag.

Nagel, Jörg (2011): Risikoorientiertes Anlaufmanagement. Wiesbaden: Gabler Verlag / Springer Fachmedien.

Näser, Peggy (2007): Methode zur Entwicklung und kontinuierlichen Verbesserung des Anlaufmanagements komplexer Montagesysteme. Chemnitz: IBF.

Nau, Bastian (2012): Anlauforientierte Technologieplanung zur Auswahl von Fertigungstechnologien. 1. Aufl. Aachen: Apprimus.

Nugroho, Yohanes Kristianto (2011): Production ramp up in built-to-order supply chains. In: *Journal of Modelling in Management* 6 (2), S. 143–163. DOI: 10.1108/17465661111149557.

Nyhuis, Peter; Heins, Michael; Großhennig, Patrick; Fleischer, Jürgen; Lanza, Gisela; Ender, Thomas (2006): Simulationsunterstützte Wirkbeziehungsanalyse im Produktionsanlauf. Ein Prognosesystem mit Materialfluss- und Qualitätssimulation. In: *Zeitschrift für wirtschaftlichen Fabrikbetrieb* (1), S. 746–751.

Nyhuis, Peter; Schuh, Günther; Serwotka, H. (Hg.) (2007): Anlaufleitfaden für Produktionssysteme. Frankfurt: VDMA-Verlag.

Oesterle, Manfred; Leidig, Fred (Hg.) (2007): Methodisch sichere, schnelle Produktionsanläufe in der Mechatronik (MESSPRO). Frankfurt: VDMA-Verlag.

Olbrich, Rainer (2006): Marketing. Eine Einführung in die marktorientierte Unternehmensführung. 2. Aufl. Berlin: Springer.

Opitz, Andreas; Müller, Egon; Hildebrand, Torsten (2006): Die optimale Anlaufkurve in der Serienfertigung. Ein Modell zur Bestimmung des Aufwand-Nutzen-Verhältnisses von Anpassungsmaßnahmen bei der Beschleunigung des Anlaufs. In: *Zeitschrift für wirtschaftlichen Fabrikbetrieb* 101 (6), S. 356–359. Online verfügbar unter http://www.wiso-net.de/webcgi?START=A60&DOKV_DB=ZECO&DOKV_NO=ZWFZWF20060623356131814242529182210&DOKV_HS=0&PP=1, zuletzt geprüft am 19.07.2012.

Pacific Valka (2015): Task Forces List. Online verfügbar unter http://pacific.valka.cz/forces/index_frame.htm, zuletzt geprüft am 05.05.2015.

Pfeiffer, Werner; Weiß, Enno; Volz, Thomas; Wettengl, Steffen (1997): Funktionalmarkt-Konzept zum strategischen Management prinzipieller technologischer Innovationen. Göttingen: Vandenhoeck & Ruprecht (Innovative Unternehmensführung, Bd. 28).

Pfohl, Hans-Christian; Gareis, Karin (2000): Die Rolle der Logistik in der Anlaufphase. In: *Zeitschrift für Betriebswirtschaft* 70 (11), S. 1189–1214.

Przyborski, Aglaja; Wohlrab-Sahr, Monika (2008): Qualitative Sozialforschung. Ein Arbeitsbuch. München: Oldenbourg.

Renner, Tim (2012): Performance Management im Produktionsanlauf. Aachen: Hochschulbibliothek Rheinisch-Westfälische Technischen Hochschule Aachen.

Riezler, Stephan (1996): Lebenszyklusrechnung. Instrument des Controlling strategischer Projekte. Wiesbaden: Gabler (Bochumer Beiträge zur Unternehmungsführung und Unternehmensforschung, Bd. 48).

Risse, Jörg (2003): Time-to-Market-Management in der Automobilindustrie. Ein Gestaltungsrahmen für ein logistikorientiertes Anlaufmanagement. 1. Aufl. Bern: Haupt.

Romberg, Andreas; Haas, Martin (2005): Der Anlaufmanager. Effizient arbeiten mit Führungssystem und workflow; von der Produktidee bis zur Serie. Stuttgart: LOG_X.

Rösch, Florian; Mayer, Axel; Doch, Stefan A. (2008): Grundlagen des Änderungsmanagements im Anlauf. In: Günther Schuh, Wolfgang Stölzle und Frank Straube (Hg.): Anlaufmanagement in der Automobilindustrie erfolgreich umsetzen. Ein Leitfaden für die Praxis. 1. Aufl. Berlin: Springer, S. 215–220.

Rüstig, Alexander (2007): Einfluss von standortspezifischen Faktoren auf den Produktionsanlauf am Beispiel der Kfz-Zulieferindustrie. Aachen: Shaker.

Schenk, Michael; Blümel, Eberhard (2007): Lernplattformen zum Anlauf und Betrieb von Produktionssystemen. In: *Industrie Management* 23 (3), S. 23–26.

Schmahls, Thomas (2001): Beitrag zur Effizienzsteigerung während Produktionsanläufen in der Automobilindustrie. Technische Universität Chemnitz.

Schmid, Wendelin (2013): Wissensmanagementbedarf von Geschäftsprozessen. Operationalisierung, Einflussfaktoren und Managementimplikationen am Beispiel Operations. 1. Aufl. Lohmar: EUL Verlag (Wissens-, Qualitäts-, und Prozessmanagement, Bd. 1).

Schmitt, Robert; Schuh, Günther; Gartzen, Thomas; Schmitt, Sebastian (2010): Das Aachener Modell zum interdisziplinären Anlaufmanagement. Entwicklung von Entscheidungsmodellen im Produktionsanlauf. In: *wt Werkstattstechnik online* 100 (4), S. 317–322.

Schmitt, Sebastian (2012): Gestaltungsmodell zum qualitätsorientierten Management von Serienanläufen. 1. Aufl. Aachen: Apprimus.

Schneider, Marc (2006): Assistenzsystem zur Strategiefestlegung in der Anlaufplanung. Dargestellt am Beispiel des Pumpen- und Kompressorenbaus. Dortmund: Verlag Praxiswissen.

Scholz-Reiter, B.; Krohne, F.; Leng, B.; Höhns, H. (2007): Technical product change teams. An organizational concept for increasing the efficiency and effectiveness of technical product changes during ramp-up phases. In: *International Journal of Production Research* 45 (7), S. 1631–1642.

Scholz-Reiter, Bernd; König, Frederik (2010): Entwicklung der Kernkompetenz Anlaufmanagement mit der Adaption von "lean" Prinzipien den "Fast Ramp-up" erreichen. In: *PRODUCTIVITY Management* 15 (4), S. 42–45.

Scholz-Reiter, Bernd; Krohne, Farian (2010): Ramp-Up Excellence. Ein skalierbares Anlaufmanagementprozessmodell für Elektronik Zulieferer. Bremen: BIBA – Bremer Institut für Produktion und Logistik GmbH.

Schuh, Günther; Gottschalk, Sebastian; Franzkoch, Bastian; Hoeschen, Axel (2007): Richtig entscheiden, Lerneffekte gestalten. Entwicklung anlaufgerechter Organisationsstrukturen. In: *Industrie Management* (3), S. 71–74.

Schuh, Günther; Stölzle, Wolfgang; Straube, Frank (2008): Grundlagen des Anlaufmanagements. Entwicklung und Trends, Definitionen und Begriffe, Integriertes Anlaufmanagementmodell. In: Günther Schuh, Wolfgang Stölzle und Frank Straube (Hg.): Anlaufmanagement in der Automobilindustrie erfolgreich umsetzen. Ein Leitfaden für die Praxis. 1. Aufl. Berlin: Springer, S. 1–6.

Schulze, Robin; Opitz, Andreas (2007a): Leitfaden für ein effektives und effizientes Anlaufmanagement. In: Egon Müller (Hg.): High Performance Ramp-up. Gestaltungsstrategien für beschleunigte Serienanläufe (HIPER). Frankfurt: VDMA-Verlag, S. 20–73.

Schulze, Robin; Opitz, Andreas (2007b): Problemlage. In: Egon Müller (Hg.): High Performance Ramp-up. Gestaltungsstrategien für beschleunigte Serienanläufe (HIPER). Frankfurt: VDMA-Verlag, S. 1–6.

Schuster, Martin (2012): Kennzahlengestützte Optimierung des Managements von Serienanläufen in der Investitionsgüterindustrie. Entwicklung und Diskussion eines ganzheitlichen Kennzahlensystems für die Kleinserienfertigung. Hamburg: Kovac.

Shukla, N.; Tiwari, M.; Ceglarek, D. (2007): Fault Diagnosis in Multi-station Assembly Systems using an Agent-based Simulation Model. In: Proceedings of 2nd International Conference on Changeable, Agile, Reconfigurable and Virtual Production. Wollongong: Research Online, S. 1–12. Online verfügbar unter http://ro.uow.edu.au/engpapers/4975/, zuletzt geprüft am 01.08.2014.

Sihn, W.; Abele, T.; Oswald, H. (2002): Anlaufmanagement für den Mittelstand. Serienanläufe in kleinen und mittleren Unternehmen müssen als Standardprozesse verstanden und als solche gehandhabt werden. In: *MM MaschinenMarkt* (3), S. 22–23.

Specht, G.; Nagel, J.; Frischke, S. (2005): Integrationsmodell für Anlaufprozesse. In: Horst Wildemann (Hg.): Synchronisation von Produktentwicklung und Produktionsprozess. Produktreife - Produktneuanläufe - Produktionsauslauf. München: TCW, Transfer-Centrum, S. 69–89.

SpringerLink (2015): Über SpringerLink. Online verfügbar unter http://link.springer.com/, zuletzt geprüft am 22.04.2015.

Staatliche Feuerwehrschule Würzburg (1999): Führung und Leitung im Einsatz - Führungssystem. FwDV 100. Online verfügbar unter http://www.sfs-w.de/lehrmittel/feuerwehrdienstvorschriften/02_08_2011-07-19.pdf, zuletzt geprüft am 16.07.2013.

Stich, Christoph (2007): Produktionsplanung in der Automobilindustrie: Optimierung des Ressourceneinsatzes im Serienanlauf. Köln: Kölner Wissenschafts Verlag.

Stirzel, Martin (2008): Referenzprozesse im Anlaufmanagement. Eine empirische Studie mit Cluster-Analysen. Stuttgart: IPRI (Research paper / IPRI, International Performance Research Institute, Bd. 13).

Stirzel, Martin; Hüntelmann, Jörg (2006): Erfolgsfaktoren für das unternehmensübergreifende Anlaufmanagement. Eine empirische Studie. Stuttgart: IPRI.

Straub, Willibald; Weidmann, Michael; Baumeister, Michael (2006): Erfolgsfaktoren für einen effizienten Anlauf in der automobilen Montage. Verkürzte Anlaufszenarien stellen neue Herausforderungen an Mensch, Organisation und Methoden. In: *Zeitschrift für wirtschaftlichen Fabrikbetrieb* 101 (3), S. 124–129.

Sturm, R.; Dorner, J.; Reddig, K.; Seidelmann, J.: Simulation-based evaluation of the ramp-up behavior of waferfabs. In: IEEE/SEMI Advanced Semiconductor Manufacturing Conference and Workshop. Munich, Germany, 31 March-1 April 2003, S. 111–117.

Surbier, L.; Alpan, G.; Blanco, E. (2010): Interface modeling and analysis during production ramp-up. In: *CIRP Journal of Manufacturing Science and Technology* 2 (4), S. 247–254. DOI: 10.1016/j.cirpj.2010.02.004.

Surbier, Laurène (2010): Problem and interface characterization during ramp-up in the low volume industry. Universite de Grenoble, Institut Polytechnique de Grenoble. Online verfügbar unter http://hal.archives-ouvertes.fr/docs/00/68/82/38/PDF/Manuscrit_LaurA_ne.pdf, zuletzt geprüft am 12.11.2012.

Terwiesch, Christian; Bohn, Roger E. (2001): Learning and process improvement during production ramp-up. In: *International Journal of Production Economics* 70 (1), S. 1–19.

Terwiesch, Christian; Bohn, Roger E.; Chea, Kuong S. (2001): International product transfer and production ramp-up. A case study from the data storage industry. In: *R&D Management* 31 (4), S. 435–451.

Terwiesch, Christian; Chea, Kuong S.; Bohn, Roger E. (1999): An Exploratory Study of International Product Transfer and Production Ramp-Up in the Data Storage Industry. University of California, San Diego. Graduate School of International Relations and Pacific Studies. Online verfügbar unter http://www.escholarship.org/uc/item/10m6g3ff, zuletzt geprüft am 15.09.2014.

Teufel, P. (2009): Berechnung der Gesamtanlageneffizienz berücksichtigt Anlaufverluste. In: Hans-Jörg Bullinger (Hg.): Handbuch Unternehmensorganisation. Strategien, Planung, Umsetzung. 3. Aufl. Berlin, Heidelberg: Springer, S. 676–695.

Thiebus, Sven (2008): Integriertes Zykluskonzept unter Einsatz von Methoden des Wissensmanagements beim Serienanlauf in der Automobilindustrie. Aachen: Shaker.

Tom, Edwin; Uske, Stephan; Lindenberg, Karl (2008): Moderne Projektsteuerung in einer mehrdimensionalen Matrixorganisation. In: Günther Schuh, Wolfgang Stölzle und Frank Straube (Hg.): Anlaufmanagement in der Automobilindustrie erfolgreich umsetzen. Ein Leitfaden für die Praxis. 1. Aufl. Berlin: Springer, S. 65–79.

Tücks, Gregor (2010): Ramp-Up Management in der Automobilindustrie. 1. Aufl. Aachen: Apprimus.

Ullrich, André; Sembritzki, Ute; Skupsch, Klaus (2013): Störungsmanagement im saisonalen Umfeld. Ein interdisziplinärer Ansatz zur Lösungsgenerierung. In: *PRODUCTIVITY Management* (5), S. 45–48.

Ungeheuer, U. (1993): Prozesskettenorientiertes Zeitmanagement. erfolgreiche Wege am Beispiel eines Automobilherstellers. In: Bundesvereinigung Logistik (Hg.): Aufschwung mit Logistik. Unterlagen zum 10. deutschen Logistik-Kongreß. München: Huss (1), S. 137–177.

Unger, Ulrike; Spanner-Ulmer, Birgit (2007): Strategien zur arbeitsorganisatorischen Gestaltung des Produktionssystems. In: Egon Müller (Hg.): High Performance Ramp-up. Gestaltungsstrategien für beschleunigte Serienanläufe (HIPER). Frankfurt: VDMA-Verlag, S. 114–145.

Universität Regensburg (2015): Emerald Insight. Online verfügbar unter http://dbis.uni-regensburg.de/dbinfo/detail.php?bib_id=ubwm&colors=&ocolors=&lett=f&tid=0&titel_id=7133, zuletzt geprüft am 22.04.2015.

Vergeiner, Gernot (Hg.) (1999): Leitstellen im Rettungsdienst. Aufgaben - Organisation - Technik. Edewecht, Wien: Stumpf & Kossendey.

Vogl, Hubert (2012): Anlaufreifegrad - Management in der Kontraktlogistik. Ein Reifemodell zur Entwicklung, Bewertung und Überwachung der adaptiven Anlaufreife eines in automobile Serienanläufe integrierten mittelständischen Logistikdienstleisters; das Logistic-Service-Maturity Model (LSMM). Berlin: trafo.

Voigt, Kai-Ingo; Thiell, Marcus (2005): Fast Ramp-Up. Handlungs- und Forschungsfeld für Innovations- und Produktionsmanagement. In: Horst Wildemann (Hg.): Synchronisation von Produktentwicklung und Produktionsprozess. Produktreife - Produktneuanläufe - Produktionsauslauf. München: TCW, Transfer-Centrum, S. 9–39.

Wangenheim, Sascha von (1996): Controlling des Serienanlaufs. Stuttgart: Betriebswirtschaftliches Institut der Universität Stuttgart.

Wangenheim, Sascha von (1998): Planung und Steuerung des Serienanlaufs komplexer Produkte. Dargestellt am Beispiel der Automobilindustrie. Frankfurt, New York: P. Lang.

Weber, Klaus H. (2006): Inbetriebnahme verfahrenstechnischer Anlagen. 3. Aufl. Berlin, Heidelberg: Springer.

Weinzierl, Josef (2006): Produktreifegrad-Management in unternehmensübergreifenden Entwicklungsnetzwerken. Ein ganzheitlicher Ansatz zur Entscheidungsunterstützung im strategischen Anlaufmanagement. Universität Dortmund, Dortmund.

Wheelwright, Steven C.; Clark, Kim B. (1992): Revolutionizing product development. Quantum leaps in speed, efficiency, and quality. 7. Aufl. New York: Free Press.

Wheelwright, Steven C.; Clark, Kim B. (1995): Leading product development. The senior manager's guide to creating and shaping the enterprise. New York: Free Press.

Wikipedia (2015): Task-Force (Militär). Online verfügbar unter http://de.wikipedia.org/wiki/Task-Force_(Milit%C3%A4r), zuletzt geprüft am 05.05.2015.

Wildemann, Horst (2004): Instrumente zur Anlaufoptimierung in komplexen Wertschöpfungsketten. In: *Zeitschrift für wirtschaftlichen Fabrikbetrieb* 99 (9), S. 457–460.

Wildemann, Horst (2008): Anlaufmanagement. Leitfaden zur Optimierung der Anlaufphase von Produkten, Anlagen und Dienstleistungen. 6. Aufl. München: TCW-Verlag.

Winkler, Helge (2007): Modellierung vernetzter Wirkbeziehungen im Produktionsanlauf. Garbsen: PZH, Produktionstechnisches Zentrum.

wiso (2015): Über wiso. Online verfügbar unter https://www.wiso-net.de/popup/ueber_wiso, zuletzt geprüft am 22.04.2015.

Witt, Christian (2006): Interorganizational new product launch management. An empirical investigation of the automotive industry. St. Gallen: Graduate School of Business Administration, Economics, Law and Social Sciences (HSG).

Witte, Sascha; Madak, Ertan (2007): Virtueller Fertigungsanlauf in der Automobilindustrie. In: Berend Denkena und Christian Brecher (Hg.): Ramp-Up-2-Anlaufoptimierung durch Einsatz virtueller Fertigungssysteme. Frankfurt: VDMA-Verlag, S. 15–19.

Wolff, S. (1997): Zeitmanagement senkt Kosten-speziell in der Logistik. In: *TECHNICA* 46 (4), S. 10–17.

WTI-Frankfurt (2015): Über TEMA. Online verfügbar unter http://www.wti-frankfurt.de/images/PDF/datenbankbeschreibung/de-tema.pdf, zuletzt geprüft am 22.04.2015.

Zanner, Stefan; Jäger, Stephan; Stotko, Christof M. (2002): Änderungsmanagement bei verteilten Standorten. In: *Industrie Management* 18 (3), S. 40–43.

Zellner, Gregor (2011): A structured evaluation of business process improvement approaches. In: *Business Process Management Journal* 17 (2), S. 203–237. DOI: 10.1108/14637151111122329.

Zeugtrager, Karsten (1998): Anlaufmanagement fur Grossanlagen. Düsseldorf: VDI Verlag.

Zimolong, Bernhard; Meier, Horst; Preuss, Sylvia; Homuth, Michael (2006): KMU-gerechtes Anlaufmanagement in der Lieferkette. In: *Industrie Management* 22 (1), S. 35–38.

WISSENS-, QUALITÄTS- UND PROZESSMANAGEMENT

Herausgegeben von Univ.-Prof. Dr.-Ing. habil. Dr. mont. Eva-Maria Kern, MBA, München

Band 1
Wendelin Schmid
Wissensmanagementbedarf von Geschäftsprozessen – Operationalisierung, Einflussfaktoren und Managementimplikationen am Beispiel Operations
Lohmar – Köln 2013 • 232 S. • € 56,- (D) • ISBN 978-3-8441-0296-3

Band 2
Roland Kallweit
Wissensorientierte Gestaltung der Produktentwicklung – Entwicklung eines Ansatzes für die militärische Luftfahrtindustrie in Deutschland
Lohmar – Köln 2015 • 276 S. • € 58,- (D) • ISBN 978-3-8441-0401-1

Band 3
Martin Schollmayer
Die Internationalisierung der Produktentwicklung unter Berücksichtigung interkultureller Herausforderungen in China
Lohmar – Köln 2016 • 248 S. • € 56,- (D) • ISBN 978-3-8441-0443-1

Band 4
Sebastian Ulrich
Umgang mit Störungen im Produktionsanlauf – Adaption ausgewählter Methoden von Einsatzorganisationen auf den Produktionsanlauf
Lohmar – Köln 2016 • 252 S. • € 57,- (D) • ISBN 978-3-8441-0450-9

JOSEF EUL VERLAG